Redes de Comunicaciones.
Administración y gestión.

El presente libro lo dedico a mi mejor amiga, YOLANDA SOLA MARTINEZ, que me ayudo en canalizar todos mis esfuerzos y llevar al cabo todos mis proyectos tanto en plan personal que en el profesional.
Gracias.

Redes de Comunicaciones. Administración y Gestión.

Jorge Ghe. Voinea

Los programas incluidos en este libro se presentan por su valor educativo. Han sido probados cuidadosamente pero no están garantizados para ningún propósito particular. El autor no ofrece garantía ni representación alguna respecto a los programas, ni acepta responsabilidad sobre lo mismos.

Todos los nombres propios de programas, sistemas operativos, equipos hardware, etc. Que aparecen en este libro son marca registrada de sus respectivas compañas u organizaciones.

Contenido

CAPITULO 4:

CAPITULO 5:

CAPITULO 6:

CAPITULO 7

CAPITULO 8

CAPITULO 1:

Introducción en Redes de Comunicaciones.

1.1   ¿Qué es una red Informática?

Una **red** es un sistema donde los elementos que lo componen (por lo general ordenadores) son autónomos y están conectados entre sí por medios físicos y/o lógicos y que pueden comunicarse para compartir recursos. Independientemente a esto, definir el concepto de red implica diferenciar entre el concepto de red física y red de comunicación.

Respecto a la estructura física, los modos de conexión física, los flujos de datos, etc; una red la constituyen dos o más ordenadores que comparten determinados recursos, sea hardware (impresoras, sistemas de almacenamiento...) o sea software (aplicaciones, archivos, datos...). Desde una perspectiva más comunicativa, podemos decir que existe una red cuando se encuentran involucrados un componente humano que comunica, un componente tecnológico (ordenadores, televisión, telecomunicaciones) y un componente administrativo (institución o instituciones que mantienen los servicios). En fin, una red, más que varios ordenadores conectados, la constituyen varias personas que solicitan, proporcionan e intercambian datos e informaciones a través de sistemas de comunicación.

1.2   Redes de comunicaciones

1.2.1. Protocolos de red de comunicaciones.

Los protocolos son reglas y procedimientos para la comunicación. El término «protocolo» se utiliza en distintos contextos. Por ejemplo, los diplomáticos de un país se ajustan a las reglas del protocolo creadas para ayudarles a interactuar de forma correcta con los diplomáticos de otros países. De la misma forma se aplican las reglas del protocolo al entorno informático. Cuando dos equipos están conectados en red, las reglas y procedimientos técnicos que dictan su comunicación e interacción se denominan protocolos.

Cuando dos o más dispositivos se comunican ha de existir algún mecanismo que regule el momento y la forma con la que estos dispositivos transmiten la información, las distintas situaciones en las que pueden hallarse y cómo comportarse en cada uno de esos casos, todas estas actuaciones forman parte del protocolo de comunicación que se establece entre dichos dispositivos.

Por protocolo se entiende el conjunto de **reglas que regulan la comunicación** entre dos sistemas que establecen un diálogo para la transferencia de datos, **coordinando el** flujo de información y garantizando que la comunicación se lleve a cabo sin errores.

Todo protocolo normalmente queda definido por sus **características funcionales** y sus **características de procedimiento**.

Las características funcionales son las que definen las señales que controlan la comunicación, su formato y su significado. Las características de procedimiento indican como deberá ser el comportamiento de los sistemas ante determinadas situaciones o señales.

Un ejemplo de protocolo entre personas puede ser una comunicación telefónica. Cuando nos comunicamos por teléfono también cumplimos unas normas básicas que podemos identificar como el protocolo:

Si una persona (A) llama por teléfono marcando un número, sonará el teléfono de la persona (B) a la que llama, ésta descolgará su teléfono estableciendo a partir de ese momento el mecanismo que permite que los dos participes se entiendan.

1.2.2. Funciones de los protocolos

La principal función de un protocolo es la de controlar la comunicación (conversación) entre distintos dispositivos (ordenadores), asegurándose del correcto envío de información. Para ello generalmente utilizan determinados elementos o señales de control.

Las funciones básicas de cualquier protocolo son:

Detección de errores: Debido a que las líneas de transmisión pueden ser ruidosas y los sistemas de comunicaciones imperfectos, los protocolos han de poder detectar los posibles errores que se produzcan durante el intercambio de datos.

Identificación del camino: Puesto que muchas comunicaciones se multiplican por la misma vía de comunicación, los protocolos han de tener un mecanismo para identificar los distintos caminos lógicos para poder tratar las comunicaciones separadamente.

Control del flujo de la información: Los participantes en una comunicación pueden tener distintas velocidades de procesamiento de la información, por lo que si no existe un control alguno de los participantes se podría llegar a saturar perdiendo datos. Por lo tanto los protocolos tienen que tener un mecanismo que regule el flujo de la transferencia de información.

Codificación del tipo de mensaje: Los datos que viajan entre dos sistemas pueden ser de dos tipos: de información que se transmiten entre dichos sistemas (la información efectiva) y de control de las comunicaciones. Estos dos tipos de mensajes deberán estar codificados conforme a unos formatos establecidos en cada protocolo.

1.2.3. Niveles de los protocolos

Cuando se habla de redes de datos el término protocolo tiene muchos sentidos y en función de lo que se hable tendrá un significado u otro.

Como se ha visto anteriormente existen muchas formas y niveles de protocolos, cada capa del modelo de ISO se comunica con su capa semejante de otro sistema utilizando un protocolo de dicha capa.

A nivel físico un protocolo puede consistir en los niveles de tensión (voltaje) que se intercambian para representar los datos. Un protocolo de línea o enlace proporciona una transmisión de datos libre de errores por la línea de comunicaciones, éste sería un protocolo de nivel 2. De esta manera se puede continuar hasta llegar a los protocolos de aplicación.

Según el modelo de referencia de la ISO puede existir tantos protocolos en un sistema como niveles representa dicho modelo, denominándose protocolos de bajo nivel a los existentes en las capas 1 a 3 y protocolos de alto nivel a los que trabajan en las capas 4 a 7, tal como se puede ver en la tabla A.

Nivel	Capa	Nivel de Protocolo
1	Física	
2	Enlace	Bajo nivel
3	Red	
4	Transporte	
5	Sesión	Alto novel
6	Presentación	
7	Aplicación	

Tabla. A.

Un protocolo puede tener repartidas sus funciones en varias capas. Un ejemplo puede ser el X.25 que tiene la función de control de errores en el **nivel 2** y la función de encaminamiento en el **nivel 3**. También es posible que determinadas funciones se den en varios niveles, por ejemplo el control del flujo se puede realizar en el nivel 2 y en el 3.

Además, en un mismo nivel de un determinado sistema pueden existir varios protocolos haciendo uso de los servicios que prestan los niveles inferiores.

1.2.4. Protocolos de control de enlace (nivel 2)

A estos protocolos también se los denomina protocolos de línea o control de enlace de datos (DLC, Data Link Control), esta denominación es porque su principal función es controlar el tráfico de datos en la línea entre dos estaciones.

Los protocolos de control de enlace gestionan el tráfico de datos en la línea, asegurándose del transporte de los datos libres de errores hasta la estación receptora conectada a dicha línea.

Las principales funciones de estos protocolos son:

✓ Proporcionar servicios bien definidos a la capa de red.
✓ Sincronización de trama y transparencia.
✓ Control de errores de transmisión.
✓ Control del flujo de datos.
✓ Gestión del enlace.

Servicios proporcionados a la capa de red.

El principal servicio suministrado es el de tomar los datos dados por la capa de red y entregarlos sin errores a la capa de red de la estación receptora.

La capa de enlace puede ofrecer varios servicios a la capa de red, estos servicios además pueden variar de un sistema a otro, siendo los más comunes:

Servicio sin conexión y sin confirmación: En este tipo de servicio la estación origen envía tramas independientes a la estación destino, sin que la estación destino envíe confirmaciones; con este servicio no se establece conexión previa al envío ni se libera posteriormente. En el caso de que se pierdan tramas los datos no se recuperan en el nivel de enlace.

Servicio sin conexión y con confirmación: En este caso al igual que en el anterior no se establece una conexión entre el origen y el destino, sin embargo el receptor de una trama sí confirma su llegada.

Servicio orientado a la conexión: En este tipo de servicio se establece una conexión virtual entre los sistemas origen y destino; en este caso cada una de las tramas enviadas se asegura que es recibida correctamente, proporcionando a la capa superior un envío de datos fiable. En los servicios orientados a la conexión existen tres fases claramente diferenciadas en el proceso de transmisión: la fase de establecimiento de la conexión, la de envío de datos y la fase de liberación de la conexión.

Sincronización de trama y transparencia (entramado).

En transmisión de datos entre dos sistemas el nivel de red entrega al nivel de enlace un bloque de datos para su transmisión, este nivel a su vez se los entrega al nivel físico para que los transmita en forma de flujo de bits por el circuito existente. Este bloque entregado por el nivel 3 es dividido por el nivel de enlace en una serie de **tramas** que son las estructuras de información de nivel 2 compuestas por un conjunto de bits o caracteres.

Un problema que tiene el nivel 2 al dividir la información en tramas es identificar el comienzo y el final de la trama cuando es recibida, esto normalmente se hace insertando una serie de bits específicos que permiten delimitar la trama y sincronizar a este nivel (trama) a las dos estaciones.

Existen diferentes métodos para realizar el entramado siendo los más habituales:

Cuenta de caracteres: También llamado principio y cuenta, en este método de encapsulamiento de tramas se utiliza un campo en la cabecera de la trama para indicar la longitud en caracteres de la misma; este método tiene muchos problemas en caso de ocurrir un error en el campo que indica la longitud, ya que se desincroniza el receptor por no saber cuando comienza la siguiente trama, por este motivo no es muy utilizado.

Principio y fin con inserción de caracteres: En este caso cada trama comienza con una secuencia de caracteres concreta y terminan con otra. Los caracteres utilizados son los de control de un determinado alfabeto o código como pueden ser el ASCII o el EBCDIC (ver punto 3.3), por ejemplo para el comienzo de la trama pueden utilizarse "DLE STX" y para el final "DLE ETX".

En este caso existe un problema cuando alguno de los datos a transmitir coincide con estos caracteres de control, este problema se soluciona insertando en la estación emisora un carácter DLE, éste se inserta en la posición anterior al carácter coincidente de los datos que se quieren enviar; la estación receptora al comprobar que se repite el carácter lo suprime. Esta técnica se conoce como **inserción de carácter** y permite conseguir una transmisión transparente.

Guión o bandera (flag) de inicio y final con inserción de bit: Con esta técnica las tramas comienzan y terminan con la bandera que es un conjunto de bits especial formado por "01111110", de esta manera las tramas pueden contener un número arbitrario de bits no estando limitados a un conjunto de caracteres o alfabeto.

Para permitir cualquier combinación de bits en la trama, cada vez que el emisor detecta un conjunto de 5 bits seguidos a "1" en los datos, inserta un "0" para que no exista la posibilidad de repetirse la bandera dentro de la trama, el receptor hará la operación inversa. A esta operación se la conoce como **inserción de bit**.

Control de errores de transmisión.

Cuando una estación emisora envía tramas de información ha de tener la seguridad de que llegan correctamente a la estación receptora para que esta entregue la información a la capa superior.

La forma de asegurarse una entrega libre de errores es mediante la utilización de técnicas de **detección de errores** y **petición de retransmisión**.

La detección se basa en la utilización de códigos de protección de errores (generalmente códigos de redundancia cíclica) incluidos en la propia trama y que el receptor comprobará para conocer si la información es correcta.

La petición de retransmisión se basa en hacer que el receptor remita unas tramas especiales de control para indicar al emisor que ha recibido correctamente la información. Si el emisor no recibe esta información supone que no ha llegado correctamente y procederá al reenvío de la trama. Existe la posibilidad de que la trama de confirmación no llegue con lo que el emisor se quedaría en espera permanente, para evitar esto se emplean unos temporizadores que limitan la espera, si este temporizador vence el emisor vuelve a mandar la trama.

Existen varias formas de utilizar la técnica de retransmisión siendo las más comunes la de parada y espera, que sería el caso expuesto en el párrafo anterior y la de envío continuo, en esta forma de trabajo las tramas se numeran permitiendo así seguir la transmisión aunque no se haya recibido la confirmación de la última enviada. En el caso de envío continuo existen dos modalidades de rechazo para la retransmisión de una trama: selectivo y no selectivo.

Control del flujo de datos.

Cuando se transmiten datos y el receptor de los mismos es más lento o está realizando más trabajos, existe la posibilidad de que éste se sature y si el emisor no para de enviar tramas, el receptor puede llegar a perderlas aunque lleguen correctas, haciendo la transmisión poco eficiente. Por este motivo los protocolos establecen unas reglas para saber cuándo se pueden enviar datos o no y controlar así el flujo de la información.

El control del flujo es una cuestión importante tanto para el nivel de enlace como para los demás niveles del modelo de la ISO.

Gestión del enlace.

Otra de las funciones de los protocolos de nivel de enlace es la gestión del enlace de comunicaciones.

En el caso de que preste servicios sin conexión la gestión que tiene que hacer sobre el enlace es pequeña. Si presta servicios orientados a la conexión la gestión es mayor ya que tiene que seguir las fases de establecimiento del enlace, transferencia de información y liberación del enlace.

Puesto que los circuitos físicos pueden estar compartidos por varias estaciones, el protocolo de nivel de enlace deberá decidir de alguna forma quién toma el enlace en cada momento; es como actuar de moderador en un coloquio entre personas.

Una forma muy utilizada de gestión es mediante estaciones primarias y secundarias, un sistema u ordenador hace de estación primaria mientras que el resto que comparten el mismo canal hacen de estaciones secundarias.

En esta configuración la estación primaria es la que dice en cada momento qué estación secundaria puede transmitir mediante el envío de una trama de sondeo (polling) o selección (select); a la estación secundaria se la pregunta si tiene datos para enviar (sondeo) o que se prepare para recibir datos de la estación primaria (selección).

Un tipo de sondeo muy utilizado es el ARQ (Allowed to ReQuest) o ventanas deslizantes. Se utiliza el concepto de ventana de transmisión y recepción para la validación de las tramas.

Este tipo permite la transmisión en los dos sentidos simultáneamente (dúplex), con lo que representa una ventaja sobre los sistemas de sondeo y selección anteriores que utilizan un modo de trabajo de parada y arranquesemidúplex).

Otra técnica utilizada es la de igual a igual, en este caso no hay estación primaria ni secundaria por lo que cualquiera puede transmitir en cualquier momento, este tipo es muy utilizado en redes de área local.

Protocolos orientados a carácter y a bit.

Los protocolos utilizados a nivel de enlace se dividen en dos tipos: los protocolos orientados a carácter y protocolos orientados a bit. Se puede decir que estos últimos son más actuales y también más utilizados.

Protocolos orientados a carácter: Es aquel que utiliza un determinado alfabeto para realizar las funciones de control del enlace, estos caracteres de control pueden estar situados en distintas posiciones dentro de la trama.

Todas las tramas que se intercambian entre dos estaciones están construidas por un conjunto mayor o menor de caracteres delimitados por al menos dos caracteres de control.

Los protocolos orientados a carácter son dependientes del código utilizado (ASCII, EBCDIC, etc.), teniéndose que interpretar los campos de control en función de este código, siendo incompatibles en el caso de que utilicen distintos códigos.

Con este tipo de protocolos el modo de operación a nivel de enlace suele ser semidúplex. Además de ésta tienen otras muchas deficiencias por lo que hoy día son muy poco utilizados.

Protocolos orientados a bit: Es aquel que usa la información contenida en ciertas **posiciones fijas de la trama** para realizar las funciones de control del enlace.

En este caso no se utilizan caracteres de ningún código específico para controlar la comunicación, sino el significado de los bits de unas posiciones concretas de la trama, por tanto son transparentes al código.

Las ventajas frente a los protocolos orientados al carácter son:

- La capacidad para operar en modo full-dúplex.

- Un único formato para todos los tipos de tramas.

- Mayor protección contra el ruido y por tanto contra los errores.

- Una mejor transparencia y mayor eficiencia.

Por todas estas ventajas son mucho más utilizados que los anteriores.

SYN (1)	SYN (1)	SOH (1)	CABECERA	DLE (1)	STX (1)	DATOS	DEL (1)	ETB (1)

I.

INDICADOR (2)	DIRECCION (3)	CONTROL (3)	DATOS	FCS (4)	INDICADOR

II.

Figura B. Ejemplo del formato de trama en protocolos de nivel de enlace. (a) Orientados al carácter. (b) Orientados al bit.

(1) Caracteres de control de un alfabeto.
(2) Todas las tramas comienzan y terminan con un indicador = "01111110".
(3) Los campos dirección y control están compuestos por un n° de bits que varian en función del protocolo.
(4) FCS (SVT): Secuencia de verificación de trama, se utiliza para detectar posibles errores en la transmisión.

Modos de operación de las estaciones con protocolos orientados a bit.

Una vez que las estaciones están en estado de transferencia de información, pueden funcionar (comunicarse) utilizando distintos modos de operación:

Modo de respuesta normal (NRM): Utiliza un tipo de gestión del enlace primario / secundario. Existen estaciones primarias y secundarias; para que la estación secundaria pueda responder necesita el permiso de la primaria.

Modo de respuesta asíncrona (ARM): Este tipo de operación permite que la estación secundaria transmita una señal a la primaria cuando tiene información para transmitir, entonces, si la primaria la puede atender responde a la estación secundaria y ésta envía la información. Es un modo mixto.

Modo de respuesta asíncrona balanceada (ABM): En este caso no existen estaciones primarias y secundarias, todas tienen la misma categoría por lo que cualquiera puede iniciar una transmisión. Este modo se utiliza en entornos distribuidos, siendo el más empleado de los tres. Algunos de los protocolos de nivel de enlace más utilizados son el HDLC, SDLC, LAP, LAPB, LAPD, LAPM, etc.

1.2.5. Protocolos de nivel de red (nivel 3).

Este nivel se encarga del **encaminamiento** de los paquetes a través de la red hasta alcanzar su destino. La capa de red es el nivel más bajo que se encarga de la transmisión extremo a extremo aislando a la capa de transporte de las capas bajas (subred). Los protocolos de este nivel deberán conocer el tipo de redes existentes en las capas inferiores.

Las funciones del nivel de red no afectan solo a las estaciones situadas en los extremos como ocurre con el nivel de enlace, sino que actúan sobre toda la red.

Las estructuras de información que maneja este nivel se denominan **paquetes** y están compuestos por los datos de usuario (capa de transporte) más los

datos adicionales que se utilizan de control.

Una gran parte del control de los nodos de red recae sobre los protocolos de nivel de red. Los protocolos de nivel de red deben establecer las normas de encaminamiento entre los nodos de la red, los formatos de la información que estos se intercambian y la manera de utilizar los servicios que proporciona el nivel de enlace.

La función más importante que realizan los protocolos de red, además de la transmisión y control de los datos de usuario, es el encaminamiento (conmutación / enrutador) a través de la red. Igualmente ha de encargarse del mantenimiento y gestión de la propia red. También pueden incluir las convenciones de encaminamiento para realizar la comunicación entre redes (internetworking).

Para realizar el encaminamiento por la red, se pueden utilizar diferentes criterios: encaminar por la ruta más rápida, por la más económica o por la que tenga menos congestión.

También debe llevar a cabo el control de flujo para evitar la saturación y el bloqueo de la red, esta supervisión la realiza mediante el control de congestión de la red evitando que entre más información a la red que la que puede encaminar (figura C) y controlando cada uno de los circuitos virtuales para que el emisor envíe la información que el receptor pueda manejar en cada momento.

El control de la congestión está relacionado con la capacidad de la propia red, es decir, con el tráfico global que ésta puede cursar. El control de flujo también controla el tráfico de entrada a la red, pero está relacionado con la información que circula por un camino lógico entre el emisor y el receptor, para que en el caso de que este último sea más lento no se llegue a saturar.

Estos dos conceptos pueden aclararse viendo como ejemplo lo que ocurre con la red telefónica básica; si en un momento del día quisiéramos hablar por teléfono todos, la red se congestionaría ya que no es capaz de cursar tantas llamadas al mismo tiempo; en este caso sería independiente del flujo de información entre origen y destino.

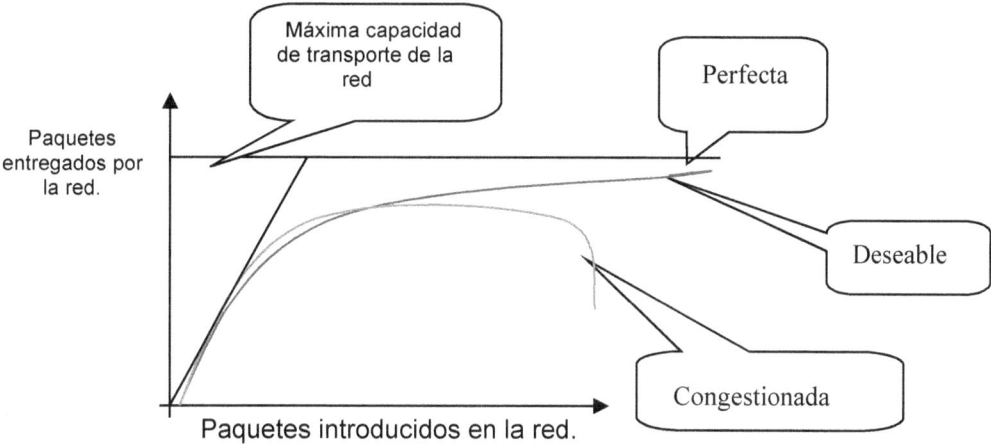

Figura C. Relación entre los paquetes introducidos en la red y los entregados por ésta, cuando se supera un límite de capacidad de tráfico se produce congestión.

En este nivel es donde el usuario puede seleccionar y/o negociar con la red una calidad de servicio determinada. Ejemplos de protocolos de nivel de red son el X.25 y el IP, aunque este último no está basado en los niveles de la ISO.

Capitulo 2:
Topología de red.

La **topología de red** es la disposición física en la que se conecta una red de ordenadores. Si una red tiene diversas topologías se la llama mixta.

2.1. Red en malla.

La Red en malla es una topología de red en la que cada nodo está conectado a uno o más de los otros nodos. De esta manera es posible llevar los mensajes de un nodo a otro por diferentes caminos.

Si la red de malla está completamente conectada no puede existir absolutamente ninguna interrupción en las comunicaciones. Cada servidor tiene sus propias conexiones con todos los demás servidores.

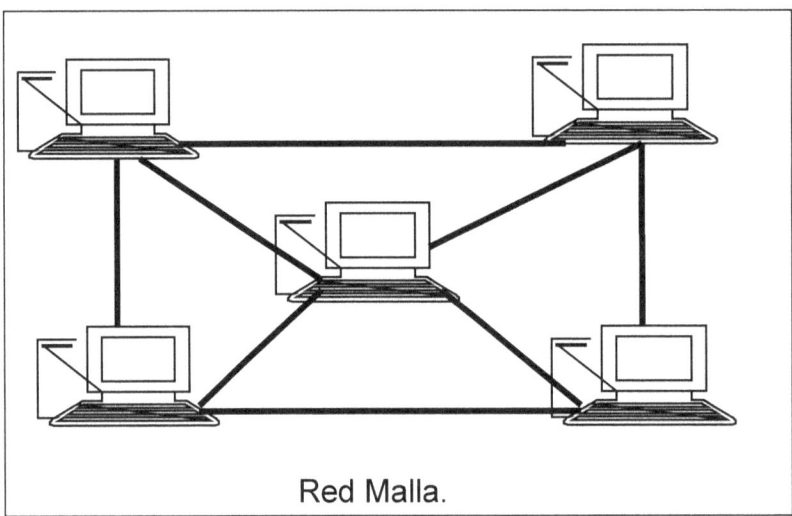

Red Malla.

2.2. Red en bus.

Topología de red en la que todas las estaciones están conectadas a un único canal de comunicaciones por medio de unidades interfaz y derivadores. Las estaciones utilizan este canal para comunicarse con el resto.

La topología de bus tiene todos sus nodos conectados directamente a un enlace y no tiene ninguna otra conexión entre nodos. Físicamente cada host está conectado a un cable común, por lo que se pueden comunicar directamente, aunque la ruptura del cable hace que los hosts queden desconectados.

La topología de bus permite que todos los dispositivos de la red puedan ver todas las señales de todos los demás dispositivos, lo que puede ser ventajoso si desea que todos los dispositivos obtengan esta información. Sin embargo, puede representar una desventaja, ya que es común que se produzcan problemas de tráfico y colisiones, que se pueden paliar segmentando la red en varias partes. Es la topología más común en pequeñas LAN, con hub o switch final en uno de los extremos.

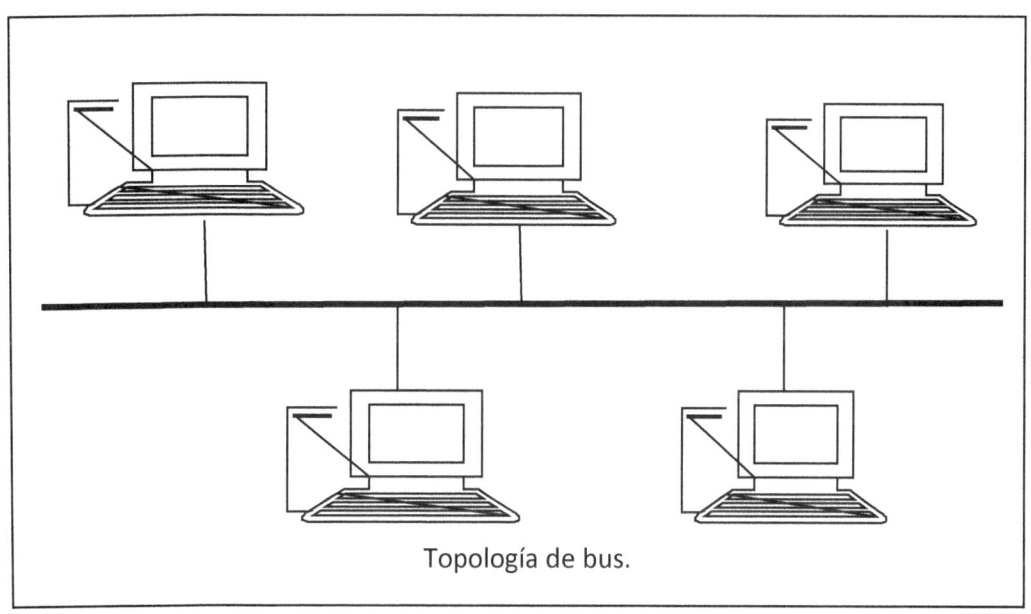

Topología de bus.

2.3. Red en árbol.

Topología de red en la que los nodos están colocados en forma de árbol. Desde una visión topológica, la conexión en árbol es parecida a una serie de redes en estrella interconectadas.

Es una variación de la red en bus, la falla de un nodo no implica interrupción en las comunicaciones. Se comparte el mismo canal de comunicaciones.

Cuenta con un cable principal (*backbone*) al que hay conectadas redes individuales en bus.

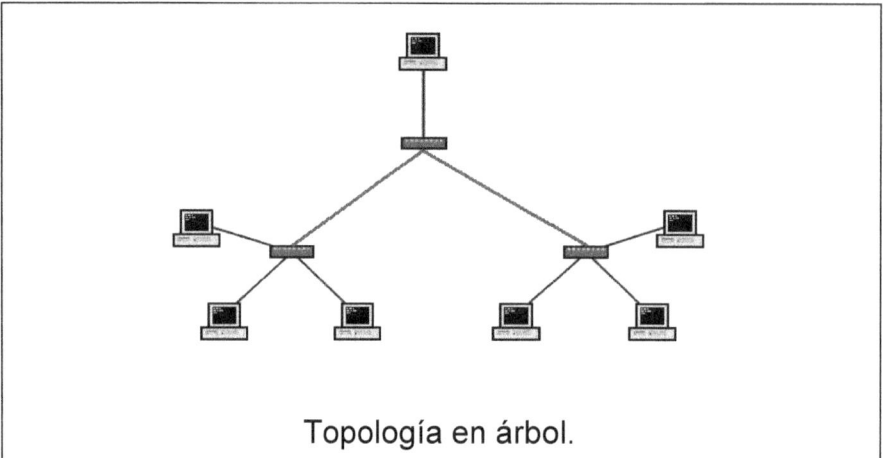
Topología en árbol.

2.4.   Topología de red en anillo

Topología de red en la que las estaciones se conectan formando un anillo. Cada estación está conectada a la siguiente y la última está conectada a la primera. Cada estación tiene un receptor y un transmisor que hace la función de repetidor, pasando la señal a la siguiente estación del anillo.

En este tipo de red la comunicación se da por el paso de un token o testigo, que se puede conceptualizar como un cartero que pasa recogiendo y entregando paquetes de información, de esta manera se evita perdida de información debido a colisiones.

Cabe mencionar que si algún nodo de la red se cae (termino informático para decir que esta en mal funcionamiento o no funciona para nada) la comunicación en todo el anillo se pierde.

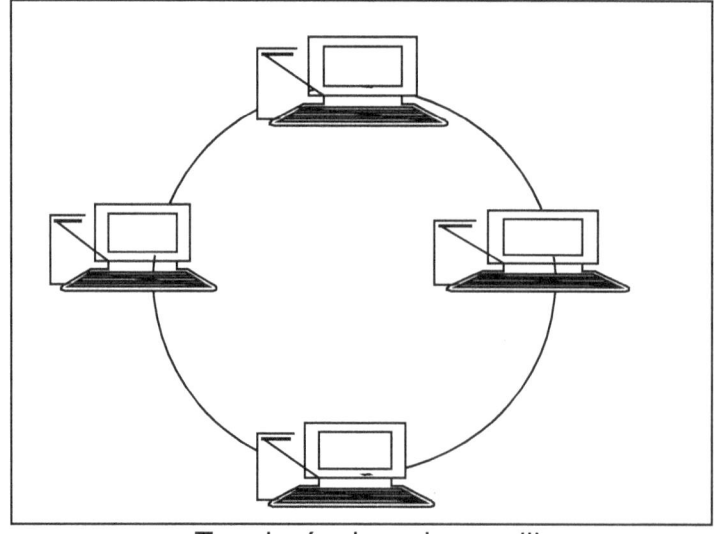
Topología de red en anillo

2.5. Topología de red en estrella.

Red en la cual las estaciones están conectadas directamente al servidor u ordenador   y todas las comunicaciones se han de hacer necesariamente a través de él.

Todas las estaciones están conectadas por separado a un centro de comunicaciones, concentrador o nodo central, pero no están conectadas entre sí. Esta red crea una mayor facilidad de supervisión y control de información ya que para pasar los mensajes deben pasar por el hub o concentrador, el cual gestiona la redistribución de la información a los demás nodos.

La fiabilidad de este tipo de red es que el malfuncionamiento de un ordenador no afecta en nada a la red entera, puesto que cada ordenar se conecta independientemente del hub, el costo del cableado puede llegar a ser muy alto. Su punto débil consta en el hub ya que es el que sostiene la red en uno.

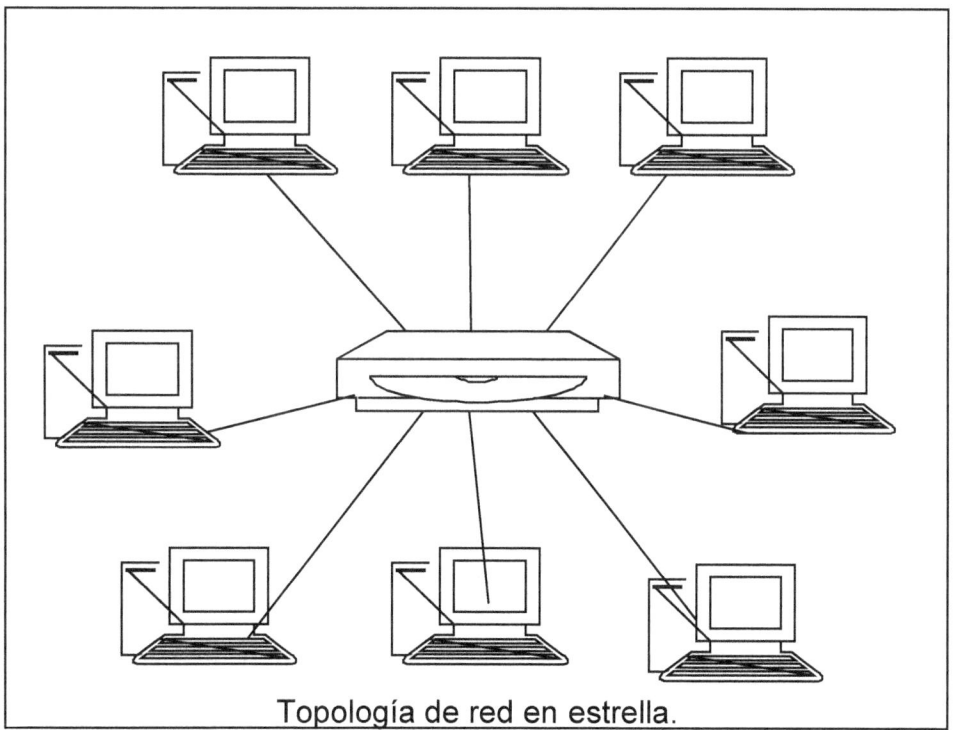

Topología de red en estrella.

2.6. Red celular.

La topología celular está compuesta por áreas circulares o hexagonales, cada una de las cuales tiene un nodo individual en el centro.

La topología celular es un área geográfica dividida en regiones (celdas) para los fines de la tecnología inalámbrica. En esta tecnología no existen enlaces físicos; si lo hay ondas electromagnéticas.

La ventaja obvia de una topología celular (inalámbrica) es que no existe ningún medio tangible aparte de la atmósfera terrestre o el del vacío del espacio exterior (y los satélites). Las desventajas son que las señales se encuentran presentes en cualquier lugar de la celda y, de ese modo, pueden sufrir disturbios y violaciones de seguridad.

Como norma, las topologías basadas en celdas se integran con otras topologías, ya sea que usen la atmósfera o los satélites.

Topología de red celular.

CAPITULO 3:
Arquitecturas de Comunicaciones.

3.1. Conceptos de arquitecturas de comunicaciones.

Las arquitecturas de comunicaciones permiten ordenar la estructura necesaria para la comunicación entre equipos mediante una red de modo que puedan ofrecerse servicios añadidos al simple transporte de información, algunos tan importantes como la corrección de datos o la localización del destinatario en un medio compartido. En esta arquitectura, deben definirse ante todo algunos conceptos esenciales:

I.   *Proceso de aplicación*: cualquier proceso (programa de aplicación en ejecución) en un sistema informático que ofrezca alguna utilidad al usuario.

II.   *Sistema final*: sistema informático donde residen procesos de aplicación; en ciertos contextos se le llama acertadamente host (anfitrión). Son los antiguamente llamados mainframes, las estaciones de trabajo, los PCs, etc.

III.   *Sistema intermedio*: sistema que, en general, no posee aplicaciones de usuario y actúa como nodo de conmutación e interconexión en las redes; son los repetidores, puentes (*bridges*) y encaminadores (*routers, gateways*) cada uno de ellos con funcionalidades específicas.

IV.   *Protocolo de comunicación*: Conjunto de reglas para el intercambio de información y de definiciones de los formatos de los mensajes para la interacción fructífera entre dos o más entidades. Por ejemplo, el popular protocolo IP, base de Internet.

Para estudiar las arquitecturas de comunicaciones es conveniente pensar que los objetos en comunicación son los procesos de aplicación y no los sistemas (finales) donde se alojan. Bajo esta premisa, ya puede intuirse que la tarea de poner en comunicación dichos procesos puede llegar a ser muy compleja.

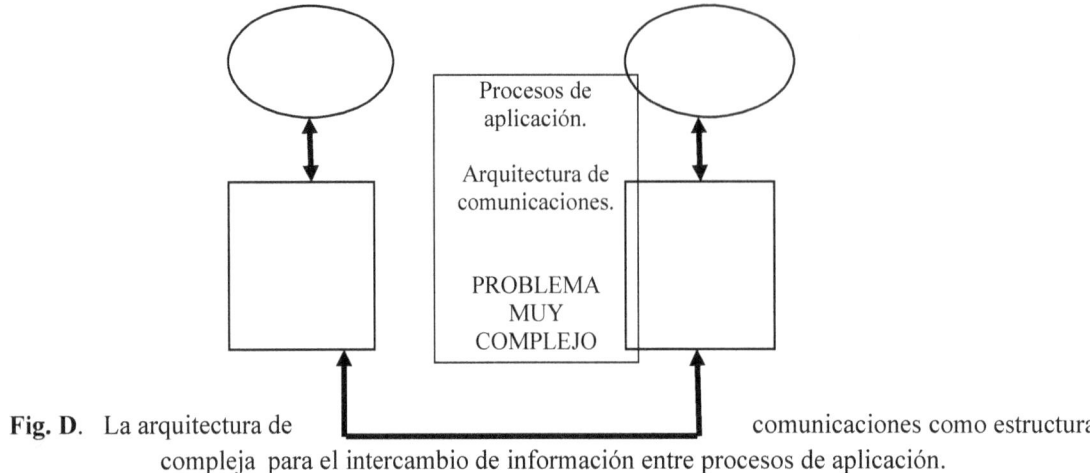

Fig. D. La arquitectura de comunicaciones como estructura compleja para el intercambio de información entre procesos de aplicación.

En toda comunicación entre equipos finales a través de un medio, existen diversas cuestiones a las que buscar solución con el fin de alcanzar el establecimiento de conexión. Véanse algunos aspectos a resolver:

1. identificación de orígenes / destinos (*direccionamiento*).
2. control de los errores de transmisión (algoritmos de detección y corrección).
3. pérdidas de secuencia (numeración y reordenamiento).
4. diferencias de velocidad, saturaciones (control de flujo).
5. diferencias de longitud (segmentación y reensamblaje).
6. optimización de costes (multiplexado, concatenación).
7. diferencias de representación de la información (sintaxis común, conversión).
8. seguridad, es decir, privacidad, autenticidad (criptografía).
9. gestión del acceso a recursos compartidos (protocolos de acceso, priorización).
10. determinación del mejor camino a seguir (encaminamiento).

El número de problemas a resolver para permitir una comunicación correcta entre los procesos de aplicación es demasiado elevado como para atacarlos globalmente. Es mejor aplicar el principio de "divide y vencerás".

Procesos de Aplicación.

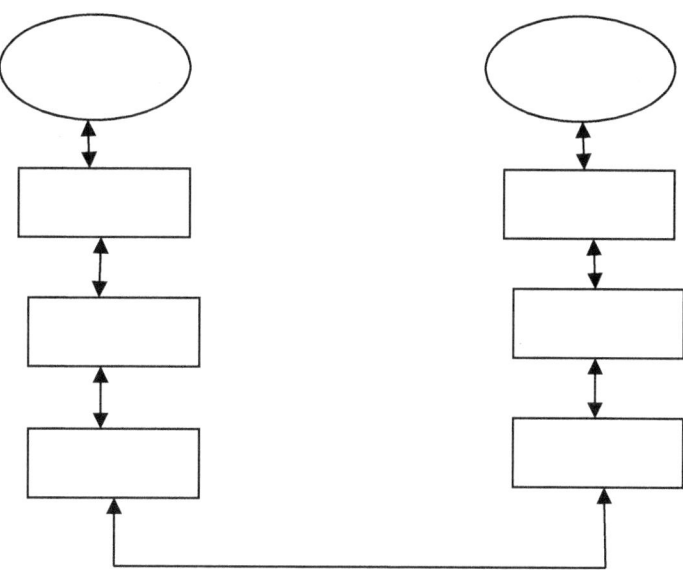

Fig. E. División en bloques o conjuntos de tareas en una arquitectura de comunicaciones.

Por eso, la mayoría de arquitecturas de comunicaciones están estructuradas en lo que suelen llamarse *capas* o *niveles*. Las principales ventajas de una estructuración de ese tipo son:

1. la *modularidad* o independencia entre tareas. Permite resolver el problema general en pequeños problemas, más simples y resolubles individualmente.
2. permitir varias alternativas para una misma tarea. Poder disponer de 2 protocolos, elegibles por la entidad de nivel superior, en función de los requisitos necesarios.
3. la facilidad de cambios parciales. Por ejemplo, cambiar un protocolo por otro sin afectar al resto del funcionamiento. Una aplicación de ello podría ser la migración a una nueva versión de protocolo desde una anterior (pasar de IP versión 4 a IP versión 6, sin variar el resto de la torre de protocolos, obteniendo por tanto el beneficio del nuevo estándar en las funciones de las que específicamente sea responsable).

3.2. El modelo de referencia OSI de la ISO.

Durante los años 60 y 70 se crearon muchas tecnologías de redes, cada una basada en un diseño específico de hardware. Estos sistemas eran construidos de una sola pieza, una arquitectura monolítica. Esto significa que los diseñadores debían ocuparse de todos los elementos involucrados en el proceso, estos elementos forman una cadena de transmisión que tiene diversas partes: Los dispositivos físicos de conexión, los protocolos software y hardware usados en la comunicación.

Los programas de aplicación realizan la comunicación y la interfaz hombre-máquina que permite al humano utilizar la red. Este modelo, que considera la cadena como un todo monolítico, es poco práctico, pues el más pequeño cambio puede implicar alterar todos sus elementos.

El diseño original de Internet del Departamento de Defensa Americano disponía un esquema de cuatro capas, aunque data de los 70 es similar al que se continúa utilizando:

Capa Física o de Acceso de Red: Es la responsable del envío de la información sobre el sistema hardware utilizado en cada caso, se utiliza un protocolo distinto según el tipo de red física.

Capa de Red o Capa Internet: Es la encargada de enviar los datos a través de las distintas redes físicas que pueden conectar una máquina origen con la de destino de la información. Los protocolos de transmisión, como el **IP** están íntimamente asociados a esta capa.

Capa de Transporte: Controla el establecimiento y fin de la conexión, control de flujo de datos, retransmisión de datos perdidos y otros detalles de la transmisión entre dos sistemas. Los protocolos más importantes a este nivel son TCP y UDP (mutuamente excluyentes).

Capa de Aplicación: Conformada por los protocolos que sirven directamente a los programas de usuario, navegador, e-mail, FTP, etc.

Respondiendo a la teoría general imperante el mundo de la computación, de diseñar el hardware por módulos y el software por capas, en 1978 la organización **ISO** (International Standards Organization), propuso un modelo de comunicaciones para redes al que titularon "The reference model of Open Systems Interconnection", generalmente conocido como MODELO OSI.

Su filosofía se basa en descomponer la funcionalidad de la cadena de transmisión en diversos módulos, cuya interfaz con los adyacentes esté estandarizada. Esta filosofía de diseño presenta una doble ventaja: El cambio de un módulo no afecta necesariamente a la totalidad de la cadena, además, puede existir una cierta inter-operabilidad entre diversos productos y fabricantes hardware/software, dado que los límites y las interfaces están perfectamente definidas.

Esto supone por ejemplo, que dos softwares de comunicación distintos puedan utilizar el mismo medio físico de comunicación.

El modelo OSI tiene dos componentes principales:

- Un modelo de red, denominado modelo básico de referencia o capa de servicio.

- Una serie de protocolos concretos.

El modelo de red, aunque inspirado en el de Internet no tiene más semejanzas con aquél. Está basado en un modelo de siete (7) capas, mientras que el primitivo de Internet estaba basado en cuatro (4).

Actualmente todos los desarrollos se basan en este modelo de 7 niveles que son los siguientes:

1. **Físico**
2. **Enlace**
3. **Red**
4. **Transporte**
5. **Sesión**
6. **Presentación**
7. **Aplicación**.

Cada nivel realiza una función concreta, y está separado de los adyacentes por interfaces conocidas, sin que le incumba ningún otro aspecto del total de la comunicación.

Generalmente los dispositivos utilizados en las redes circunscriben su operación a uno o varios de estos niveles. Por ejemplo, un hub (concentrador) que amplifica y retransmite la señal a través de todos sus puertos está operando exclusivamente en la capa 1, mientras que un conmutador (switch) opera en las capas 1 y 2; un ruter opera en las capas 1, 2 y 3. Finalmente una estación de trabajo de usuario generalmente maneja las capas 5, 6 y 7.

En lo que respecta al software, hay que señalar que cada capa utiliza un protocolo específico para comunicarse con las capas adyacentes, y que añade a la cabecera del paquete cierta información adicional.

3.2.1. Capas del modelo OSI

La descripción de las diversas capas que componen este modelo es la siguiente:

A. Capa física

Es la encargada de transmitir los bits de información por la línea o medio utilizado para la transmisión. Se ocupa de las propiedades físicas y características eléctricas de los diversos componentes, de la velocidad de transmisión, si esta es unidireccional o bidireccional (simplex, duplex o flull-duplex).

También de aspectos mecánicos de las conexiones y terminales, incluyendo la interpretación de las señales eléctricas.

Como resumen de los cometidos de esta capa, podemos decir que se encarga de transformar un paquete de información binaria en una sucesión de impulsos adecuados al medio físico utilizado en la transmisión. Estos impulsos pueden ser eléctricos (transmisión por cable), electromagnéticos (transmisión Wireless) o luminosos (transmisión óptica). Cuando actúa en modo recepción el trabajo es inverso, se encarga de transformar estos impulsos en paquetes de datos binarios que serán entregados a la capa de enlace.

B. Capa de enlace

Puede decirse que esta capa traslada los mensajes hacia y desde la capa física a la capa de red. Especifica cómo se organizan los datos cuando se transmiten en un medio particular. Esta capa define como son los cuadros, las direcciones y las sumas de control de los paquetes Ethernet.

Además del direccionamiento local, se ocupa de la detección y control de errores ocurridos en la capa física, del control del acceso a dicha capa y de la integridad de los datos y fiabilidad de la transmisión. Para esto agrupa la información a transmitir en bloques, e incluye a cada uno una suma de control que permitirá al receptor comprobar su integridad. Los datagramas recibidos son comprobados por el receptor. Si algún datagrama se ha corrompido se envía un mensaje de control al remitente solicitando su reenvío.

La capa de enlace puede considerarse dividida en dos subcapas:

- **Control lógico de enlace LLC:** define la forma en que los datos son transferidos sobre el medio físico, proporcionando servicio a las capas superiores.

- **Control de acceso al medio MAC:** Esta subcapa actúa como controladora del hardware subyacente (el adaptador de red). De hecho el controlador de la tarjeta de red es denominado a veces "MAC driver", y la dirección física contenida en el hardware de la tarjeta es conocida como dirección. Su principal consiste en arbitrar la utilización del medio físico para facilitar que varios equipos puedan competir simultáneamente por la utilización de un mismo medio de transporte. El mecanismo **CSMA/CD** ("Carrier Sense Multiple Access with Collision Detection") utilizado en Ethernet es un típico ejemplo de esta subcapa.

C. Capa de Red

Esta capa se ocupa de la transmisión de los datagramas (paquetes) y de encaminar cada uno en la dirección adecuada tarea esta que puede ser complicada en redes grandes como Internet, pero no se ocupa para nada de los errores o pérdidas de paquetes. Define la estructura de direcciones y rutas de Internet. A este nivel se utilizan dos tipos de paquetes: paquetes de datos y paquetes de actualización de ruta. Como consecuencia esta capa puede considerarse subdividida en dos:

- **Transporte:** Encargada de encapsular los datos a transmitir (de usuario). Utiliza los paquetes de datos. En esta categoría se encuentra el protocolo **IP**.

- **Conmutación:** Esta parte es la encargada de intercambiar información de conectividad específica de la red. Los routers son dispositivos que trabajan en este nivel y se benefician de estos paquetes de actualización de ruta. En esta categoría se encuentra el protocolo

ICMP responsable de generar mensajes cuando ocurren errores en la transmisión y de un modo especial de eco que puede comprobarse mediante ping.

Los protocolos más frecuentemente utilizados en esta capa son dos: X.25 e **IP**.

D. Capa de Transporte

Esta capa se ocupa de garantizar la fiabilidad del servicio, describe la calidad y naturaleza del envío de datos. Esta capa define cuando y como debe utilizarse la retransmisión para asegurar su llegada. Para ello divide el mensaje recibido de la capa de sesión en trozos (datagramas), los numera correlativamente y los entrega a la capa de red para su envío.

Durante la recepción, si la capa de Red utiliza el protocolo **IP**, la capa de Transporte es responsable de reordenar los paquetes recibidos fuera de secuencia. También puede funcionar en sentido inverso multiplexado una conexión de transporte entre diversas conexiones de datos. Este permite que los datos provenientes de diversas aplicaciones compartan el mismo flujo hacia la capa de red.

Un ejemplo de protocolo usado en esta capa es **TCP**, que con su homólogo **IP** de la capa de Red, configuran la suite **TCP/IP** utilizada en Internet, aunque existen otros como **UDP**, que es una capa de transporte utilizada también en Internet por algunos programas de aplicación.

E. Capa de Sesión

Es una extensión de la capa de transporte que ofrece control de diálogo y sincronización, aunque en realidad son pocas las aplicaciones que hacen uso de ella.

F. Capa de Presentación

Esta capa se ocupa de garantizar la fiabilidad del servicio, describe la calidad y naturaleza del envío de datos. Esta capa define cuando y como debe utilizarse la retransmisión para asegurar su llegada. Para ello divide el mensaje recibido de la capa de sesión en trozos (datagramas), los numera correlativamente y los entrega a la capa de red para su envío.

Durante la recepción, si la capa de Red utiliza el protocolo IP, la capa de Transporte es responsable de reordenar los paquetes recibidos fuera de secuencia. También puede funcionar en sentido inverso multiplexado una conexión de transporte entre diversas conexiones de datos. Este permite que los datos provenientes de diversas aplicaciones compartan el mismo flujo hacia la capa de red.

Esta capa se ocupa de los aspectos semánticos de la comunicación, estableciendo los arreglos necesarios para que puedan comunicar máquinas que utilicen diversa representación interna para los datos. Describe como pueden transferirse números de coma flotante entre equipos que utilizan distintos formatos matemáticos.

En teoría esta capa presenta los datos a la capa de aplicación tomando los datos recibidos y transformándolos en formatos como texto imágenes y sonido. En realidad esta capa puede estar ausente, ya que son pocas las aplicaciones que hacen uso de ella.

G. Capa de Aplicación

Esta capa describe como hacen su trabajo los programas de aplicación (navegadores, clientes de correo, terminales remotos, transferencia de ficheros etc). Esta capa implementa la operación con ficheros del sistema. Por un lado interactúan con la capa de presentación y por otro representan la interfaz con el usuario, entregándole la información y recibiendo los comandos que dirigen la comunicación.

Algunos de los protocolos utilizados por los programas de esta capa son **HTTP**, **SMTP**, **POP**, **IMAP** etc.

En resumen, la función principal de cada capa es:

Aplicación	El nivel de aplicación es el destino final de los datos donde se proporcionan los servicios al usuario.
Presentación	Se convierten e interpretan los datos que se utilizarán en el nivel de aplicación.
Sesión	Encargado de ciertos aspectos de la comunicación como el control de los tiempos.
Transporte	Transporta la información de una manera fiable para que llegue correctamente a su destino.
Red	Nivel encargado de encaminar los datos hacia su destino eligiendo la ruta más efectiva.
Enlace	Enlace de datos. Controla el flujo de los mismos, la sincronización y los errores que puedan producirse.
Físico	Se encarga de los aspectos físicos de la conexión, tales como el medio de transmisión o el hardware.

3.2.2. IP (PROTOCOLO DE INTERNET):

Cada computador que se conecta a Internet se identifica por medio de una dirección IP. Ésta se compone de 4 campos comprendidos entre el 0 y los 255 ambos inclusive y separados por puntos.

No está permitido que coexistan en la Red dos computadores distintos con la misma dirección, puesto que de ser así, la información solicitada por uno de los computadores no sabría a cuál de ellos dirigirse.

Dicha dirección es un número de 32 bit y normalmente suele representarse como cuatro cifras de 8 bit separadas por puntos.

La dirección de Internet (IP Adres) se utiliza para identificar tanto al computador en concreto como la red a la que pertenece, de manera que sea posible distinguir a los computadores que se encuentran conectados a una misma red.

Con este propósito, y teniendo en cuenta que en Internet se encuentran conectadas redes de tamaños muy diversos, se establecieron tres clases diferentes de direcciones, las cuales se representan mediante tres rangos de valores:

Clase A: Son las que en su primer byte tienen un valor comprendido entre **1 y 126**, incluyendo ambos valores. Estas direcciones utilizan únicamente este primer byte para identificar la red, quedando los otros tres bytes disponibles para cada uno de los computadores que pertenezcan a esta misma red. Esto significa que podrán existir más de dieciséis millones de ordenadores en cada una de las redes de esta clase. Este tipo de direcciones es usado por redes muy extensas, pero hay que tener en cuenta que sólo puede haber 126 redes de este tamaño.

Clase B: Estas direcciones utilizan en su primer byte un valor comprendido entre **128 y 191**, incluyendo ambos. En este caso el identificador de la red se obtiene de los dos primeros bytes de la dirección, teniendo que ser un valor entre **128.1 y 191.254** (no es posible utilizar los valores 0 y 255 por tener un significado especial). Los dos últimos bytes de la dirección constituyen el identificador del host permitiendo, por consiguiente, un número máximo de 64516 ordenadores en la misma red.

Clase C: En este caso el valor del primer byte tendrá que estar comprendido entre **192 y 223**, incluyendo ambos valores. Este tercer tipo de direcciones utiliza los tres primeros bytes para el número de la red, con un rango desde **192.1.1 hasta 223.254.254**. De esta manera queda libre un byte para el computador, lo que permite que se conecten un máximo de 254 computadores en cada red. Estas direcciones permiten un menor número de computadores que las anteriores, aunque son las más numerosas pudiendo existir un gran número redes de este tipo (más de dos millones).

Clase D: Las direcciones de esta clase están reservadas para multicasting que son usadas por direcciones de computadores en áreas limitadas.

Clase E: Son direcciones que se encuentran reservadas para su uso futuro.

Clase	Primer byte	Identificación de red	Identificación de hosts	Número de redes	Número de hosts
A	1 ... 126	1 byte	3 byte	126	16.387.064
B	128 ... 191	2 byte	2 byte	16.256	64.516
C	192.... 223	3 byte	1 byte	2.064.512	254

Tabla de direcciones IP de Internet.

En la clasificación de direcciones anterior se puede notar que ciertos números no se usan. Algunos de ellos se encuentran reservados para un posible uso futuro, como es el caso de las direcciones cuyo primer byte sea superior a 223 (clases D y E, que aún no están definidas), mientras que el valor 127 en el primer byte se utiliza en algunos sistemas para propósitos especiales.

También es importante notar que los valores 0 y 255 en cualquier byte de la dirección no pueden usarse normalmente por tener otros propósitos específicos.

El número 0 está reservado para las máquinas que no conocen su dirección, pudiendo utilizarse tanto en la identificación de red para máquinas que aún no conocen el número de red a la que se encuentran conectadas, en la identificación de computador para máquinas que aún no conocen su número dentro de la red, o en ambos casos.

El número 255 tiene también un significado especial, puesto que se reserva para el broadcast. El broadcast es necesario cuando se pretende hacer que un mensaje sea visible para todos los sistemas conectados a la misma red. Esto puede ser útil si se necesita enviar el mismo datagrama a un número determinado de sistemas, resultando más eficiente que enviar la misma información solicitada de manera individual a cada uno. Otra situación para el uso de broadcast es cuando se quiere convertir el nombre por dominio de un ordenador a su correspondiente número IP y no se conoce la dirección del servidor de nombres de dominio más cercano.

Lo usual es que cuando se quiere hacer uso del broadcast se utilice una dirección compuesta por el identificador normal de la red y por el número 255 (todo unos en binario) en cada byte que identifique al computador. Sin embargo, por conveniencia también se permite el uso del número 255.255.255.255 con la misma finalidad, de forma que resulte más simple referirse a todos los sistemas de la red.

El broadcast es una característica que se encuentra implementada de formas diferentes dependiendo del medio utilizado, y por lo tanto, no siempre se encuentra disponible.

3.2.3. IP (Internet Protocolo) versión 6

La nueva versión del protocolo IP recibe el nombre de IPv6, aunque es también conocido comúnmente como IPv6 (Protocolo de Internet de Nueva Generación). El número de versión de este protocolo es el 6 frente a la versión 4 utilizada hasta entonces, puesto que la versión 5 no pasó de la fase experimental. Los cambios que se introducen en esta nueva versión son muchos y de gran importancia, aunque la transición desde la versión 4 no debería ser problemática gracias a las características de compatibilidad que se han incluido en el protocolo. IPv6 se ha diseñado para solucionar todos los problemas que surgen con la versión anterior, y además ofrecer soporte a las nuevas redes de alto rendimiento (como ATM, Gigabit Ethernet y otros)

Una de las características más llamativas es el nuevo sistema de direcciones, en el cual se pasa de los 32 a los 128 bit, eliminando todas las restricciones del sistema actual. Otro de los aspectos mejorados es la seguridad, que en la versión anterior constituía uno de los mayores problemas. Además, el nuevo formato de la cabecera se ha organizado de una manera más efectiva, permitiendo que las opciones se sitúen en extensiones separadas de la cabecera principal.

A. Formato de la cabecera:

El tamaño de la cabecera que el protocolo IPv6 añade a los datos es de 320 bit, el doble que en la versión 4. Sin embargo, esta nueva cabecera se ha simplificado con respecto a la anterior. Algunos campos se han retirado de la misma, mientras que otros se han convertido en opcionales por medio de las extensiones. De esta manera los routers no tienen que procesar parte de la información de la cabecera, lo que permite aumentar de rendimiento en la transmisión. El formato completo de la cabecera sin las extensiones es el siguiente:

- **Versión:** Número de versión del protocolo IP, que en este caso contendrá el valor 6. Tamaño: 4 bit.

- **Prioridad:** Contiene el valor de la prioridad o importancia del paquete que se está enviando con respecto a otros paquetes provenientes de la misma fuente. Tamaño: 4 bit.

- **Etiqueta de flujo:** Campo que se utiliza para indicar que el paquete requiere un tratamiento especial por parte de los routers que lo soporten. Tamaño: 24 bit.

- **Longitud:** Es la longitud en bytes de los datos que se encuentran a continuación de la cabecera. Tamaño: 16 bit.

- **Siguiente cabecera:** Se utiliza para indicar el protocolo al que corresponde la cabecera que se sitúa a continuación de la actual. El valor de este campo es el mismo que el de protocolo en la versión 4 de IP. Tamaño: 8 bit.

- **Límite de existencia:** Tiene el mismo propósito que el campo de la versión 4, y es un valor que disminuye en una unidad cada vez que el paquete pasa por un nodo. Tamaño:8 bit.

- **Dirección de origen:** El número de dirección del host que envía el paquete. Su longitud es cuatro veces mayor que en la versión 4. Tamaño: 128 bit.

- **Dirección de destino:** Número de dirección de destino, aunque puede no coincidir con la dirección del host final en algunos casos. Su longitud es cuatro veces mayor que en la versión 4 del protocolo IP. Tamaño: 128 bit.

Versión
Prioridad
Etiqueta de flujo
Longitud
Siguiente cabecera
Límite de existencia
Dirección de origen
Dirección de destino

Las extensiones que permite añadir esta versión del protocolo se sitúan inmediatamente después de la cabecera normal, y antes de la cabecera que incluye el protocolo de nivel de transporte.

Los datos situados en cabeceras opcionales se procesan sólo cuando el mensaje llega a su destino final, lo que supone una mejora en el rendimiento. Otra ventaja adicional es que el tamaño de la cabecera no está limitado a un valor fijo de bytes como ocurría en la versión4.

Por razones de eficiencia, las extensiones de la cabecera siempre tienen un tamaño múltiplo de 8 bytes. Actualmente se encuentran definidas extensiones para routing extendido, fragmentación y ensamblaje, seguridad, confidencialidad de datos, etc.

3.2.4. Direcciones en la versión 6

El sistema de direcciones es uno de los cambios más importantes que afectan a la versión 6 del protocolo IP, donde se han pasado de los 32 a los 128 bit (cuatro veces mayor).

Estas nuevas direcciones identifican a un interfaz o conjunto de interfaces y no a un nodo, aunque como cada interfaz pertenece a un nodo, es posible referirse a éstos a través de su interfaz.

El número de direcciones diferentes que pueden utilizarse con 128 bits es enorme. Teóricamente serían 2128 direcciones posibles, siempre que no apliquemos algún formato u organización a estas direcciones. Este número es extremadamente alto, pudiendo llegar a soportar más de 665.000 trillones de direcciones distintas por cada metro cuadrado de la superficie del planeta Tierra.

Según diversas fuentes consultadas, estos números una vez organizados de forma práctica y jerárquica quedarían reducidos en el peor de los casos a 1.564 direcciones por cada metro cuadrado, y siendo optimistas se podrían alcanzar entre los tres y cuatro trillones.

Existen tres tipos básicos de direcciones IPv6 según se utilicen para identificar a un interfaz en concreto o a un grupo de interfaces. Los bits de mayor peso de los que componen la dirección IPv6 son los que permiten distinguir el tipo de dirección, empleándose un número variable de bits para cada caso. Estos tres tipos de direcciones son:

• **Direcciones unicast:** Son las direcciones dirigidas a un único interfaz de la red. Las direcciones unicast que se encuentran definidas actualmente están divididas en varios grupos. Dentro de este tipo de direcciones se encuentra también un formato especial que facilita la compatibilidad con las direcciones de la versión 4 del protocolo IP.

• **Direcciones anycast:** Identifican a un conjunto de interfaces de la red. El paquete se enviará a un interfaz cualquiera de las que forman parte del conjunto. Estas direcciones son en realidad direcciones unicast que se encuentran asignadas a varios interfaces, los cuales necesitan ser configurados de manera especial. El formato es el mismo que el de las direcciones unicast.

• **Direcciones multicast:** Este tipo de direcciones identifica a un conjunto de interfaces de la red, de manera que el paquete es enviado a cada una de ellos individualmente.

Las direcciones de broadcast no están implementadas en esta versión del protocolo, debido a que esta misma función puede realizarse ahora mediante el uso de las direcciones multicast.

3.2.5. Funcionamiento de la capa de red red en el modelo OSI:

La capa de red proporciona sus servicios a la capa de transporte, siendo una capa compleja que proporciona conectividad y selección de la mejor ruta para la comunicación entre máquinas que pueden estar ubicadas en redes geográficamente distintas.

Es la responsable de las funciones de conmutación y enrutamiento de la información (direccionamiento lógico), proporcionando los procedimientos necesarios para el intercambio de datos entre el origen y el destino, por lo que es necesario que conozca la topología de la red (forma en que están interconectados los nodos), con objeto de determinar la ruta más adecuada.

Sus principales funciones son:

- Dividir los mensajes de la capa de transporte (segmentos) en unidades más complejas, denominadas **paquetes**, a los que asigna las direcciones lógicas de los computadores que se están comunicando.

- Conocer la topología de la red y manejar el caso en que la máquina origen y la máquina destino estén en redes distintas.

- Encaminar la información a través de la red en base a las direcciones del paquete, determinando los métodos de conmutación y enrutamiento a través de dispositivos intermedios (routers).

- Enviar los paquetes de nodo a nodo usando un circuito virtual o datagramas.

- Ensamblar los paquetes en el computador destino.

En esta capa es donde trabajan los routers, dispositivos encargados de encaminar o dirigir los paquetes de datos desde el origen hasta el destino a través de la mejor ruta posible entre ellos.

3.2.6. Funcionamiento de la IP dentro del modelo OSI:

El protocolo de IP es la base fundamental de Internet. Hace posible enviar datos de la fuente al destino. El nivel de transporte parte el flujo de datos en datagramas. Durante su transmisión se puede partir un datagrama en fragmentos que se montan de nuevo en el destino

Paquetes de IP:

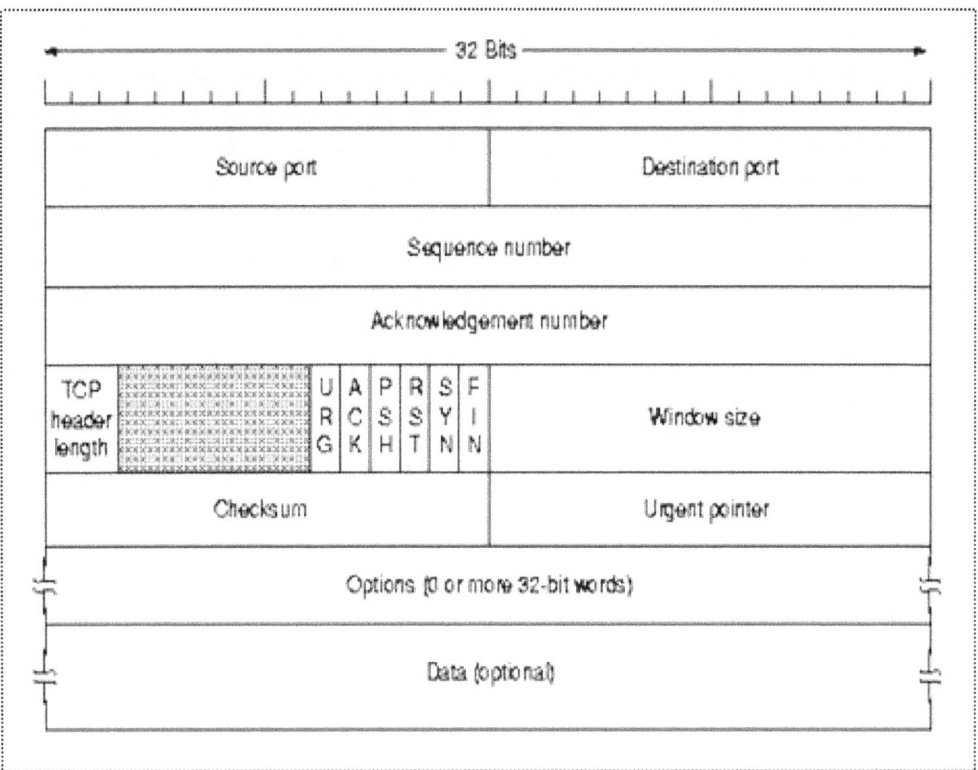

- **Versión.** Es la 4. Permite las actualizaciones.

- **IHL.** La longitud del encabezamiento en palabras de 32 bits. El valor máximo es 15, o 60 bytes.

- **Tipo de servicio.** Determina si el envío y la velocidad de los datos es fiable. No usado.

- **Longitud total.** Hasta un máximo de 65.535 bytes.

- **Identificación.** Para determinar a qué datagrama pertenece un fragmento.

- **DF (Don't Fragment).** El destino no puede montar el datagrama de nuevo.

- **MF (More Fragments).** No establecido en el fragmento último.

- **Desplazamiento del fragmento.** A qué parte del datagrama pertenece este fragmento. El tamaño del fragmento elemental es 8 bytes.

- **Tiempo de vida.** Se decremento cada salto.

- **Protocolo.** Protocolo de transporte en que se debiera basar el datagrama. Las opciones incluyen el enrutamiento estricto (se especifica la ruta completa), el enrutamiento suelto (se especifican solamente algunos routers en la ruta), y grabación de la ruta.

La operación técnica en la que los datos son transmitidos a través de la red se puede dividir en dos pasos discretos, sistemáticos. A cada paso se realizan ciertas acciones que no se pueden realizar en otro paso. Cada paso incluye sus propias reglas y procedimientos, o protocolo.

Los pasos del protocolo se tienen que llevar a cabo en un orden apropiado y que sea el mismo en cada uno de los equipos de la red.

En el equipo origen, estos pasos se tienen que llevar a cabo de arriba hacia abajo. En el equipo de destino, estos pasos se tienen que llevar a cabo de abajo hacia arriba.

El equipo origen:

Los protocolos en el equipo origen:

1. Se dividen en secciones más pequeñas, denominadas paquetes.
2. Se añade a los paquetes información sobre la dirección IP, de forma que el equipo de destino pueda determinar si los datos le pertenecen.
3. Prepara los datos para transmitirlos a través de la NIC y enviarlos a través del cable de la red.

El equipo de destino:

Los protocolos en el equipo de destino constan de la misma serie de pasos, pero en sentido inverso:

1. Toma los paquetes de datos del cable y los introduce en el equipo a través de la NIC.
2. Extrae de los paquetes de datos toda la información transmitida eliminando la información añadida por el equipo origen.
3. Copia los datos de los paquetes en un búfer para reorganizarlos enviarlos a la aplicación.

Los equipos origen y destino necesitan realizar cada paso de la misma forma para que los datos tengan la misma estructura al recibirse que cuando se enviaron.

3.2.7. Como se procesan los paquetes TCP/IP en el modelo OSI?

Los protocolos como TCP/IP determinan cómo se comunican las computadoras entre ellas por redes como Internet. Estos protocolos funcionan conjuntamente, y se sitúan uno encima de otro en lo que se conoce comúnmente como pila de protocolo. Cada pila del protocolo se diseña para llevar a cabo un propósito especial en la computadora emisora y en la receptora. La pila TCP combina las pilas de aplicación, presentación y sesión en una también denominada pila de aplicación.

En este proceso se dan las características del envasado que tiene lugar para transmitir datos:

La pila de aplicación TCP formatea los datos que se están enviando para que la pila inferior, la de transporte, los pueda remitir. La pila de aplicación TCP realiza las operaciones equivalentes que llevan a cabo las tres pilas de OSI superiores: aplicaciones, presentación y sesión.

La siguiente pila es la de transporte, que es responsable de la transferencia de datos, y asegura que los datos enviados y recibidos son de hecho los mismos, en otras palabras, que no han surgido errores durante el envió de los datos. TCP divide los datos que obtiene de pila de aplicación en segmento.

Agrega una cabecera contiene información que se usará cuando se reciban los datos para asegurar que no han sido alterados en ruta, y que los segmentos se pueden volver a combinar correctamente en su forma original.

La tercera pila prepara los datos para la entrega introduciéndolos en data gramas IP, y determinando la dirección Internet exacta para estos. El protocolo IP trabaja en la pila de Internet, también llamada pila de red. Coloca un envase IP con una cabecera en cada segmento. La cabecera IP incluye información como la dirección IP de las computadoras emisoras y receptoras, la longitud del data grama y el orden de su secuencia.

El orden secuencial se añade porque el data grama podría sobrepasar posiblemente el tamaño permitido a los paquetes de red, y de este modo necesitaría dividirse en paquetes más pequeños. Incluir el orden secuencial les permitiría volverse a combinar apropiadamente.

CAPITULO 4:
Clase de Redes.

Actualmente tenemos tres clases principales de redes: redes de área local (LAN), redes de área metropolitana (MAN), redes de área amplia (WAN) y Redes de Área Local Inalámbricas (WLAN).

4.1. Redes de área local (LAN),

Con el aumento de los sistemas informáticos en todos los ámbitos de la sociedad, en especial en las empresas y debido a la flexibilidad que aportan y a la reducción de costes de los distintos elementos que las forman; las **Redes de Área Local** o redes locales (RAL, en inglés **LAN**; Local Area Network), se han hecho imprescindibles en los últimos años, por lo que se han extendido ampliamente.

Una red de área local es un conjunto de equipos (ordenadores, impresoras, faxes e incluso centralitas telefónicas y otros dispositivos electrónicos) unidos mediante un cableado de manera que todos esos equipos puedan intercambiar información.

La tecnología de las redes de área local comenzó a despegar en la década de los años setenta, siendo hoy en día uno de los sectores de la industria de comunicaciones de datos que más crece.

El volumen de tráfico en las redes se incrementa día a día de manera constante y la velocidad ofrecida por una red típica de 10 Mbps ya no es suficiente para algunos ordenadores y para las necesidades de las aplicaciones, esto ha hecho que aparezcan tecnologías de alta velocidad como Fast Ethernet y Gigabit Ethernet.

Una pregunta que puede surgir es ¿para qué unir todos los equipos en una red?, cualquiera que haya tenido dos o más ordenadores conectados podría dar varias respuestas, siendo las más importantes para las empresas:

• El incremento de productividad. Se puede decir que cuando dos ordenadores están conectados, los usuarios también lo están, ya que de esta manera pueden intercambiarse información aumentando la eficiencia de las comunicaciones entre empleados, además de lograr un acceso rápido a los recursos que se necesitan en cada momento.

• Optimización de recursos y presupuestos. El intercambio de información por medios electrónicos además de ser más rápido y cómodo reduce el uso del papel. También al compartir ciertos recursos como pueden ser impresoras o líneas de comunicaciones de datos se reduce el presupuesto en equipos y comunicaciones.

Las principales características por las que se clasifica un tipo de redes de datos como redes LAN son:

- La **distancia máxima** entre los equipos a conectar está en el rango de las centenas de metros.
- La capacidad de **transmisión** es muy **grande**, generalmente mucho mayor que la de las redes de área extensa, siendo las velocidades habituales entre 10 y 100 Mbits/s, alcanzando las más rápidas hasta 1 Gbit/s.
- Los componentes que las forman (equipos hardware y software) son de **propiedad particular** así como los edificios y locales donde están ubicados dichos componentes; todo lo contrario ocurre con muchas de las redes de área extensa.
- Los **errores** introducidos en la transmisión de los datos son **menores** que en las redes de área extensa. Son típicas tasas de error de 1 bit por cada 10 mientras que en las redes de área extensa son habituales errores de 1 bit por cada 10.

Las redes de área local facilitan la comunicación de un gran número de equipos y aplicaciones a las organizaciones en un entorno reducido, mientras que las redes de área extensa interconectan a estas LAN permitiendo el intercambio de información entre sitios que están distantes geográficamente.

Con la combinación de estas redes las superautopistas de la información pueden ser una realidad hoy en día. En este tema nos vamos a ocupar de las principales características de las redes de área local dejando para el siguiente los principales tipos de redes de área extensa.

4.1.1. Estándares

Debido a la propia naturaleza de las redes de área local (propiedad privada), cada uno de los fabricantes de equipos con un peso importante en el mercado ha intentado imponer su propia arquitectura para estas redes, procurando que los usuarios sean fieles a sus sistemas. Esto ha provocado que aparezcan multitud de redes distintas.

Aun así, los organismos encargados del desarrollo de estándares han hecho una labor importante consiguiendo estandarizar los tipos de redes más utilizados.

El IEEE (Institute of Electrical and Electronic Engineers, Instituto de Ingenieros Eléctricos y Electrónicos de EE.UU.) ha realizado las primeras tareas de normalización de estas redes basándose en el modelo para la interconexión de sistemas abiertos de la ISO. Los comités 802.x son los que han propuesto las directrices para el desarrollo de equipos y programas estándares para las LAN. Estas normas fueron adoptadas por ANSI y posteriormente por la ISO pasando a denominarse ISO 8802.

Las recomendaciones de IEEE han sido ampliamente aceptadas por la industria fabricante y por los usuarios. Los comités 802.x están organizados de la siguiente manera:

- IEEE 802.1 Normalización del interfaz de alto nivel.
- IEEE 802.2 Normalización del Control Lógico del Enlace (LLC).
- IEEE 802.3 Acceso múltiple con detección de portadora y detección de colisión (CSMA/CD).Método de acceso y nivel físico.
- IEEE 802.3u Fast Ethernet. Método de acceso y nivel físico.
- IEEE 802.3z Gigabit Ethernet. Método de acceso y nivel físico.
- IEEE 802.4 Paso de testigo en bus (Token Bus). Método de acceso y nivel físico.
- IEEE 802.5 Paso de testigo en anillo (Token Ring). Método de acceso y nivel físico.
- IEEE 802.6 Redes de área metropolitana (MAN).
- IEEE 802.7 LAN de banda ancha.
- IEEE 802.8 LAN de fibra óptica.
- IEEE 802.9 Estándar para la definición de la integración de voz y datos en las LAN.
- IEEE 802.10 Seguridad en las LAN.
- IEEE 802.11 Redes locales inalámbricas.
- IEEE 802.12 100VG – Any LAN. Método de acceso y nivel físico.

4.1.2. Técnicas de transmisión

En las redes de área local, al igual que en los accesos a otras redes (punto 2.5), se pueden utilizar dos modos de transmisión: banda base y banda ancha.

Estas técnicas hacen referencia al modo de envío de las señales al medio de transmisión, los tipos de señales utilizadas y la forma en que se utiliza el ancho de banda.

Banda ancha

Es un modo de transmisión analógico, utilizando la Multiplexación por División de Frecuencias (MDF, en inglés FDM) se divide el espectro en frecuencia en varios canales, de esta manera se pueden realizar varias transmisiones simultaneas modulando en dichos canales las señales a transmitir.

Con esta técnica es necesaria la utilización de modems en cada una de las estaciones.

Banda base

En este modo los datos se codifican según determinados códigos de línea digitales para transmisión de la señal al medio físico. El ancho de banda utilizado va desde cero (corriente continua) hasta varios Mhz. en función de la velocidad de transmisión de la red y del código de línea utilizado.

En cada momento solo se puede transmitir una señal al medio de transmisión, para realizar transmisiones simultáneas se utiliza la Multiplexación por División en el Tiempo (MDT, en inglés TDM). No se utilizan señales portadoras ni tampoco modems ya que la información se transmite en formato digital.

La comunicación en los medios informáticos se realiza de dos maneras:

Paralelo

Todos los bits se transmiten simultáneamente, existiendo luego un tiempo antes de la transmisión del siguiente boque.

Este tipo de transmisión tiene lugar en el interior de una maquina o entre maquinas cuando la distancia es muy corta. La principal ventaja de esto modo de transmitir datos es la velocidad de transmisión y la mayor desventaja es el costo.

También puede llegar a considerarse una transmisión en paralelo, aunque se realice sobre una sola línea, al caso de multiplexación de datos, donde los diferentes datos se encuentran intercalados durante la transmisión.

Transmisión en paralelo.

Serie

En este caso la n bits que componen un mensaje se transmiten uno detrás de otro por la misma línea.

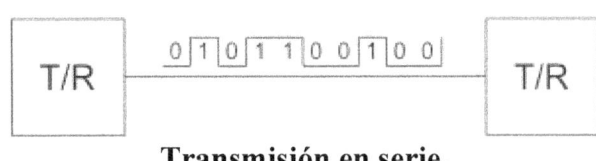

Transmisión en serie.

A la salida de una maquina los datos en paralelo se convierten los datos en serie, los mismos se transmiten y luego en el receptor tiene lugar el proceso inverso, volviéndose a obtener los datos en paralelo. La secuencia de bits transmitidos es por orden de peso creciente y generalmente el último bit es de paridad.

In aspecto fundamental de la transmisión serie es el sincronismo, entendiéndose como tal al procedimiento mediante el cual transmisor y receptor reconocen los ceros y unos de los bits de igual forma.

El sincronismo puede tenerse a nivel de bit, de byte o de bloque, donde en cada caso se identifica el inicio y finalización de los mismos.

Dentro de la transmisión serie existen dos formas:

Transmisión asincrónica

Es también conocida como Stara/stop. Requiere de una señal que identifique el inicio del carácter y a la misma se la denomina bit de arranque. También se requiere de otra señal denominada señal de parada que indica la finalización del carácter o bloque.

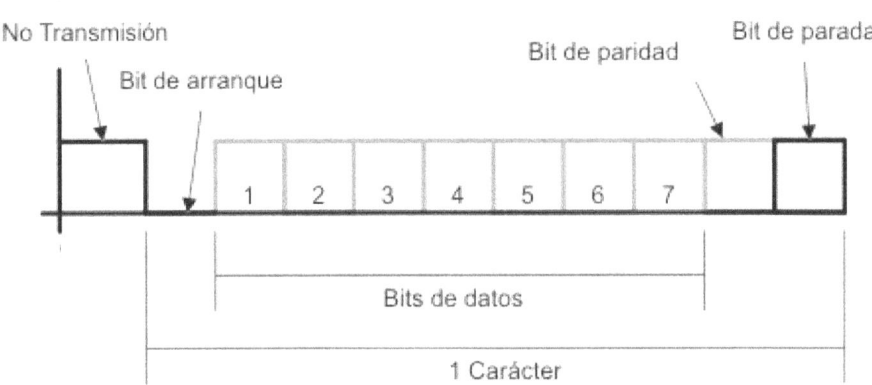

Formato de un carácter

Generalmente cuando no hay transmisión, una línea se encuentra en un nivel alto. Tanto el transmisor como el receptor, saben cuál es la cantidad de bits que componen el carácter (en el ejemplo son 7).

Los bits de parada son una manera de fijar qué delimita la cantidad de bits del carácter y cuando e transmite un conjunto de caracteres, luego de los bits de parada existe un bit de arranque entre los distintos caracteres.

A pesar de ser una forma comúnmente utilizada, la desventaja de la transmisión asincrónica es su bajo rendimiento, puesto que como en el caso del ejemplo, el carácter tiene 7 bits pero para efectuar la transmisión se requieren 10. O sea que del total de bits transmitidos solo el 70% pertenecen a datos.

Transmisión sincrónica

En este tipo de transmisión es necesario que el transmisor y el receptor utilicen la misma frecuencia de clock en ese caso la transmisión se efectúa en bloques, debiéndose definir dos grupos de bits denominados delimitadores, mediante los cuales se indica el inicio y el fin de cada bloque.

Este método es más efectivo por que el flujo de información ocurre en forma uniforme, con lo cual es posible lograr velocidades de transmisión más altas.

Para lograr el sincronismo, el transmisor envía una señal de inicio de transmisión mediante la cual se activa el reloj del receptor. A partir de dicho instante transmisor y receptor se encuentran sincronizados.

Otra forma de lograr el sincronismo es mediante la utilización de códigos auto sincronizante los cuales permiten identificar el inicio y el fin de cada bit.

Canal de Comunicación

Se denomina así al recurso físico que hay que establecer entre varios medios de transmisión para establecer la comunicación.

Al canal de comunicación también se lo denomina **vínculo o enlace.**

Tipos de comunicación

En los canales de comunicación existen tres tipos de transmisión.

Simplex

En este caso el transmisor y el receptor están perfectamente definidos y la comunicación es unidireccional. Este tipo de comunicaciones se emplean usualmente en redes de radiodifusión, donde los receptores no necesitan enviar ningún tipo de dato al transmisor.

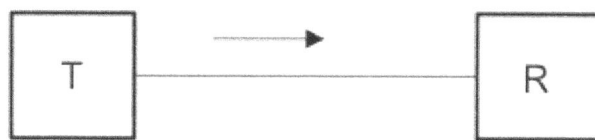

Duplex o Semi-duplex

En este caso ambos extremos del sistema de comunicación cumplen funciones de transmisor y receptor y los datos se desplazan en ambos sentidos pero no simultáneamente. Este tipo de comunicación se utiliza habitualmente en la interacción entre terminales y un computador central.

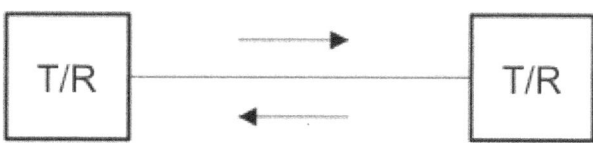

Full Duplex

El sistema es similar al dúplex, pero los datos se desplazan en ambos sentidos simultáneamente. Para ello ambos transmisores poseen diferentes frecuencias de transmisión o dos caminos de comunicación separados, mientras que la comunicación semi-duplex necesita normalmente uno solo.

Para el intercambio de datos entre computadores este tipo de comunicaciones son más eficientes que las transmisiones semi-duplex.

4.1.3.   Velocidades en un sistema de transmisión

Velocidad de modulación

Se define como la inversa del tiempo más corto entre dos instantes significativos de la señal.

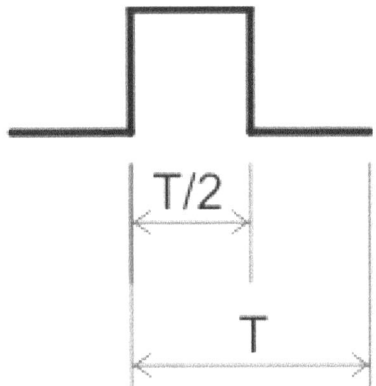

$$V_m = \frac{1}{T/2}$$

$$f = 1MHz$$

$$T = \frac{1}{1MHz} = 1\mu s$$

$$V_m = \frac{1}{0,5\mu s} = 2MBaudios$$

Esta velocidad está dada por la velocidad de cambio de la señal y por lo tanto dependerá del esquema de codificación elegido.

Velocidad de transmisión

Está dada por la cantidad de bits que se transmiten por segundo independientemente de si los mismos contienen información o no.

La velocidad de transmisión está dada por:

$$V_T = \sum_{i=1}^{m} \frac{1}{t_i} \cdot \log_2 n_i$$

Donde n_i es la cantidad de niveles del canal i-ésimo que transmite en paralelo; siendo por lo tanto n la cantidad de canales.

$$\frac{1}{t_i}$$ es la velocidad de modulación del i-ésimo canal.

Si tenemos un solo canal y trabajando con dos niveles como sucede con el sistema binario, la velocidad de transmisión resulta

$$V_T = \frac{1}{t} \cdot \log_2 2 = \frac{1}{t}$$

La unidad de medida de la velocidad de transmisión es bits/segundo.

Si se tiene un sistema multinivel, se puede incrementar la velocidad de transmisión sin cambiar la velocidad de modulación.

Por ejemplo:

Si $n_i = 4$

$$V_T = \frac{1}{t} \cdot \log_2 4 = 2 \cdot \frac{1}{t} = 2V_m$$

Si $n_i = 8$

$$V_T = \frac{1}{t} \cdot \log_2 8 = 3 \cdot \frac{1}{t} = 3V_m$$

Si tenemos dos bits, las posibles combinaciones serán:

0	0
0	1
1	0
1	1

Si establecemos un nivel para cada combinación obtendremos una señal multinivel

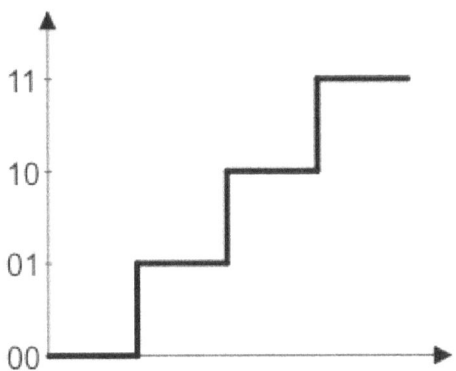

Si aplicamos lo anterior a una secuencia binaria la señal que se transmite tendrá la siguiente forma

Secuencia binaria: 101101001001

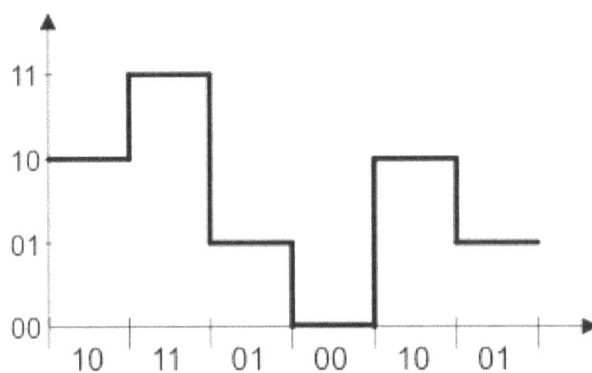

La señal anterior, si bien posee la misma velocidad de modulación que una señal binaria tiene mayor velocidad de transmisión puesto que cada nivel significa la transmisión de 2 bits (dibit).

El concepto de velocidad de modulación se emplea en transmisiones sincrónicas, puesto que en transmisiones asincrónicas carece de sentido ya que no se tiene en cuenta la duración de los bits de arranque y parada.

Velocidad de transferencia de datos

Está dad por la cantidad media de bits que se transmiten entre dos sistemas de datos.

$$V_{Transf} = \frac{Cantidad\ de\ bits\ transmitidos}{Tiempo\ empleado}$$

Velocidad real de transferencia de datos

Se denomina así a la cantidad de bits transmitidos en la unidad de tiempo, con la condición que el receptor los considere válidos.

$$V_T > V_{Transf} > V_{R.Transf}$$

Relación entre el ancho de banda y la velocidad de transmisión

Si se tiene un sistema de comunicaciones a través del cual se transmiten datos binarios, señal cuadrada, y considerando que la frecuencia de dicha señal es de 1 MHz.

De acuerdo al desarrollo de Fourier, por ser la señal cuadrada, solo tendremos armónicas impares y si aceptamos una deformación que permita despreciar a las señales más allá de la 5ª armónica, el ancho de banda necesario para transmitir dicha señal será:

BW = 5f – f = 4f

BW = 5MHz – 1MHz = 4MHz

Ahora bien, si consideramos que a dicha frecuencia estamos transmitiendo ceros y unos, el periodo resultara t = 1 ms, razón por la cual el tiempo de duración de cada bit será 0,5ms y ello implica una velocidad de modulación de 2MBaudios. Si consideramos que se trata de un solo canal y por ser la señal cuadrada tenemos 2 niveles, resulta que la velocidad de transmisión y la velocidad de modulación coinciden numéricamente, resultando la velocidad de transmisión V_T = 2Mbits/seg.

Si ahora consideramos tener una señal cuya frecuencia es de 2MHz y aceptamos una distorsión, al igual que en e caso anterior, que permita despreciar a las señales más allá de la 5ª armónica, el ancho de banda resultará

f = 2MHz

BW = 5 – 2MHz – 2MHz =10 MHz – 2 MHz = 8MHz

En este caso la duración de cada bit es de 0,25 ms, por lo tanto, siguiendo el mismo razonamiento del caso anterior, la velocidad de transferencia resultara de 4Mbits/seg.

Si en un tercer análisis consideramos que la frecuencia de la señal es de 2MHz pero aceptamos una distorsión en la cual se desprecian las señales cuya frecuencia esté más allá de la tercera armónica, el ancho de banda resultara

$f = 2MHz$

$BW = 3 - 2MHz - 2\,MHz = 4MHz$

y para la frecuencia dada la velocidad de transmisión es, igual que en el caso anterior, de 4 Mbits/seg.

Del análisis anterior podemos obtener las siguientes conclusiones

1. Para transmitir una señal sin deformación se requiere un ancho de banda infinito.

2. Todo medio de transmisión disminuye el ancho de banda, razón por la cual todas las señales sufren alguna deformación.

3. Cuanto mayor es el ancho de banda mayor es la velocidad de transmisión que puede obtenerse.

4. Cuanto mayor es la frecuencia de la señal, mayor es la velocidad de transmisión puesto que cada bit tiene un menor tiempo de duración y ello hace que sea posible enviar mayor cantidad de bits en el mismo tiempo.

Capacidad de un canal

Nyquist determinó que la máxima velocidad alcanzable para un ancho de banda dado es dos veces dicho ancho de banda si no existe ruido.

Si se tienen señales de más de dos niveles, es decir que cada elemento de las señales representa más de un bit, la fórmula de Nyquist resulta

$C = 2\,BW\,\log_2 M$

donde M es la cantidad de niveles.

Si existe ruido, la velocidad de transmisión debe disminuir pues se corre el riesgo de aumentar la tasa de errores ya que mayor cantidad de bits pueden verse afectados en el mismo tiempo.

Solo es posible incrementar la velocidad de transmisión por medio de una transmisión multinivel.

Capacidad de un canal con ruido

Teniendo en cuenta que el ruido es un parámetro fundamental y que el mismo se evalúa en potencia

$$\frac{S}{N}db = 10\log\frac{P_S}{P_N}$$

Shannon estableció que la capacidad de un canal de comunicaciones está dada por la siguiente expresión

$$C = BW \cdot \lg_2\left(1 + \frac{P_S}{P_N}\right)$$

La expresión de Shannon indica el máximo límite teórico que puede obtenerse y a dicha capacidad se la denomina capacidad libre. En forma práctica la capacidad de un canal es siempre menor que la capacidad libre.

4.2. Red de área Metropolitana (MAN)

4.2.1. Definición: MAN

Una red de área metropolitana es una red de alta velocidad (banda ancha) que dando cobertura en un área geográfica extensa, proporciona capacidad de integración de múltiples servicios mediante la transmisión de datos, voz y vídeo, sobre medios de transmisión tales como fibra óptica y par trenzado de cobre a velocidades que van desde los 2 Mbits/s hasta 155 Mbits/seg.

El concepto de red de área metropolitana representa una evolución del concepto de red de área local a un ámbito más amplio, cubriendo áreas de una cobertura superior que en algunos casos no se limitan a un entorno metropolitano sino que pueden llegar a una cobertura regional e incluso nacional mediante la interconexión de diferentes redes de área metropolitana.

4.2.2. Principales aplicaciones de la MAN:

Las redes de área metropolitana tienen muchas aplicaciones, las principales son:

a. Interconexión de redes de área local (RAL)
b. Interconexión de centralitas telefónicas digitales (PBX y PABX)
c. Interconexión ordenador a ordenador
d. Transmisión de vídeo e imágenes
e. Transmisión CAD/CAM
f. Pasarelas para redes de área extensa (WANs)

Una red de área metropolitana puede ser pública o privada. Un ejemplo de MAN privada sería un gran departamento o administración con edificios distribuidos por la ciudad, transportando todo el tráfico de voz y datos entre edificios por medio de su propia MAN y encaminando la información externa por medio de los operadores públicos. Los datos podrían ser transportados entre los diferentes edificios, bien en forma de paquetes o sobre canales de ancho de banda fijos. Aplicaciones de vídeo pueden enlazar los edificios para reuniones, simulaciones o colaboración de proyectos.

Protocolos de comunicación

Son las reglas y procedimientos utilizados en una red para establecer la comunicación entre nodos. En los protocolos se definen distintos niveles de comunicación. Así, las redes de área metropolitana soportan el nivel 1 y parte del nivel 2, dando servicio a los protocolos de nivel superior que siguen la jerarquía OSI para sistemas abiertos.

4.3. Redes de Área Amplia (WAN)

Una red de área amplia puede ser descripta como un grupo de redes individuales conectadas a través de extensas distancias geográficas. Los componentes de una red WAN típica incluyen:

- Dos o más redes de área local (LANs) independientes.

- Routers conectados a cada LAN

- Dispositivos de acceso al enlace (Link access devices, LADs) conectados a cada router.

- Enlaces inter-red de área amplia conectados a cada LAD

La combinación de routers, LADs, y enlaces es llamada inter-red.

La inter-red combinada con las LANs crea la WAN.

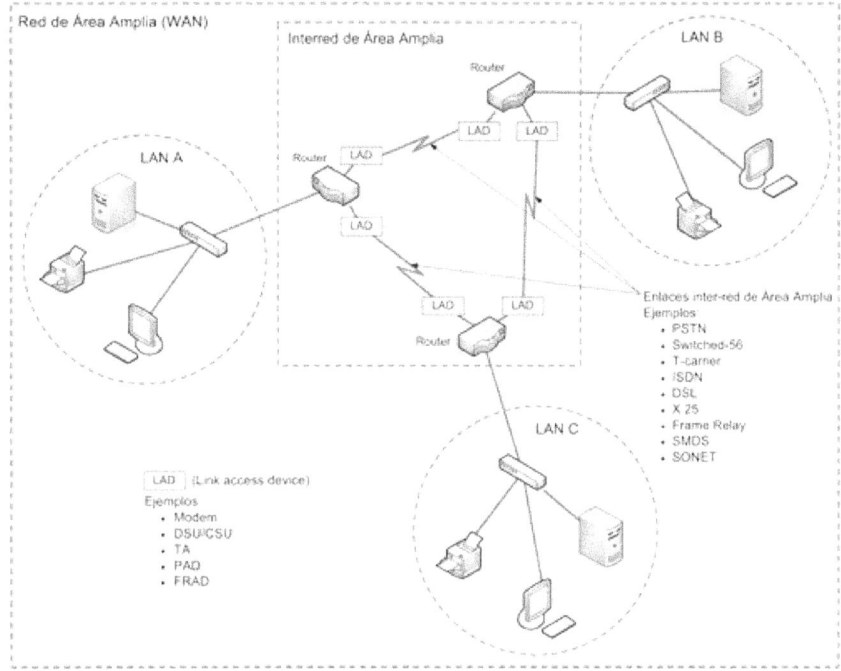

Un dispositivo de acceso al enlace (LAD) es necesario para convertir las señales para ser transmitidas desde la LAN en un formato compatible con el tipo de enlace de área amplia inter-red utilizado.

Las conexiones entre LADs pueden ser punto a punto o a través de la red intermedia de un proveedor de servicios de red.

Nota: Una red intermedia se define como una red utilizada para conectar dos o más redes.

En un enlace punto a punto, los LADs se comunican directamente entre sí sobre un circuito de telecomunicaciones. Este circuito puede ser temporal, como el de una red conmutada de telefonía pública, o permanente, por ejemplo una línea de datos dedicada contratada a un proveedor.

Algunos ejemplos de LAD incluyen:

- Modem.

- Data service unit/channel service unit (DSU/CSU).

- Terminal adapter (TA).

- Packet assembler/disassembler (PAD).

- Frame Relay access device (FRAD).

En un enlace de red intermedia, los LAD son conectados una red de transporte de datos, controlada y administrada por uno o más proveedores de servicios de red. Las conexiones al proveedor de servicios de red son realizadas usando enlaces punto a punto temporales o permanentes. Una vez que los datos son recibidos por el proveedor de servicios de red, son transferidos hasta la LAN de destino a través de una red de área amplia inter-red dedicada.

Los proveedores de servicio de red reciben múltiples flujos de datos en forma simultánea desde varias organizaciones. Todos los datos son transferidos un paquete a la vez por la red del proveedor de servicios, potencialmente con cada paquete tomando un camino diferente. El enrutamiento se basa en la información de direccionamiento incluida en el paquete.

Existen muchas conexiones y rutas posibles en la topología en forma de malla de la red del proveedor. Varias tecnologías de enrutamiento y conmutación a alta velocidad son utilizadas por el proveedor de servicios de red para dirigir los paquetes hasta su destino. Dado que existen múltiples caminos, un paquete puede ser enrutado para evitar cualquier falla o área congestionada de la red, el enrutamiento del paquete es dinámico.

Cuando se usan las redes de alta velocidad de un proveedor de servcios de red como enlaces de red intermedios, no existe un circuito predefinido de extremo a extremo entre las LAN comunicadas; es por ello que las tasas de transmisión de la inter-red pueden ser aumentadas o disminuidas según se requiera mediante acuerdos con el proveedor de servicios de red.

Internet es la red intermedia global más grande. Otros ejemplos incluyen redes satelitales y de relevo de tramas (Frame Relay).

4.3.1. X.25

Uno de los protocolos estándar más ampliamente utilizado es **X.25** del ITU-T, que fue originalmente aprobado en 1976 y que ha sufrido numerosas revisiones desde entonces. El estándar especifica una interfaz entre un sistema host y una red de conmutación de paquetes. Este estándar se usa de manera casi universal para actuar como interfaz con una red de conmutación de paquetes y fue empleado para la conmutación de paquetes en ISDN. El estándar emplea tres niveles de protocolos:

- Nivel físico
- Nivel de enlace
- Nivel de paquete

Estos tres niveles corresponden a las tres capas más bajas del modelo OSI. El nivel físico define la interfaz física entre una estación (computadora, terminal) conectada a la red y el enlace que vincula esa estación a un nodo de conmutación de paquetes. El estándar denomina a los equipos del usuario como **equipo terminal de datos – DTE** (Data Terminal Equipment) y al nodo de conmutación de paquetes al que se vincula un DTE como **equipo terminal de circuito de datos – DCE** (Data Cicuit-terminating Equipment). X.25 hace uso de la especificación de la capa física X.21, pero se lo sustituye en muchos casos por otros estándares, tal como RS-232 de la EIA.

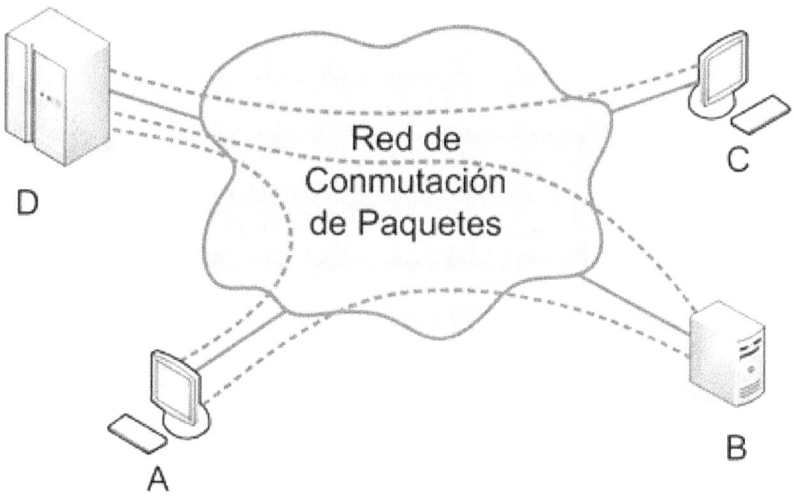

Uso de los Circuitos Virtuales (Ex.1)

El nivel de enlace garantiza la transferencia confiable de datos a través del enlace de datos, mediante la transmisión de datos mediante una secuencia de tramas. El estándar del nivel de enlace se conoce como **LAPB** (Link Access Protocol Balanced). LAPB es un subconjunto de HDLC de ISO en su variante **ABM** (Asynchronous Balanced Mode).

El nivel de paquete ofrece un servicio de circuito virtual externo. Este servicio le permite a cualquier subscriptor de la red establecer conexiones lógicas, denominados **circuitos virtuales**, con otros subscriptores. Un ejemplo de esto se muestra en la **Ex. 1**. En este ejemplo, la estación **A** tienen establecidos dos circuitos virtuales uno con **B** y otro con **D**; la estación **C** posee una conexión de circuito virtual con D; y el servidor B tiene establecida una conexión de circuito virtual con **D**.

En este último nivel, por cada acceso a la red, se definen dos entidades, DTE y DCE, que representan al sistema final del usuario y a la red respectivamente. En términos generales, hay dos **categorías de DTEs**: los que operan en modo de paquetes y los que no lo hacen; estos últimos, no soportan en forma nativa los protocolos X.25, por lo que requieren de los servicios de sistemas intermediarios encargados de realizar las correspondientes adaptaciones, generalmente denominados **PADs** (Packet Assembler/Disassembler).

La **Ex. 2** muestra la relación entre los niveles de X.25. Los datos de usuario se pasan en forma descendente al nivel 3 de X.25, el cual le agrega información de control como una cabecera, creando un **paquete**. Alternativamente, los datos de usuario se pueden segmentar dentro de múltiples paquetes. La información de control del paquete sirve para varias finalidades, entre las que se incluyen las siguientes:

1. Identificar el número de un circuito virtual particular al que se deben asociar estos datos.

2. Proveer números de secuencia que se pueden utilizar para controlar el flujo y los errores sobre la base de circuitos virtuales.

Luego, el paquete X.25 completo se pasa a la entidad LAPB, la cual agrega información de control al principio y al final del paquete, formando una **trama LAPB**. Nuevamente, la información de control contenida en la trama se requiere para la operación del protocolo LAPB.

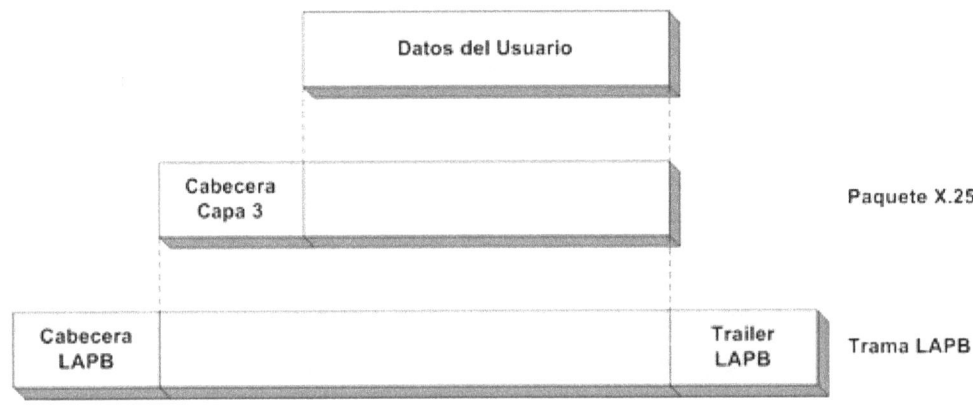

Ex. 2. Datos de usuario e información de control del protocolo X.25

Servicio de circuito virtual

El servicio de circuito virtual que ofrece X.25 proporciona dos **tipos de circuitos virtuales**. Una **llamada virtual** (virtual call) es un circuito virtual que se establece dinámicamente utilizando los procedimientos de establecimiento de llamada (call setup) y de liberación de llamada (call clearing). Un **circuito virtual permanente** (permanent virtual circuit) es un circuito virtual fijo asignado por la red; la transferencia de datos se produce igual que con las llamadas virtuales, pero no se requiere del establecimiento o la liberación.

La **Ex.3** muestra una secuencia típica de eventos sobre un circuito virtual. La parte ubicada a la izquierda de la figura muestra los paquetes intercambiados entre la máquina del usuario A y el nodo de conmutación de paquetes al cual ésta se vincula; la parte derecha de la figura muestra los paquetes que se intercambian entre la máquina de usuario B y su nodo. El encaminamiento de los paquetes dentro de la red no es visible al usuario.

La secuencia de eventos es la siguiente:

1. A solicita un circuito virtual a B mediante el envío de un paquete **Call Request** al DCE de A. El paquete incluye las direcciones fuente y destino, como así también el **número de circuito virtual** que se utiliza para este nuevo circuito virtual. Las futuras transferencias entrantes y salientes se identificarán por medio del número de circuito virtual.

2. La red encamina esta solicitud de llamada hacia el DCE de B.

3. El DCE de B recibe el Call Request y le envía a B un paquete **Incoming Call**. Este paquete tiene el mismo formato que el paquete Call Request, pero un **número de circuito virtual** diferente, seleccionado por el DCE de B a partir del conjunto de números locales fuera de uso.

4. B indica la aceptación de la llamada mediante el envío de un paquete **Call Accepted** especificando el mismo número de circuito virtual que el paquete Incoming Call.

5. El DCE de A recibe el Call Accepted y le envía a A un paquete **Call Connected**. Este paquete tiene el mismo formato que el paquete Call Accepted pero el número de circuito virtual indicado en el paquete Call Request original.

6. A y B se intercambian paquetes de datos y de control utilizando sus respectivos números de circuito virtual.

7. A (o B) envía un paquete **Clear Request** para terminar el circuito virtual y recibe un paquete **Clear Confirmation**.

8. B (o A) recibe un paquete de indicación **Clear Indication** y transmite un paquete **Clear Confirmation**.

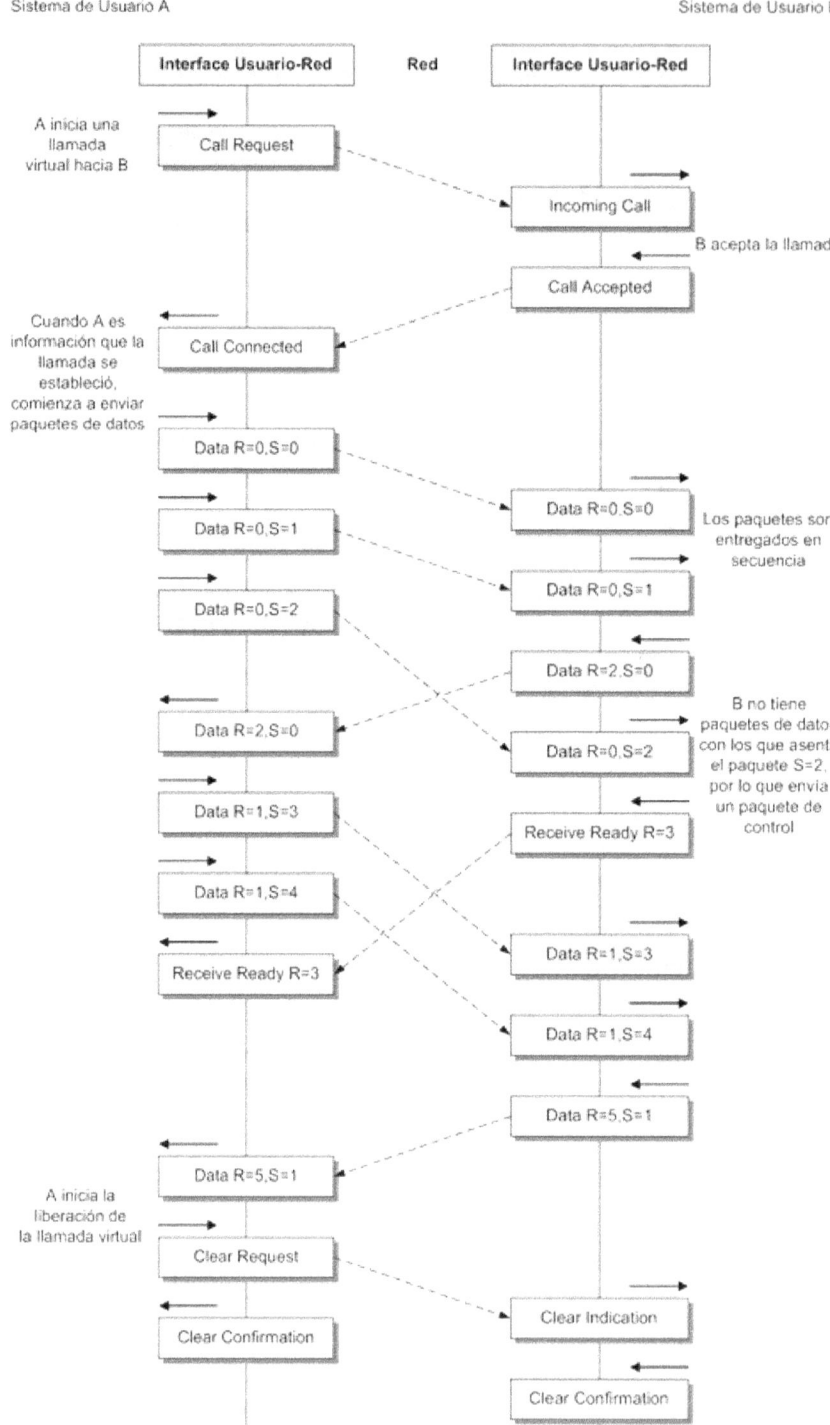

Ex.3. Secuencia de eventos en el protocolo X.25

Formato del paquete X.25

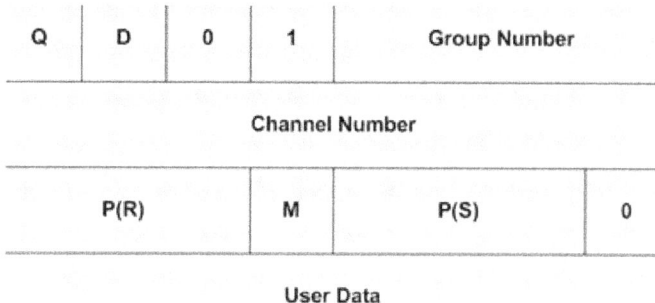

A). Paquete Data con números de secuencia de 3-bit.

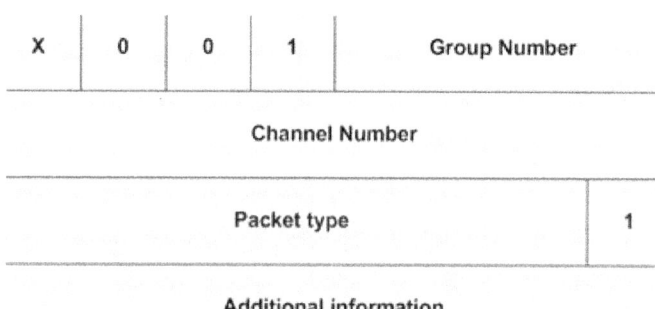

B). Paquete de control para llamada virtual con números de secuencia de 3-bit.

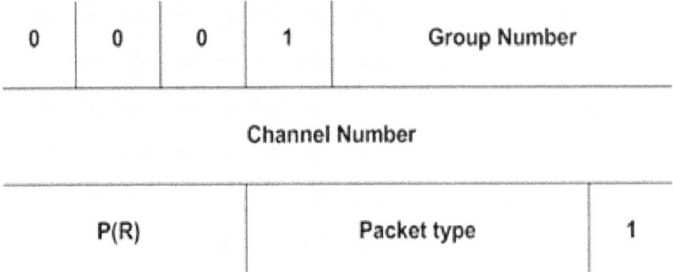

C). Paquetes RR, RNR y REJ con números de secuencia de 3-bit.

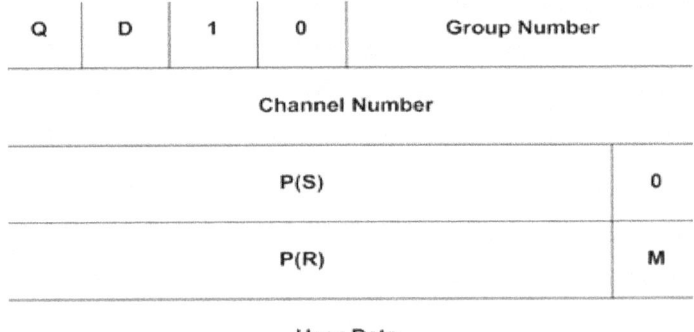

D). Paquete Data con números de secuencia de 7-bit.

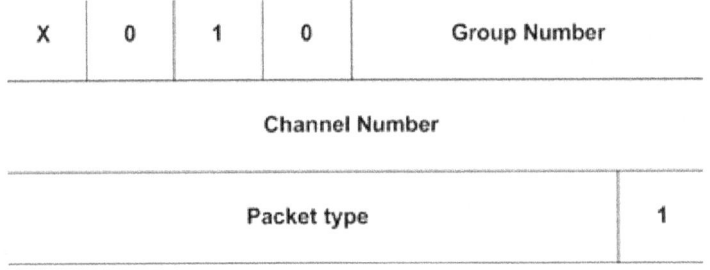

E). Paquete de control para llamada virtual con números de secuencia de 7-bit.

0	0	1	0	Group Number
Channel Number				
Packet type				1
P(R)				0

F). Paquetes RR, RNR y REJ con números de secuencia de 7-bit.

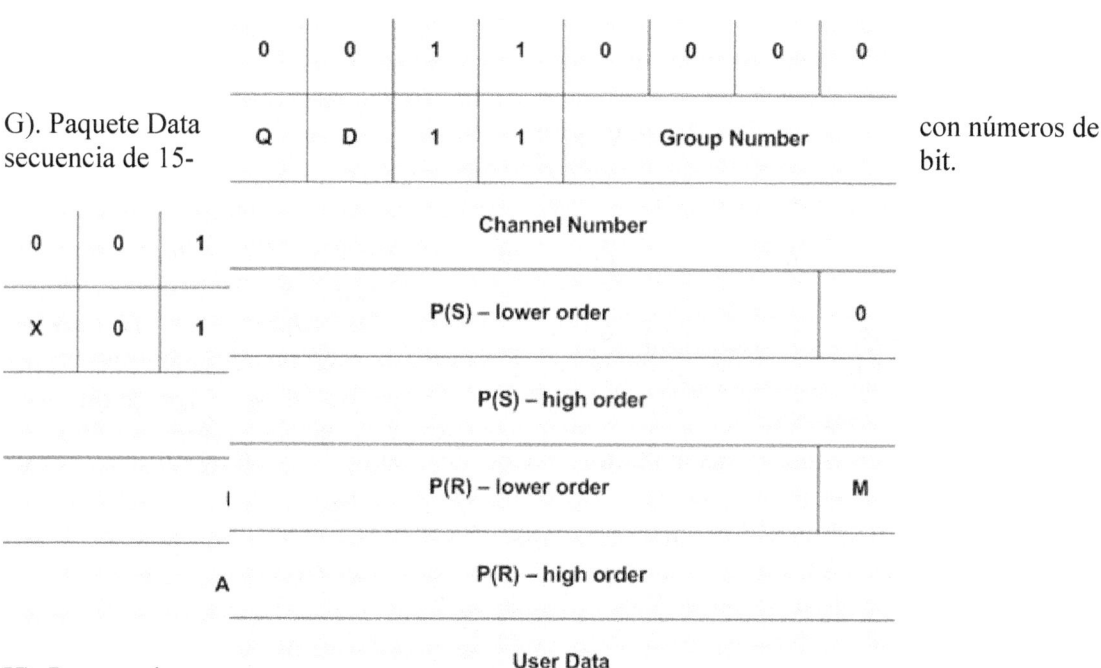

G). Paquete Data con números de secuencia de 15- bit.

0	0	1	1	0	0	0	0
Q	D	1	1	Group Number			
Channel Number							
P(S) – lower order							0
P(S) – high order							
P(R) – lower order							M
P(R) – high order							
User Data							

H). Paquete de control para llamada virtual con números de secuencia de 15-bit.

0	0	1	1	0	0	0	0
X	0	1	1	Group Number			

Channel Number

Packet type	1
P(R) – lower order	0

P(R) – high order

I). Paquetes RR, RNR Y REJ con números de secuencia de 15-bit.

Ex 4. Formatos de paquetes X.25

La Tabla 1 ilustra los formatos básicos de paquete utilizados en X.25. Para el caso de datos de usuarios, los datos se dividen en bloques de un tamaño máximo, y se agrega a cada bloque una cabecera de 24-bits, 32-bits o 56-bits, conformando así un **paquete de datos**. Para el caso de los circuitos virtuales que utilizan números de secuencia de 15-bits, la cabecera comienza con un octeto identificador de protocolo con el valor 00110000.

La cabecera incluye un **número de circuito virtual** de 12-bits (contenido en los campos **Group Number** y **Channel Number**). Sobre cada circuito virtual, se aplican las funciones de control de flujo y de control de errores por medio de los campos **P(S)** y **P(R)**. El **bit Q** no está definido en este estándar, pero le permite al usuario distinguir dos tipos de datos.

Tipo de paquete		Servicio		Parámetros
DTE a DCE	DCE a DTE	VC	PVC	
Call Setup y Clearing				
Call Request	Incoming Call	X		Calling DTE address, Called DTE address, facilities, call user data
Call Accepted	Call Connected	X		Calling DTE address, Called DTE address, facilities, call user data
Clear Request	Clear Indication	X		Calling DTE address, Called DTE address, facilities, call user data

Clear Confirmation	Clear Confirmation	X		Calling DTE address, Called DTE address, facilities, call user data
Data e Interrupt				
Data	Data	X	X	---
Interrupt	Interrupt	X	X	Interrupt user data
Interrupt Confirm.	Interrupt Confirm.	X	X	---
Control de flujo y Reset				
RR	RR	X	X	P(R)
RNR	RNR	X	X	P(R)
REJ		X	X	P(R)
Reset Request	Reset Indication	X	X	Resetting cause, diagnostic code
Reset Confirm.	Reset Confirm.	X	X	---
Restart				
Restart Request	Restart Indication	X	X	Restarting cause, diagnostic code
Restart Confirm.	Restart Confirm.	X	X	---
Diagnostic				
	Diagnostic	X	X	Diagnostic code, diagnostic explanation

Tabla 1. Tipos de paquetes y sus parámetros asociados.

Además de transmitir datos de usuario, X.25 debe transmitir información de control relacionada con el establecimiento, mantenimiento y terminación de los circuitos virtuales. La información de control se transmite en un **paquete de control**. Cada paquete de control incluye un número de circuito virtual, definido por los campos **Group Number** y **Channel Number**; el campo **Packet Type**, que identifica la función de control particular; e **información de control adicional** relacionada con esa función. Por ejemplo, un paquete **Call Request** incluye los siguientes campos adicionales:

• **Calling DTE address length (4-bits):** longitud del correspondiente campo address, expresado en unidades de 4-bits.

• **Called DTE address length (4-bits):** longitud del correspondiente campo address, expresado en unidades de 4-bits.

• **DTE addresses (variable)**: las direcciones de los DTE llamante y llamada.

• **Facilities**: una secuencia de especificaciones de facilidad. Cada especificación consta de un código de facilidad de 8-bits y cero o más parámetros de código. Un ejemplo de una facilidad es "cobro revertido".

La **Tabla 1** lista los paquetes X.25. La mayoría de ellos ya han sido comentados. Los restantes, serán comentados brevemente.

Un DTE puede enviar un **paquete Interrupt** que evita los procedimientos de control de flujo que se aplican a los paquetes de datos. La red ha de entregar este paquete al DTE de destino con un prioridad superior a la de los paquetes de datos en tránsito. Un ejemplo del uso de esta facilidad es la transmisión de un carácter break desde una terminal.

El **paquete Diagnostic** proporciona un medio para indicar ciertas condiciones de error que no warrant una reinicialización. El **paquete Registration** se emplea para invocar y confirmar facilidades X.25.

Multiplexación en X.25

Tal vez el servicio más importante que provee X.25 es la **multiplexación**. Un DTE puede establecer hasta 4095 circuitos virtuales simultáneos con otros DTEs empleando un único enlace físico DTE/DCE. El DTE internamente puede asignar estos circuitos de la manera que le resulta más conveniente. Los circuitos virtuales individuales podrían estar asociados a aplicaciones, procesos o terminales, por ejemplo. El enlace DTE/DCE realiza la **multiplexación** *full-duplex*. Es decir, en todo momento, un paquete asociado con un circuito virtual dado se puede transmitir en cualquier dirección.

Número	Categoría	Asignación
0	Reservado	
1 ... i	Circuitos Virtuales Permanentes	Fijado en el momento de la suscripción
i+1 ... i+n	Circuitos Unidireccionales Entrantes	Asignado por el DCE
j+1 ... j+n	Circuitos Virtuales Bidireccionales	Asignado por el DCE Asignado por el DTE
k .. 4095	Circuitos Unidireccionales Salientes	Asignado por el DTE

Tabla 2. Distribución de canales lógicos según el ITU-T

Para poder determinar cuáles paquetes corresponden a cada circuito virtual, cada paquete contiene un **número de circuito virtual** de 12-bits. La asignación de los números de circuito virtual sigue la convención descripta en la tabla 2. El número cero siempre se reserva para paquetes de diagnóstico comunes a todos los circuitos virtuales. Cuatro categorías de circuitos virtuales se asignan a rangos contiguos de números. Los **circuitos virtuales permanentes** se asignan a números que empiezan en 1. La siguiente categoría es la de **llamadas virtuales unidireccionales entrantes**.

Esto significa que sólo las llamadas entrantes provenientes de la red se podrán asignar a estos números; no obstante, el circuito virtual es bidireccional (full-duplex). Cuando llega una solicitud de llamada, el DCE selecciona un número sin utilizar de esta categoría.

La categoría de las **llamadas virtuales unidireccionales salientes** son aquéllas iniciadas por el DTE. En este caso, el DTE selecciona un número sin utilizar de los asignados a este tipo de llamadas.

Esta separación en categorías tiene por finalidad evitar la selección simultánea del mismo número para dos circuitos virtuales diferentes por parte del DTE y del DCE.

La categoría de las **llamadas virtuales bidireccionales** está disponible para la asignación compartida por el DTE y el DCE.

Control de flujo y control de errores

El **control de flujo** y el **control de errores** en el nivel de paquetes de X.25 es virtualmente idéntico tanto en su formato como en su procedimiento al control de flujo utilizado por HDLC. Se emplea un **protocolo de ventana deslizante**. Cada paquete de datos incluye un **número de secuencia de envío**, **P(S)**, y un **número de secuencia de recibido**, **P(R)**. Por default, se emplean números de secuencia de 3-bits. Opcionalmente,

el DTE puede solicitar, a través del mecanismo de facilidad del usuario, el uso de números de secuencia de 7-bits o de 15-bits.

El valor de P(S) lo asigna el DTE en todos los paquetes salientes asociados a cada circuito virtual; esto es, el P(S) de cada paquete de datos nuevo asociado a un circuito virtual es mayor en 1 que el del paquete precedente sobre el mismo circuito virtual, módulo 8 (o módulo 128 o módulo 32768).

P(R) contiene el número del siguiente paquete esperado desde el otro extremo de un circuito virtual; de esta manera se implementa un **mecanismo de asentimientos embebidos** (piggybacked acknowledgment). Si uno de los extremos no tiene datos para transmitir, puede asentir los paquetes entrantes utilizando los **paquetes de control RR** (Receive Ready) y **RNR** (Receive not Ready), con el mismo significado que en HDLC. El tamaño de la ventana default es 2, pero puede establecerse hasta un valor 7 para el caso de números de secuencia de 3-bits, 127 para el caso de números de secuencia de 7-bits, y 32767 para el caso de números de secuencia de 15-bits.

Los **asentimientos** (en la forma del campo P(R) de un paquete de datos, RR o RNR) y, en consecuencia el control de flujo, pueden tener significado **local** o **extremo-a-extremo**, según como se encuentre fijado el **bit D**. Cuando D=0 (el caso usual), el asentimiento posee significado local, entre el DTE y la red. Lo utiliza el DCE local y/o la red para asentir los paquetes y controlar el flujo proveniente desde el DTE hacia la red. Cuando D=1, los asentimientos provienen desde el DTE remoto.

El esquema de control de errores es **ARQ N-vuelta-atrás**. Un asentimiento negativo tiene la forma de un **paquete de control REJ** (Reject). Si un nodo recibe un asentimiento negativo, deberá retransmitir el paquete especificado y todos los paquetes subsiguientes.

Reset y Restart

X.25 provee dos facilidades para la **recuperación de condiciones de error**. La facilidad **Reset** se utiliza para reinicializar un circuito virtual. Esto significa que los números de secuencia en ambos extremos se ponen en cero. Cualquier paquete de datos o interrupción que se encuentre en tránsito, se pierde. Le corresponde a un protocolo de capa superior la recuperación de estos paquetes que se pierden. Un Reset se puede disparar debido a un cierto número de condiciones de error, incluyendo la pérdida de un paquete, un error en el número de secuencia, congestión, o pérdida de un circuito virtual interno de la red. En este último caso, los dos DCEs deben reconstruir el circuito virtual internamente para soportar el circuito virtual externo DTE-DTE. El DTE o el DCE pueden iniciar un Reset con un paquete **Reset Request** o **Reset Indicación**. El receptor responde con un **Reset Confirmación**. Independientemente de quién inicie el Reset, el DCE involucrado es el responsable de informarle al otro extremo.

Una condición de error más seria requiere de un Restart. El envío de un paquete **Restart Request** es equivalente al envío de un Clear Request por todas las llamadas virtuales y un

Reset Request por todas las llamadas permanentes. Nuevamente, o el DTE o el DCE pueden iniciar la acción. Un ejemplo de una condición de Restart es la pérdida temporaria del acceso a la red.

4.3.2. Frame Relay

Frame relay, FR o relevo de tramas, al igual que ATM, está diseñado para proveer un esquema de transmisión más eficiente que X.25. Los estándares para FR maduraron muchos antes que los de ATM, al igual que los productos comerciales. En consecuencia, existe una importante base de productos FR instalados. No obstante, el interés se está trasladando hacia ATM para las redes de alta velocidad.

Introducción

La solución tradicional de conmutación de paquetes hace uso de X.25, la cual determina la interfaz Usuario-Red. Las características claves de X.25 son las siguientes:

• Paquetes de control de llamada (call control packets) utilizados para establecer y liberar circuitos virtuales, los que son transportados en el mismo canal y el mismo circuito virtual que los paquetes de datos. En consecuencia, se utiliza señalización en-banda.

• La multiplexación de los circuitos virtuales tiene lugar en la capa 3.

• Tanto la capa 2 como la capa 3 incluyen mecanismos de control de flujo y de control de errores.

Esta solución trae aparejada un considerable overhead. En cada salto dentro de la red, el protocolo de enlace de datos requiere del intercambio de una trama de datos y una trama de asentimiento.

Más aún, en cada nodo intermedio, se deben mantener tablas para cada circuito virtual relacionadas con la administración de la llamada e información asociada a los mecanismos de control de flujo y control de errores del protocolo X.25.

Todo este overhead se puede justificar cuando existen importantes probabilidades de error sobre cualquiera de los enlaces de la red, pero deja de serlo en las redes modernas que emplean facilidades de comunicación digital.

Las redes de hoy en día emplean tecnologías de transmisión digital confiable sobre enlaces de transmisión confiables de alta calidad (muchas veces fibra óptica). A esto se suma que, con el uso de fibra óptica y la transmisión digital, se pueden alcanzar altas tasas de datos. En este ambiente, el overhead de X.25 no sólo resulta innecesario sino que degrada la efectiva utilización de las altas tasas de datos disponibles.

La tecnología FR ha sido diseñada para eliminar gran parte del overhead que impone X.25 sobre los sistemas de usuario final y sobre la red de conmutación de paquetes. Las

diferencias principales entre FR y el servicio de conmutación de paquetes X.25 son las siguientes:

- La señalización de control de llamada se transporta sobre una conexión lógica separada de la de datos de usuario. En consecuencia, los nodos intermedios no necesitan mantener tablas de estado o realizar el procesamiento de mensajes relacionados con el control de llamada sobre la base de llamadas individuales.

- La multiplexación y la conmutación de las conexiones lógicas tienen lugar en la capa 2 en lugar de la capa 3, eliminando una capa completa de procesamiento.

- No hay control de flujo ni control de errores salto a salto. El control de flujo y el control de errores extremo-a-extremo son responsabilidad de una capa superior, en caso que sean utilizados.

En consecuencia, con FR se envía una sola trama de datos de usuario desde la fuente hasta el destinatario, y se transporta de vuelta, también dentro de una trama, un asentimiento generado en una capa superior. No existe intercambio de tramas de datos y de asentimientos salto-a-salto.

Consideremos las ventajas y desventajas de esta solución. La principal desventaja potencial de FR, comparado con X.25, es la de haber perdido la habilidad de realizar un control de flujo y de errores salto-a-salto. (Si bien FR no provee control de flujo y control de errores, resulta fácil hacerlo en una capa superior). En X.25, los circuitos virtuales múltiples se establecen por un único enlace físico, y LAPB está disponible en el nivel de enlace para proporcionar una transmisión confiable desde la fuente hasta la red de conmutación de paquetes, y desde ésta hasta el destinatario.

Además, en cada salto dentro de la red, se puede utilizarlo como protocolo de enlace de datos para lograr confiabilidad. Con el uso de FR, este control a nivel de enlace salto-a-salto se pierde. Sin embargo, dado el incremento de la confiabilidad de las facilidades de transmisión y de conmutación, esta desventaja no es fundamental.

La ventaja de FR es que se ha mejorado el procesamiento asociado con las comunicaciones. La funcionalidad del protocolo requerida en la interfaz usuario-red se reduce, al igual que el procesamiento interno en la red. Como consecuencia de ello, pueden esperarse menores retardos y mayor throughput. Los estudios indican una mejora en el throughput de un orden de magnitud o más al emplear FR en comparación con X.25. La recomendación ITU-T I.233 indica que FR se deberá utilizar con velocidades de acceso de hasta 2Mbps.

Arquitectura del protocolo Frame Relay

La figura describe la arquitectura de protocolo que soporta el **servicio en modo _bearer_**. Se deben considerar dos planos separados de operación: el **plano de control (plano-C)**, que tiene que ver con el establecimiento y liberación de conexiones lógicas, y el **plano de**

usuario (plano-U), responsable de la transferencia de los datos de usuario entre los suscriptores. En consecuencia, los protocolos del plano-C se aplican entre un suscriptor y la red, en tanto que los protocolos del plano-U proveen funcionalidad extremo-a-extremo.

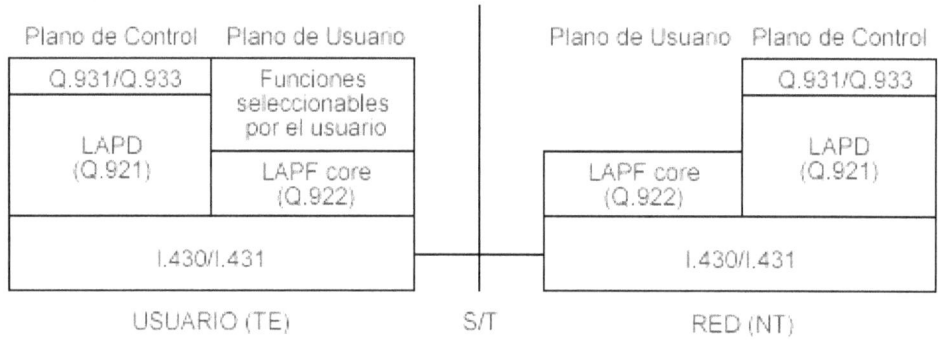

Arquitectura del protocolo en la interface Usuario-Red

Plano de Control

El **plano-C** para los servicios en modo barrer utiliza un canal lógico separado para la información de control. En la capa de enlace de datos se emplea **LAPD (Q.921)** para proporcionar un servicio de control de enlace de datos confiable (con control de flujo y control de errores) entre el usuario (TE) y la red (NT) sobre un canal D. Este servicio de enlace de datos es usado para el intercambio de mensajes de señalización de control **Q.933**.

Plano de Usuario

Para la transferencia de información entre usuarios finales se utiliza **LAPF** (**Q.922**), que es una versión mejorada de LAPD. En FR sólo se utilizan las funciones **LAPF núcleo** (LAPF core) para realizar las tareas de:

• Delimitación, alineación y transparencia de tramas

• Multiplexación y demultiplexación de tramas utilizando el campo **Address**

• Inspección de la trama para asegurar si la misma consta de un número entero de octetos antes de la inserción de zero bit o luego de la extracción de zero bit

• Detección de errores de transmisión

• Funciones de control de congestión

Las funciones LAPF núcleo en el **plano-U** conforman una **subcapa de la capa de enlace de datos**. Proveen el servicio de transferencia de tramas desde un suscriptor a otro, sin

control de errores ni control de flujo. Además, el usuario puede optar por la inclusión de funciones adicionales de enlace de datos (equivalentes a funciones entremo-a-extremo de la capa de red) las cuales no son parte del servicio FR.

Empleando las funciones núcleo, la red ofrece un servicio de conmutación de tramas orientado a conexión que opera en la de capa de enlace con las siguientes propiedades:

• Preservación del orden de transferencia de tramas desde un extremo a otro de la red.

• Baja probabilidad de pérdida de tramas.

Transferencia de datos de usuario

La operación de FR para la transferencia de datos de usuario se explica mejor si tenemos en cuenta el **formato de la trama**. Este formato está el definido por el protocolo LAPF núcleo, y es similar a los de LAPD y LAPB con una omisión obvia: no hay campo de control. Este hecho tiene las siguientes implicancias:

• Hay un solo tipo de trama, el que es utilizado para transportar datos de usuario. No existen tramas de control.

• No es posible emplear señalización en-banda; una conexión lógica sólo puede transportar datos de usuario.

• No es posible realizar control de flujo ni control de errores, debido a que no existen los números de secuencia.

Formato de la Trama Frame Relay

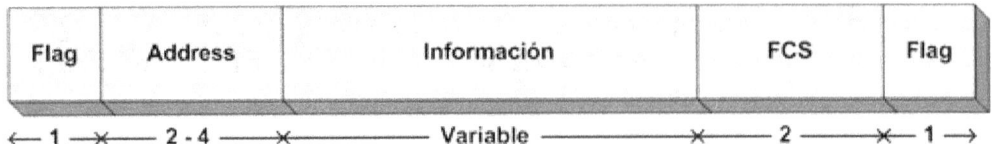

Campo Address de 2-octetos (default)

8	7	6	5	4	3	2	1
DLCI (Superior)						C/R	EA 0
DLCI (Inferior)				FEBN	BECN	DE	EA 1

Campo Address de 3-octetos

8	7	6	5	4	3	2	1
DLCI (Superior)						C/R	EA 0
DLCI				FEBN	BECN	DE	EA 0
DLCI (Inferior) O control DL-CORE						D/C	EA 1

Campo Address de 4-octetos

8	7	6	5	4	3	2	1
DLCI (Superior)						C/R	EA 0
DLCI				FEBN	BECN	DE	EA 0
DLCI							EA 0
DLCI (Inferior) O control DL-CORE						D/C	EA 1

EA	Address Field Extension bit
C/R	Command/Response bit
FECN	Forward Explicit Congestion Notification
BECN	Backward Explicit Congestion Notification
DLCI	Data Link Connection Identifier
D/C	DLCI o DLCI-CORE control indicator
DE	Discart Eligibility

Figura 2. Formato de las tramas del protocolo LAPF núcleo.

Los campos **Flag** y **Frame Check Sequence (FCS)** funcionan igual que en LAPD y LAPB.

El campo **Información** transporta datos de la capa superior. Si el usuario selecciona la implementación de funciones de control de enlace de datos extremo-a-extremo adicionales, entonces este campo contendrá una trama de enlace de datos; una selección común será el uso del protocolo LAPF completo (conocido como protocolo de control LAPF), para realizar funciones por encima del protocolo LAPF núcleo. Debemos observar que el protocolo implementado de esta manera se aplica estrictamente entre los suscriptores finales y es transparente para la red FR.

El campo **Address** posee una longitud default de 2-octetos y se puede extender a 3 y 4-octetos.

El mismo transporta un **identificador de conexión de enlace de datos (DLCI -** data link control identifier) de 10, 17 o 24 bits, respectivamente. El DLCI cumple la misma función que el número de circuito virtual en X.25: permite que múltiples conexiones lógicas FR sean multiplexadas sobre un único canal. Como en X.25, el identificador de conexión sólo tiene significado local: cada extremo de la conexión lógica asigna su propio DLCI del pool de números local no utilizados, y la red se deberá encargar de asociar uno con otro. La alternativa de utilizar el mismo DLCI en ambos extremos podría requerir de algún tipo de administración global de los valores de DLCI.

Los **bits EA** (address field extension) determinan la longitud del campo **Address** y, en consecuencia, del DLCI.

El **bit C/R** es específico de la aplicación (el protocolo estándar FR no lo utiliza).

El resto de los bits de la cabecera tienen que ver con el control de congestión, que se analiza a continuación.

4.3.3. Administración de la tasa de tráfico

Como última medida, una red FR debe descartar tramas para enfrentar la congestión. No hay manera de evitar esta situación. Debido a que cada switch FR de la red posee una capacidad finita de memoria disponible para el encolamiento de tramas (Figura 3), resulta posible que se produzca el desbordamiento de una cola, siendo necesario el descarte de la última trama arribada o alguna otra.

La manera más simple de enfrentar la congestión es que la red FR descarte tramas de manera arbitraria, sin tener en cuenta la fuente de una trama particular. En este caso, debido a que no existe ninguna forma de premiar a un sistema final que transmite a la tasa acordada, la mejor estrategia para cualquier sistema final será la de transmitir tramas tan rápidamente como le resulte posible. Esto, por supuesto, exacerba el problema de la congestión.

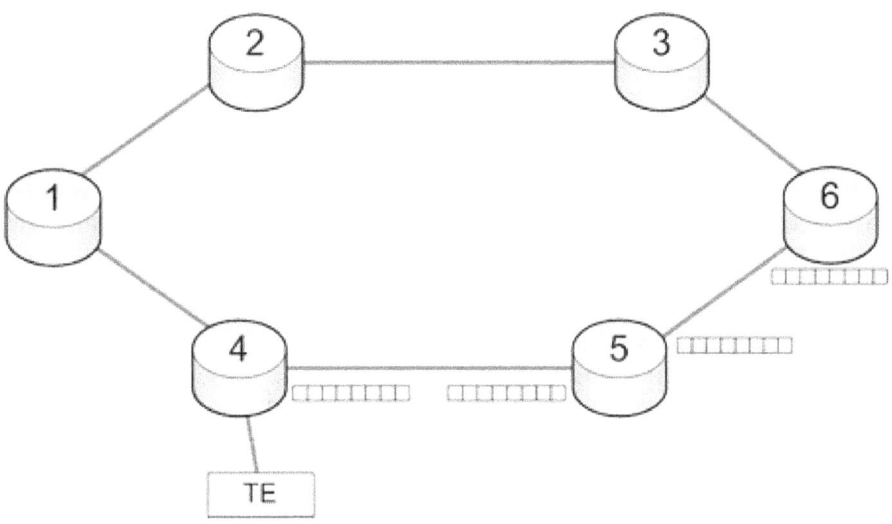

Figura 3. Interacción de las colas dentro de una red de datos

A los fines de ofrecer una asignación de recursos más equitativa, el servicio FR bearer incluye el concepto de una **tasa de información comprometida CIR** (committed información rate). Esta es una tasa, expresada en bits por segundo, que la red se compromete a garantizarle a una conexión particular. Cualquier dato transmitido por

encima del CIR es vulnerable de ser descartado en caso de congestión. A pesar del uso del término "comprometido", no existe garantía que aún el CIR sea satisfecho. En casos de congestión extrema, la red se puede ver forzada a proveerle a una conexión dada un servicio por debajo del CIR. Sin embargo, llegado el momento de descartar tramas, la red elegirá tramas de aquellas conexiones que se encuentran excediendo su CIR antes de descartar tramas de conexiones que se encuentran dentro del suyo.

En teoría, cada switch FR deberá administrar sus acciones de tal manera que el total de los CIRs no exceda su capacidad. Además, el total de los CIRs no deberán exceder la tasa de datos existente en la interfaz usuario-red, conocida como la **tasa de acceso**. La limitación impuesta por la tasa de datos se puede expresar de la siguiente manera:

$$\Sigma_i \, CIR_{i,j} \leq Tasa\_de\_Acceso_j$$

donde:

$CIR_{i,j}$ = Tasa de información comprometida por conexión i sobre el canal j

Tasa_de_Acceso_j = Tasa de acceso de usuario del canal j; un canal es un canal TDM con una tasa de datos fija entre el usuario y la red

Las consideraciones que se hagan acerca de la capacidad del switch FR pueden dar por resultado la selección de valores menores para ciertos CIRs.

En el caso de conexiones permanentes de FR, el CIR correspondiente a cada conexión se debe establecer en el momento en que se acuerda la conexión entre el usuario y la red. Para el caso de conexiones conmutadas, el parámetro CIR se negocia durante la fase de establecimiento del protocolo de control de llamada.

El CIR provee una manera de discriminar cuáles tramas se descartarán durante la fase de congestión.

El mecanismo de discriminación emplea el **bit DE** (discard eligibility) de la trama LAPF. El switch FR al cual se conecta la estación de usuario realiza una **función de medición** (Figura 4).

Si el usuario se encuentra enviando datos por debajo del CIR, el switch FR no alterará el bit DE de las tramas que arriban a él. Si la tasa excede el CIR, dicho switch FR establecerá este bit sólo en las tramas en exceso y luego las reenviará; tales tramas pueden seguir su camino hasta el destino final o pueden ser descartadas si encuentran congestión. Finalmente, se define una tasa máxima, de tal manera que todas aquellas tramas por encima del máximo serán descartadas por el switch FR de entrada a la red.

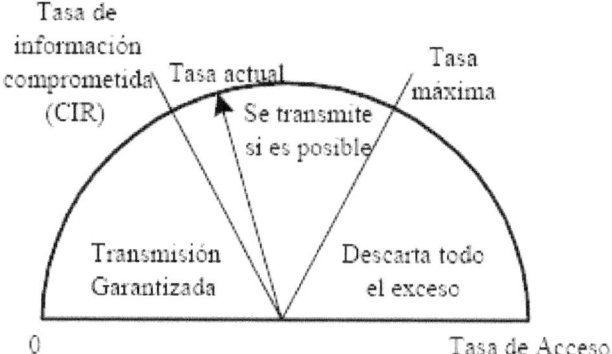

Figura 4. Operación del CIR

El CIR, por sí mismo, no provee mucha flexibilidad en lo que se refiere a la administración de las tasas de tráfico. En la práctica, un switch FR realiza mediciones de tráfico sobre cada conexión lógica durante un intervalo de tiempo específico para esa conexión y luego toma decisiones en base a la cantidad de datos recibidos durante ese intervalo. Se requieren, además, dos parámetros adicionales, asignados en el caso de las conexiones permanentes y negociados en el caso de las conexiones conmutadas:

- **Tamaño de ráfaga comprometido (Bc)**: la cantidad máxima de datos que la red acuerda en transferir, bajo condiciones normales, medida durante un intervalo T. Estos datos pueden ser contiguos o no (es decir, estos datos pueden aparecer en una trama o en varias tramas).

- **Tamaño de ráfaga en exceso (Be)**: la cantidad máxima de datos por encima de Bc que la red intentará transferir, bajo condiciones normales, medida durante un intervalo T. Estos datos no se encuentran garantizados en el sentido que la red no se compromete a entregarlos bajo condiciones normales. Dicho de otra manera, los datos que representan Be son entregados con una probabilidad menor que los datos dentro de Bc.

Las cantidades Bc y CIR se encuentran relacionadas. Debido a que Bc es la cantidad de datos comprometida que el usuario puede transmitir a lo largo de un tiempo T, y CIR es la tasa a la cual se pueden transmitir los datos comprometidos, se tiene que:

$T = Bc/CIR$

La Figura 5, basada en una figura de la Recomendación ITU-T I.370, ilustra la relación entre estos parámetros. En cada gráfico, la línea sólida representa la cantidad acumulada de bits de información transferidos sobre una conexión dada desde el tiempo T=0. La línea punteado etiquetada como "Tasa de Acceso" representa la tasa de datos del canal que

contiene esta conexión. La línea punteada etiquetada "CIR" representa la tasa de información comprometida medida durante un intervalo T.

Se debe observar que cuando se está transmitiendo una trama, la línea sólida es paralela a la línea "tasa de acceso"; cuando se transmite una trama por un canal, éste está dedicado a la transmisión de dicha trama. Cuando no se está transmitiendo ninguna trama, la línea sólida es horizontal.

La Fig. 5a muestra un ejemplo en el que se han transmitido tres tramas durante el intervalo de medición, y el número total de bits contenido en las tres tramas es menor que Bc. Notemos que durante la transmisión de la primera trama, la tasa temporaria real de transmisión excede el CIR.

Esto no tiene consecuencias porque el switch FR sólo tiene en cuenta el número acumulado de bits a lo largo de todo el intervalo.

En la Fig. 5b, la última trama que se transmite durante el intervalo hace que dicho número exceda Bc. En concordancia con esto, el bit DE de esa trama será establecido por el switch FR.

En la Fig. 5c, la tercera trama excede Bc y por lo tanto está marcada para su potencial descarte.

La cuarta trama excede Bc + Be y se descarta.

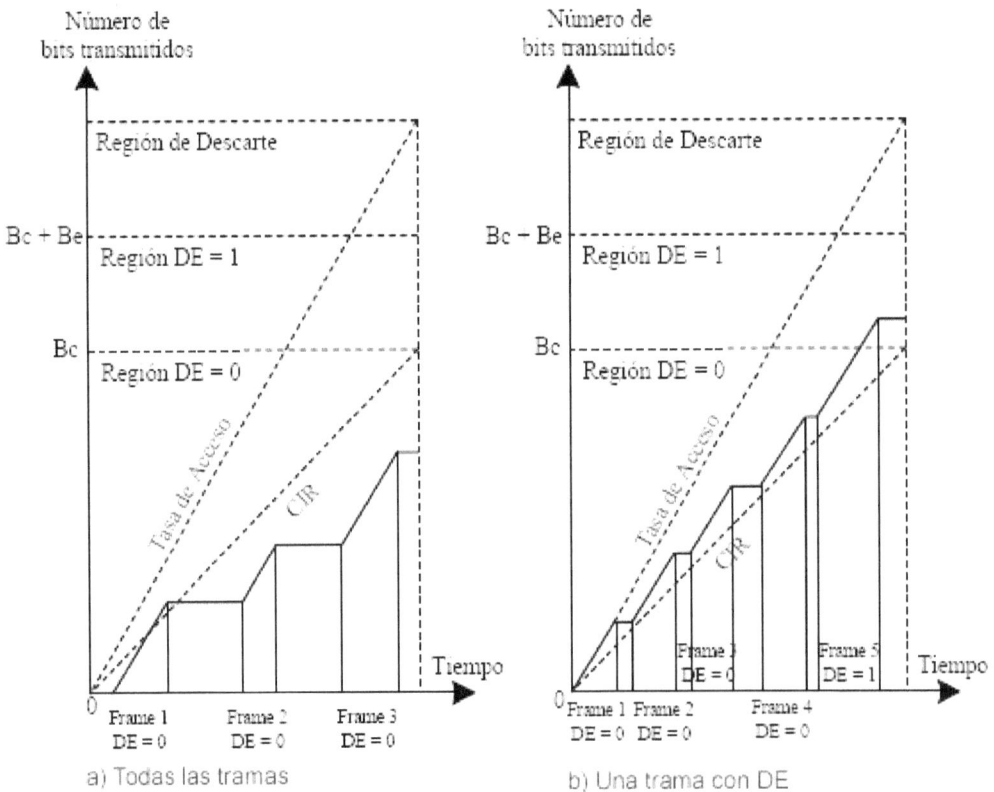

a) Todas las tramas

b) Una trama con DE

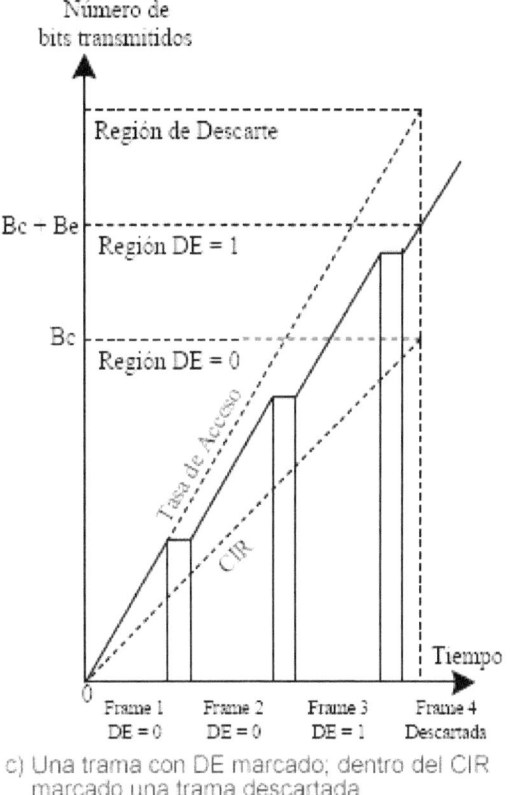

Figura 5. Ilustración de la relación entre los Parámetros de Congestión

Procedimientos para evitar la congestión con Señalización Explícita

Resulta deseable la utilización de toda la capacidad disponible en una red FR y aún así reaccionar ante la congestión y hacerlo de una manera equitativa. Esta es la finalidad de las técnicas explícitas para evitar la congestión. En términos generales, cuando emplean estos procedimientos, la red alerta a los sistemas finales acerca del crecimiento de la congestión dentro de la red y los sistemas finales toman acciones para reducir la carga entregada a la red.

A medida que se fueron desarrollando los estándares para los procedimientos explícitos, se consideraron dos estrategias. Un grupo consideró que la congestión siempre ocurre lentamente y casi siempre en los switches FR de salida. Otro grupo analizó los casos en los cuales la congestión crece muy rápidamente en los switches FR internos y era requerida una rápida y decidida acción para evitar la congestión en la red. Se analizarán las dos soluciones que se reflejan en las técnicas explícitas evitar la congestión *Forward* y *Backward*, respectivamente.

Para el caso de la señalización explícita, se proveen dos bits del campo **Address**. Estos bits pueden ser establecidos por cualquier switch FR que detecte congestión. Si un switch FR recibe una trama en la cual uno o ambos bits están establecidos, no debe modificarlos antes de reenviar la trama. En consecuencia, los bits constituyen señales enviadas por la red al usuario final. Veamos la función específica de cada uno de ellos:

Notificación explícita de congestión backward (BECN)

Notifica al usuario que se deberán iniciar los procedimientos para evitar la congestión; el procedimiento se aplicará sobre el tráfico que fluye en sentido opuesto al de la trama recibida. Indica que las tramas que transmite el usuario sobre esa conexión lógica pueden encontrar recursos congestionados.

Notificación explícita de congestión forward (FECN)

Notifica al usuario que se deberán iniciar los procedimientos para evitar la congestión; el procedimiento se aplicará sobre el tráfico que fluye en el mismo sentido de la trama recibida. Indica que esa trama, sobre esa conexión lógica, ha encontrado recursos congestionados.

Analicemos de qué manera utilizan estos bits la red y el usuario. En primer lugar, para que **la red responda**, resulta necesario que cada switch FR monitoree el nivel de encolamiento. Si las longitudes de las colas comienzan a crecer alcanzando un nivel peligroso, entonces se deberán establecer alguno o ambos **bits FECN y BECN** para tratar de reducir el flujo de tramas que atraviesa dicho switch FR. La elección de uno u otro bit puede estar determinada en que si los usuarios finales sobre una conexión lógica dada están preparados para responder a uno u otro de estos bits, lo cual se puede determinar en tiempo de la configuración. En cualquier caso, el switch FR cuenta con opciones para decidir cuáles conexiones lógicas deberán ser alertadas acerca de la congestión. Si la congestión se está volviendo bastante seria, deberían ser notificadas todas las conexiones lógicas que pasan por un switch FR. En los momentos iniciales de la congestión, el switch FR podría notificar solamente a los usuarios correspondientes a aquellas conexiones que están generando la mayor parte del tráfico.

La respuesta del usuario está determinada por el receptor de las señales **BECN** o **FECN**. El procedimiento más simple es la respuesta a la señal BECN: el usuario simplemente reduce la tasa a la cual están siendo transmitidas las tramas hasta que cesa de recibir la señal. La respuesta a un FECN es algo más compleja, dado que requiere que el usuario que la recibe notifique a su par remoto en esa conexión la necesidad de restringir su flujo de tramas. Las funciones núcleo que se utilizan en el protocolo FR no soportan este tipo de indicaciones; en consecuencia, se debe realizar en una capa superior, como por ejemplo, la capa de transporte. El control de flujo también lo podría llevar a cabo el protocolo de control LAPF u algún otro protocolo de control de enlace que se implemente por encima de la subcapa FR. El protocolo de control LAPF resulta particularmente útil debido a que incluye mejoras a LAPD que le permiten al usuario ajustar el tamaño de la ventana.

CAPITULO 5:
Interconexión de Redes

5.1. Interconexiones de Redes

Una red de área local (LAN), como cualquier otro ordenador aislado, puede comunicarse con otros ordenadores o redes de ordenadores. La evolución de las redes locales implica diferentes técnicas fundamentales de interconexión para que el tamaño y la arquitectura de una red puedan evolucionar, aumentar y optimizar los flujos de comunicación, interconectar varias redes locales situadas en localizaciones cercanas o remotas, etc.

El rápido establecimiento del estándar relacionados con redes de área local(LAN), junto con el creciente desarrollo en la industria de semiconductores, que permiten disponer de medios de interconexión a precio reducido, ha motivado que las redes de área local conformen la base de las redes de comunicación de datos en universidades, industrias, centros de investigación, etc.

El máximo rendimiento de una red de área local se obtiene según las aplicaciones soportadas. Por citar algún ejemplo, tenemos el correo electrónico o la compartición de recursos (impresoras, bases de datos.) ?. No obstante, dichas aplicaciones requieren de un trasvase de datos.

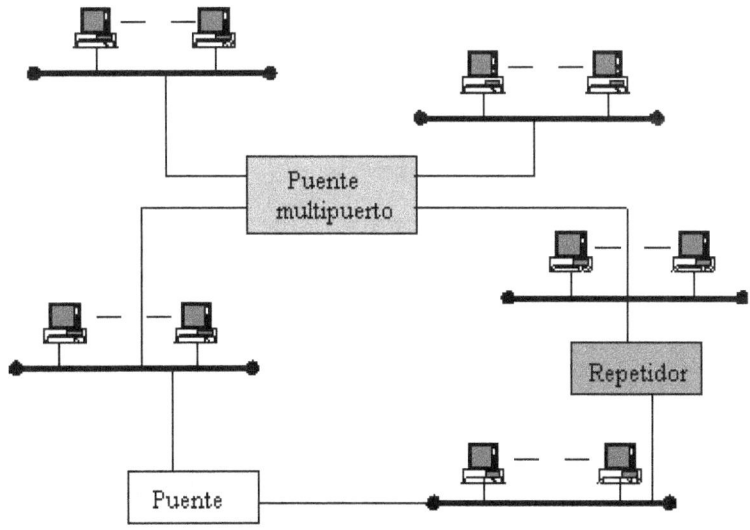

Las técnicas que se ofrecen en el mercado son a menudo complejas cuando se les analiza en detalle. Sin embargo, son muy importantes porque la evolución de sus funciones y de su rendimiento permite actualmente realizar diferentes arquitecturas de red de empresa en función de las necesidades. Nos limitaremos a una visión global de las principales técnicas empleadas, y veremos sobre todo el principio general que se asocia a la utilización de cada una de esas técnicas particulares.

Existen dispositivos como concentradores, repetidores, puentes, etc. que pueden interconectar varias redes, pongamos un ejemplo sencillo, dos edificios, cada uno con su propia red, ambos pueden ser interconectados mediante un concentrador o un repetidor, por tanto pueden compartir recursos y/o enviar información de manera más rápida y eficiente ahorrando tiempo y dinero.

Estamos acostumbrados a ver cualquier cantidad de maquinas conectadas en una red individual. La pregunta es "como se interconectan las redes para formar una interred. La respuesta tiene dos partes. Físicamente, dos redes pueden solo ser conectadas por una computadora o dispositivo que las enlace. Una conexión física no provee la conexión que tenemos en mente, porque como conexión no garantiza que la computadora cooperará con las otras máquinas con quien desea comunicarse. Para tener un Internet viable, necesitamos computadores que sean capaces de intercambiar paquetes. Las computadoras o dispositivos que interconectan a dos redes son llamados Internet Gateways o Internet routers.

Consideremos el siguiente ejemplo como un ejemplo de cómo conectar físicamente a dos redes, en la figura, la maquina G conecta a la red 1 y a la red 2. G actúa como un Gateways, el cual se encarga de capturar los paquetes en la red 1 y enviarlo a la red 2, similarmente, el proceso puede ser inverso.

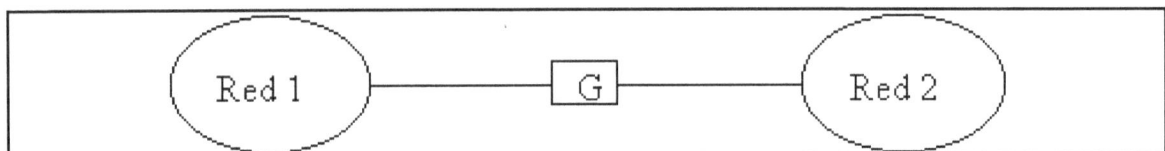

Repetidores:

Es un hardware que copia señales eléctricas de una Ethernet a otra. Típicamente, los repetidores son utilizados en redes existentes en edificios, conectando a un backbone un cable que se comunique con un repetidor existente en cada piso. La gran desventaja del repetidor respecto al puente, es que este retransmite solo impulso eléctricos, sin verificar absolutamente nada.

Los repetidores simplemente repiten las señales y no proporcionan ningún tipo de capacidad de filtrado de los paquetes de datos, debido a esto, todo el tráfico en todas las redes conectadas por uno o más repetidores se propaga a todas las otras, lo cual puede tener un efecto muy negativo en el óptimo funcionamiento de la red. Es por ello, que como veremos posteriormente, aparecen los Bridge(Puentes) como alternativa a estos dispositivos. Por otra parte, debe quedar claro que el método de acceso debe ser idéntico en los medios interconectados mediante un repetidor. La red que forman varios segmentos de cables conectados se comporta como una única red lógica. Esta conexión es transparente para todos los elementos conectados a la red local, así como para todas las comunicaciones que transitan a través de esa misma red local. La red forma así una red local única.

Con los repetidores se pueden realizar redes locales formadas por una combinación de segmentos de cable, con medios y topologías diferentes. Sin embargo, existen ciertos límites, que son específicos para la tecnología que se utiliza en cada medio de acceso. Conciernen el número máximo de repetidores que puede atravesar, el largo máximo que no puede sobrepasar para cada segmento, el largo total de la arquitectura. De esa manera, se pueden realizar varios segmentos, por ejemplo con Ethernet, que resulten de combinaciones de cables coaxiales, de fibra óptica, de pares trenzados, gestionados por los repetidores separados o integrados en un mismo conjunto.

Permiten adaptar la arquitectura de la red al número de estaciones de trabajo, a su situación geográfica, a un cableado ya existente, a un cambio, etc.

Gateway o Router:

Cuando las conexiones de Internet se hacen más complejas, los Gateways necesitan saber acerca de la tecnología de la Internet hacia las redes a las cuales se conecta, Por ejemplo, la siguiente figura muestra como se conectan tres redes con dos Gateways.

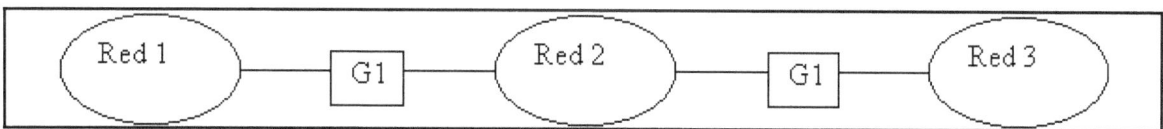

En este ejemplo, el Gateway 1 se debe mover desde la red 1 hasta la red 2 todos los paquetes destinados para las maquinas de la red 2 y la red 3. Como el tamaño de Internet crece día a día, las tareas de los Gateways radican en hacer decisiones respecto a donde enviar los paquetes que se vuelven complejos.

La idea de una Gateway parece simple, pero es importante porque provee una manera de interconectar redes mas no maquinas. De hecho, se ha descubierto el principio de la interconexión usado a través de la Internet:

En una Red TCP/IP, los computadores llamados Gateways proveen todas las interconexiones a lo largo de las redes físicas. Los Gateways que utilizan TCP/IP, generalmente son minicomputadores, frecuentemente tienen poco o ninguna capacidad de almacenamiento, el truco de construir pequeños Internet Gateway se basa en el siguiente concepto:

• Los Gateways enrutan paquetes basados en una red destino, no en un host (equipo) destino.

• Si los enrutamientos están basados en redes, la cantidad de información que un Gateway necesita para mantenerse es proporcional al número de redes en la Internet, no al número de máquinas.

• Los enrutamientos pueden dividirse en Directos: Los cuales se basan en la transmisión de un datagrama de una máquina directamente a otra. Dos máquinas pueden conectarse con enrutamientos solamente si ellos pertenecen a una misma red físicamente. Indirectos: Ocurre cuando el destino no está directamente conectado a la misma red, forzando el envío a pasar el datagrama a un Gateway para su entrega.

Bridge o Puente:

Los puentes son utilizados para interconectar segmentos, un puente se encarga de repetir paquetes. De hecho, un puente es un computador con dos interfaces Ethernet. El puente opera sobre ambas interfaces, capturando una de las tarjetas todos los paquetes válidos y entregándolos a la siguiente, por ejemplo si el puente conecta a dos Ethernets (E1 y E2), el software toma cada paquete que llega en E1 y lo transmite a E2, y viceversa.

Los puentes son superiores a los repetidores porque estos no retransmiten errores, ruido o paquetes deformados, un paquete se reenvía cuando se tiene la seguridad que este completo.

Los puentes pueden hacer decisiones inteligentes, siguiendo lo antes expuesto, se posen de dos interfaces Ethernet, este posee un software que se encarga de mantener listas de direcciones, una para cada interfaz. Cuando un paquete llega de la Ethernet E1, el puente añade la dirección Ethernet origen a la lista asociada con E1. Similarmente, cuando un paquete llega de la Ethernet E2, el puente añade la dirección origen a la lista asociada con E2, por tanto, el puente aprenderá de cada envío de información, si se le hace solicitud de una maquina que no esté en su lista, al regresar la agrega a esta, para posteriormente encontraría más rápidamente.

Es importante mencionar que los puentes funcionan bajo la capa de red, se diferencia de los enrutadores o Gateways porque estos utilizan las direcciones de las tarjetas mas no las direcciones IP.

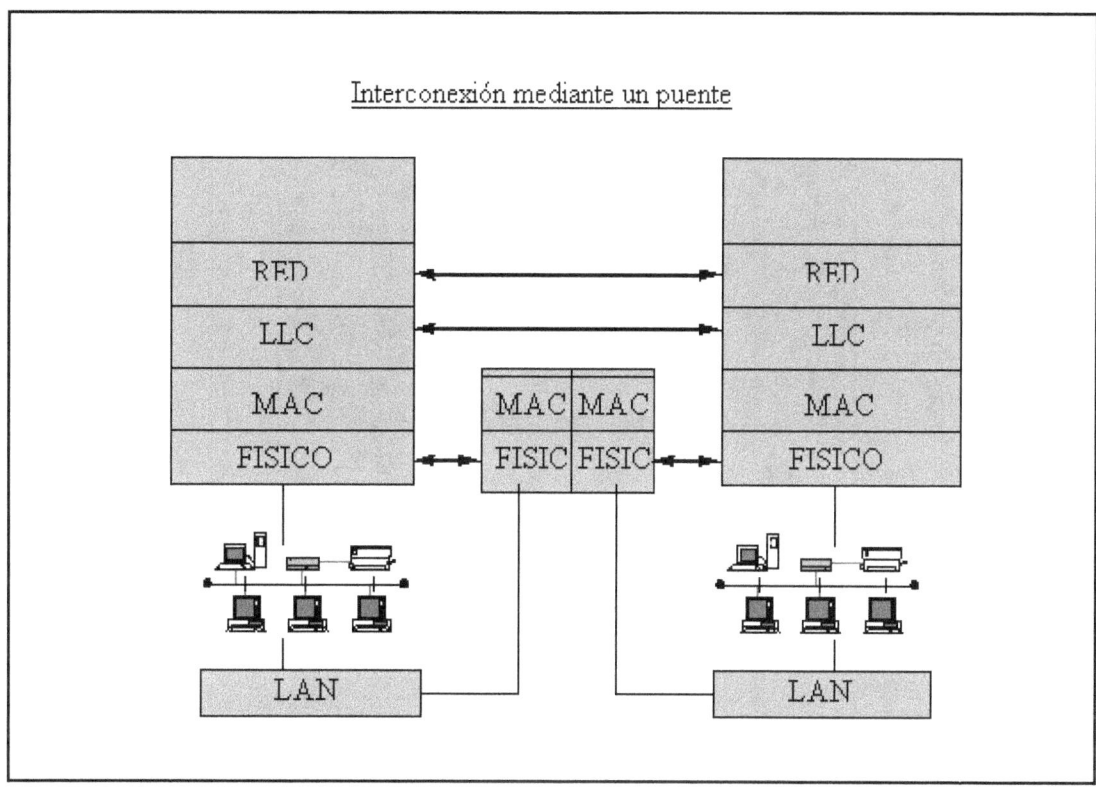

Aunque teóricamente, los puentes pueden ser usados para conectar cualquier red que respete el estándar IEEE 802; en la práctica no resulta tan
sencillo interconectar redes que correspondan a diferentes estándares, como podremos ver más adelante.

En la siguiente figura podemos observar la estructura arquitectónica de un puente:

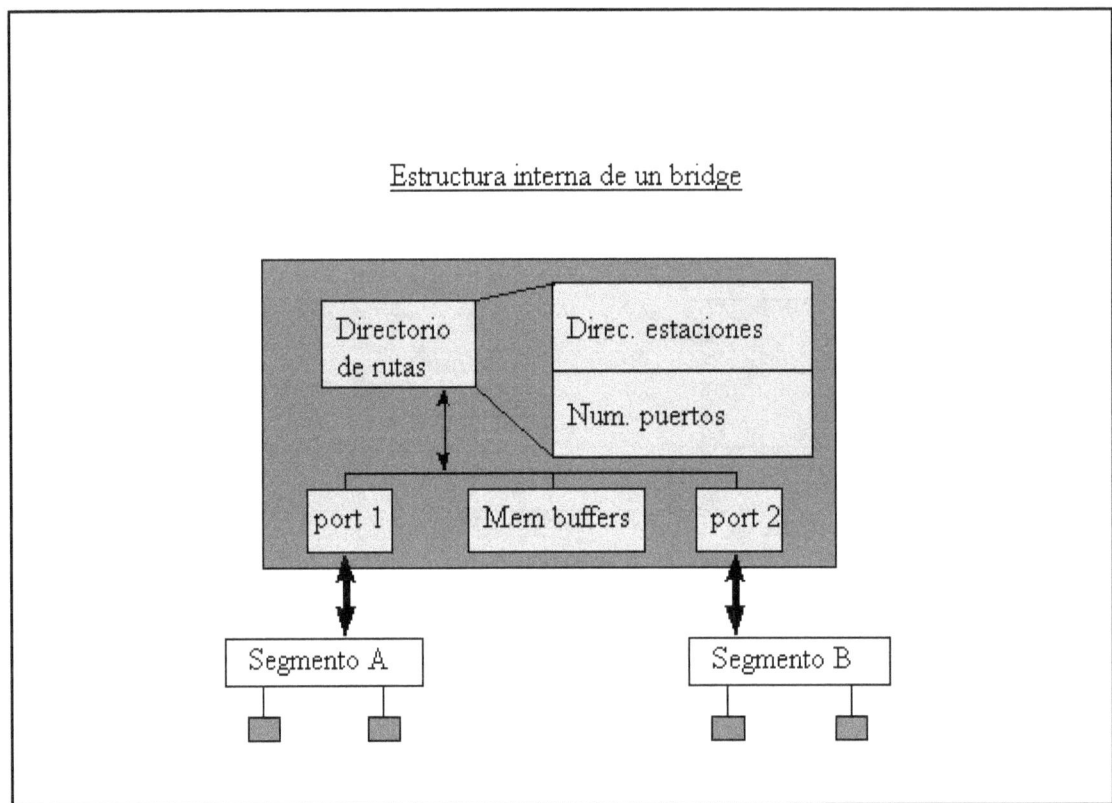

Funcionamiento.

Como ya hemos mencionado, a diferencia de los repetidores que transmiten las tramas tal y como le llegan, los puentes almacenan y reexpiden la información. El puente, al conectar dos segmentos de red realiza funciones de filtro de las tramas de información que transitan a su través. Los puentes son capaces de introducir modificaciones en las tramas antes de que sean reexpedidas. Además un puente puede lograr aumentar la longitud de una red; de modo que unos usuarios pueden alcanzar a otros como si todos estuvieran situados en el mismo segmento de red.

Pero hemos de destacar tres ventajas fundamentales que presenta el uso de puentes:

- El número de estaciones conectadas y el de segmentos de la red puede incrementarse progresivamente. Esto resulta de gran importancia para la construcción de grandes redes LAN distribuidas en amplias zonas geográficas.

- El almacenamiento de las tramas recibidas de un segmento antes de su envío, significa que dos segmentos interconectados pueden comunicarse utilizando diferentes medios de acceso al medio; es decir, por medio de diferentes protocolos(aunque como se comprueba en otro apartado, este característica presenta una serie de inconvenientes dependiendo de los protocolos usados).

• La separación de una red LAN en varias de menor tamaño mediante puentes, puede lograr una mejor eficacia de la misma, proporcionando un mejor rendimiento para toda la red.

• Los puentes se sirven de las denominadas tablas de ruta para determinar el tráfico a reexpedir a los demás dispositivos a través de él. Este hecho se traduce en que el tráfico local de una red, permanece local; no afectando al funcionamiento en otra red conectada por medio de un puente.

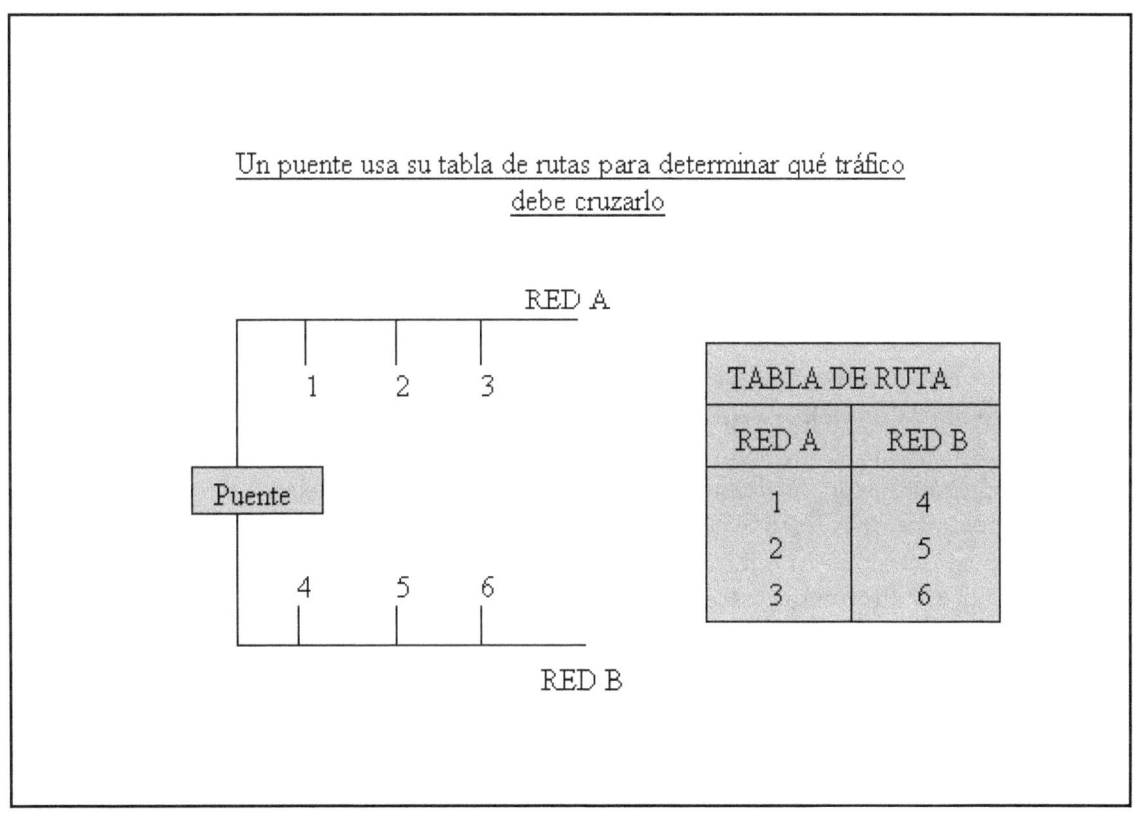

Un puente usa su tabla de rutas para determinar qué tráfico debe cruzarlo

Concentradores:

Los concentradores son dispositivos similares a los repetidores, con la diferencia, que están diseñados para cableado UTP. Teóricamente, un concentrador es un dispositivo que centraliza la conexión de los cables procedentes de las estaciones de trabajo. En la actualidad el concepto de concentrador es más complejo, la versión más simple de concentradores está dividida en dos grupos:

• Concentradores Pasivos: Se trata de un dispositivo que centraliza el cableado de la red.

• Concentradores Activos: Son dispositivos que además de centralizar el cableado de la red, regeneran señales eléctricas que le llegan, realizando así, funciones de repetidor.

Como los concentradores tiene un numero de puertos limitado, pueden conectarse concentradores entre sí, formando una especie de cascada.

Las ventajas que ofrece el implantar una red con estos concentradores son las siguientes:

• Permitir un cableado estructurado.

• Facilitar las modificaciones de estaciones pertenecientes a la red. Es mucho más sencillo incluir una estación a una red estructurada con concentradores, puesto que lo único que se tiene que hacer es enchufar la tarjeta de red de la nueva estación, a un puerto libre del concentrador.

• Proporcionar las ventajas de la topología en estrella para la implementación de topologías en bus y anillo.

Generación de Concentradores:

La primera generación de concentradores consistía en los concentradores antes descritos. La segunda generación convirtió a los simples concentradores en concentradores inteligentes (Smart hubs), ya que incorporaban funciones de gestión, tales como el puenteado entre segmentos, generación de estadísticas, administración de tráfico, etc. Además empiezan a aparecer las utilidades de snmp (Protocolo básico de gestión de red), no solo evolucionaron en este aspecto, también mejoraron en cuanto a que dejaron de ser simples cajones con puertos de conexión, sino que se convirtieron en dispositivos con búses multislot (Multiranura), es decir, dispositivos con ranuras de expansión, en las que se puede colocar tarjetas con puertos, de esta forma, en un mismo concentrador se pueden poner puertos con diferentes conectores (rj-45, bnc, etc). Por lo tanto, estos concentradores consisten en cajas con ranuras a las que se les va conectando tarjetas, llamadas módulos conectables (O hubs modulares) de las características deseadas; por ejemplo, una tarjeta de 8 puertos con conectores rj-45, una tarjeta con 10 puertos para una red en anillo (Implementación de una MAU), una tarjeta con puertos FDDI, etc.

Al convertirse en dispositivos inteligentes se hace necesaria la presencia de un procesador, así que, se puede decir que la gestión de estos buses la realiza un procesador, que, habitualmente es un procesador RISC de altas prestaciones. Los concentradores de la tercera generación son, obviamente, una evolución de los concentradores de la segunda generación. Son dispositivos que facilitan la interconexión con otros dispositivos de diferente naturaleza (Son modulares), son inteligentes, incorporando herramientas que facilitan parte de la gestión de la red, y además, contienen enlaces con líneas de alta velocidad, como enlaces de ATM.

Segmentación:

Evidentemente, cuando se conectan muchas estaciones a un mismo cableado, como él tráfico de todas ellas va por el mismo medio, a mayor tráfico, menor rendimiento de la red, hasta llegar a valores de rendimiento insostenibles. Por lo tanto, cuando el trafico es muy elevado, debido a la naturaleza de este (Transmisión de vídeo y audio, por ejemplo) o al número de estaciones, lo que se hace es dividir el soporte físico de la red en varios segmentos, de forma que cada segmento trabaje de manera independiente, y solo en el caso en el que las estaciones origen y destino se encuentren en segmentos diferentes será necesario el paso de tráfico entre segmentos.

La segmentación se lleva a cabo mediante puentes. Normalmente, cada segmento de red, reúne a todas las estaciones (todos los usuarios) de un mismo departamento, pues habitualmente son los que utilizan recursos comunes (servidores de archivos, de impresión, de comunicación, etc.), ya que en otro caso, si los segmentos no atendieran a una división lógica, poco servirían.

Concentradores ATM (Asyncronous Transfer Mode):

Antes de empezar a hablar de esta tecnología. Consiste en transmitir la información en pequeños paquetes de longitud constante de 53 bytes (48 bytes de información y 5 bytes de cabecera). A este conjunto de 53 bytes se le llama celda. Evidentemente, si la información a transmitir es superior a 48 bytes, es necesario fragmentarla y enviarla en diferentes celdas. La diferencia con otras técnicas de transmisión es que en ATM, si la información a transmitir es inferior a 48 bytes se puede unir con otra información hasta completar los 48 bytes necesarios para crear cada celda.

Se trata de una tecnología orientada a la conexión. Esto significa que entre el origen y el destino se ha establecido una conexión antes de empezar a transmitir.

5.2. Protocolo Internet (IP)

IP comprende el Nivel Internet del modelo DARPA y proporciona la funcionalidad de interconexión que hace posible la interconexión a gran escala como Internet. IP permanece desde que se formalizó en 1981 y se continuará usando en Internet durante años. Sólo recientemente se han tratado algunas dificultades de IP en una nueva versión denominada IP versión 6 (IPv6). La sorprendente longevidad de IP es un tributo a su original diseño.

5.2.1. Servicios de IP

IP ofrece los siguientes servicios a los protocolos de niveles superiores:

- **Protocolo de interconexión (Internetworking protocol).** IP es un protocolo de interconexión, también conocido como protocolo enrutable. La cabecera de IP contiene la información necesaria para el enrutamiento de un paquete, incluyendo las direcciones de origen y de destino. Una dirección de IP consta de dos componentes: una dirección de red y una dirección de nodo. La entrega entre redes, o enrutamiento, es posible gracias a la existencia de una dirección de red de destino. IP permite la creación de conjuntos de redes de IP, es decir, dos o más redes interconectadas mediante enrutadores de IP. La cabecera de IP también contiene un contador de saltos que se utiliza para limitar el número de enlaces por los que puede viajar un paquete antes de descartarlo.

- **Múltiples protocolos cliente.** IP es un transporte entre redes para los protocolos de niveles superiores. IP puede transportar distintos protocolos de los niveles superiores, pero cada paquete de IP sólo puede contener datos de un solo protocolo de nivel superior cada vez. Como cada paquete puede llevar uno de varios protocolos, debe existir un mecanismo para indicar a qué protocolo del nivel superior pertenecen los datos de un paquete, de manera que se puedan enviar al protocolo de nivel superior de destino apropiado. Siempre, tanto el cliente como el servidor, utilizan el mismo protocolo para un intercambio dado de datos. Por tanto, el paquete no necesita indicar distintos protocolos para el origen y para el destino.
Ejemplos de protocolos de niveles superiores están otros protocolos del Nivel Internet como el Protocolo de mensajes de control de Internet, ICMP (Internet Control Message Protocol), y el Protocolo de administración de grupos de Internet, IGMP (Internet Group Management Protocol). Otros ejemplos son los protocolos del Nivel de Transporte como el Protocolo de control de transmisión, TCP (Transmission Control Protocol), y el Protocolo de datagramas de usuario, UDP (User Datagram Protocol).

- **Entrega de datagramas.** IP es un protocolo de datagramas que proporciona un servicio de entrega no fiable y sin conexión a los protocolos de niveles superiores. Sin conexión significa que no existe acuerdo entre los nodos de IP antes de enviar los datos, y que no se crea ni mantiene ninguna conexión lógica en el Nivel Internet. No fiable significa que IP envía un paquete sin secuencia y sin asentimientos de que ha llegado a su destino. La fiabilidad extremo a extremo es responsabilidad de los protocolos de niveles superiores como TCP.

- **Independencia del Nivel de interfaz de red.** En el Nivel Internet, IP se diseñó para ser independiente de las tecnologías de red presentes en el Nivel de interfaz de red. IP es independiente de los atributos del Nivel Físico de OSI como el cableado, la señalización y la velocidad. También es independiente de los atributos del Nivel de enlace de datos de OSI como el esquema de control de acceso al medio, el direccionamiento y el tamaño máximo de trama. IP usa direcciones de 32 bits independientes del esquema de direccionamiento usado en el Nivel de interfaz de red.

- **Fragmentación y reensamblado.** Para admitir el máximo tamaño de trama de distintas tecnologías del Nivel de interfaz de red, IP permite la fragmentación de los datos cuando se envían por un enlace cuya MTU es menor que el tamaño de un datagrama. Los enrutadores, o hosts de reenvío, fragmentan los datos de IP, y esta fragmentación puede ocurrir múltiples veces. El host de destino reensambla los fragmentos para obtener los datos de IP enviados originalmente.

- **Extensible mediante las opciones de IP.** Cuando se requieren funciones que no están disponibles usando la cabecera estándar de IP, se pueden usar las opciones de IP. Estas opciones se añaden a la cabecera estándar para proporcionar funcionalidad como la capacidad de especificar una ruta que debe seguir un datagrama a través de una interred.

- **Tecnología de datagramas por conmutación de paquetes.** IP es un ejemplo de una tecnología de datagramas por conmutación de paquetes: cada paquete es un datagrama, un mensaje sin secuencia ni asentimiento que se reenvía por los conmutadores de la red de conmutación usando un esquema de direcciones con significado global. En el caso de IP, cada conmutador de la red de conmutación es un enrutador de IP, y el direccionamiento con significado global es la dirección de destino de IP. Esta dirección se examina en cada enrutador. El enrutador toma una decisión de enrutamiento independiente y reenvía el paquete. Como cada enrutador decide de manera independiente dónde reenviar el paquete, la ruta de un paquete desde un Nodo 1 hasta un Nodo 2 no es necesariamente la misma ruta que desde el Nodo 2 hasta el Nodo 1. Además, como cada paquete se conmuta de forma separada, cada uno puede llevar una ruta distinta desde el origen hasta el destino; y, debido a distintos retardos en el trayecto, cada paquete puede llegar en un orden distinto al que fue enviado.

El término conmutador se emplea como una generalización de dispositivo de reenvío y no significa un conmutador de Nivel 2 ni de Nivel 3. Un conmutador de Nivel 2 se suele usar en entornos Ethernet para segmentar el tráfico. Un conmutador de Nivel 3 es equivalente a un enrutador.

5.2.2. MTU de IP

Cada tecnología del Nivel de interfaz de red impone un tamaño máximo de trama que se puede enviar. El tamaño máximo de trama consiste en una cabecera, una cola y los datos. El tamaño máximo de trama para una tecnología del Nivel de interfaz de red dada se denomina la unidad máxima de transmisión (MTU). Para un paquete de IP, los datos del Nivel de interfaz de red es un datagrama de IP. Por tanto, el tamaño máximo de los datos se convierte en el tamaño máximo de un datagrama de IP. Es lo que se conoce como MTU de IP.

En un entorno con una mezcla de Protocolos del Nivel de interfaz de red puede ocurrir fragmentación cuando se cruza un enrutador de un enlace con una MTU de IP mayor a un enlace con una MTU de IP menor.

MTU de IP de tecnologías del Nivel de interfaz de red habituales	
Tecnología del Nivel de interfaz de red	**MTU de IP**
Ethernet (encapsulado Ethernet II)	1500
Ethernet (encapsulado SNAP de IEEE 802.3)	1492
Token Ring (4 y 16 Mbps)	Varía según el tiempo de retención de testigo
FDDI	4352
X.25	1600
Frame Relay	1600
ATM (IP clásico sobre ATM)	9180
MTU mínima	576

5.2.3. Datagrama de IP

Un datagrama de IP consta de una cabecera de IP y unos datos de IP.

- **Cabecera de IP.** La cabecera de IP es de tamaño variable entre 20 y 60 bytes, en incrementos de 4 bytes. Proporciona soporte para enrutamiento, identificación de datos, indicación de tamaño de la cabecera de IP y de los datos, fragmentación y opciones.

- **Datos de IP.** Los datos de IP son de tamaño variable, desde los 8 bytes (un datagrama de IP de 68 bytes con una cabecera de IP de 60 bytes) hasta los 65.515 bytes (un datagrama de IP de 65.535 bytes con una cabecera de IP de 20 bytes).

5.2.4. Cabecera de IP

Los campos de la cabecera de IP (versión 4) son los siguientes:

Versión

El campo Versión tiene 4 bits de tamaño y se usa para indicar la versión de la cabecera de IP. Un campo de 4 bits puede tener valores desde 0 hasta 15. La versión estándar que se usa hoy en redes corporativas a Internet es la versión 4, o IPv4. La siguiente versión de IP es la versión 6, o IPv6. El resto de valores para el campo Versión no están definidos ni se usan.

Tamaño de la cabecera

El campo Tamaño de la cabecera (Header Length) tiene 4 bits de tamaño y se usa para indicar el tamaño de la cabecera de IP. El número máximo que se puede representar con 4 bits es de 15. Por tanto, este campo no puede ser un contador de bytes. Indica el número de palabras de 32 bits, bloques de 4 bytes, de la cabecera de IP. La cabecera típica de IP no tiene opciones con un tamaño de 20 bytes. El tamaño más pequeño posible para tamaño de cabecera es 5 (0x5). Con el mayor número de opciones de IP, la mayor cabecera puede tener 60 bytes, lo que se indica con un tamaño de cabecera de 15 (OxF).

Al usar un contador de bloques de 4 bytes indica que el tamaño de la cabecera de IP siempre ha de ser múltiplo de 4 bytes. Si hay opciones de IP que extiendan la cabecera, deben hacerlo en incrementos de 4 bytes. Si una opción de IP no tiene un tamaño de 4 bytes, se debe usar un relleno para que la cabecera siempre esté en la frontera de los 4 bytes.

Tipo de servicio

El campo Tipo de servicio, TOS (Type Of Service), tiene 8 bits de tamaño y se usa para indicar la calidad de servicio con que los enrutadores del conjunto de redes deben enviar ese datagrama. El campo TOS tiene subcampos a indicadores para indicar características de precedencia deseada, retardo, rendimiento, fiabilidad y coste.

En los 8 bits del campo TOS hay cinco campos para indicar distintas calidades de entrega del datagrama. El campo TOS lo establece el host emisor y los enrutadores no lo modifican. Todos los fragmentos de un datagrama de IP tienen el mismo TOS que el datagrama de IP original.

Normalmente, un host emisor envía un datagrama con un campo TOS con el valor 0x00: precedencia rutinaria, retardo normal, rendimiento normal, fiabilidad normal y coste normal. Los enrutadores suelen ignorar los valores del campo TOS y reenvían todos los datagramas como si estos campos no existiesen. Es lo que se conoce como enrutamiento TOSO. Sin embargo, los protocolos de enrutamiento modernos como OPSF y el IS-IS integrado admiten el cálculo de rutas para cada valor del campo TOS.

Los enrutadores y el protocolo de enrutamiento determinan cómo se interpretan los distintos valores del campo TOS. En una red configurada de forma apropiada, los paquetes con valores concretos de TOS se envían por rutas distintas. De esta forma se mejora el enrutamiento y la entrega eficiente en conjuntos de redes de IP multirruta. Por ejemplo, un conjunto de redes de IP podría tener una ruta para tráfico general, una para tráfico con pequeño retardo y otra para tráfico de alta fiabilidad. Cuando los hosts establecen distintas combinaciones de valores de TOS, los enrutadores pueden seleccionar entre dichas rutas.

El campo TOS se usa para calidad de servicio (QoS) en redes de IP.

• **Precedencia.** El campo Precedencia, de 3 bits de tamaño, se usa para indicar la importancia del datagrama. Por defecto el campo Precedencia se establece a 000 (Rutinario). Los valores de este campo son:

- 000   Rutinario
- 001   Prioritario
- 010   Inmediato
- 011   Flash
- 100   Anulación de Flash
- 101   CRÍTICO/ECP
- 110   Control de Interred
- 111   Control de Red

• **Retardo.** El campo Retardo es un indicador para indicar Retardo normal (=0) o Bajo retardo (=1). Si retardo está a 1, el enrutador de IP reenvía el datagrama de IP por la ruta que tiene el menor retardo. Una aplicación puede solicitar una ruta de bajo retardo cuando envía datos sensibles al tiempo, como voz o video digital, o tráfico interactivo, como una sesión de Telnet. De acuerdo con el indicador Retardo, el enrutador podría elegir un enlace WAN terrestre sobre un enlace de satélite de mayor retardo, aunque el enlace de satélite tenga un mayor ancho de banda.

• **Rendimiento.** El campo Rendimiento es un indicador que indica Rendimiento normal (=0) o Alto rendimiento (=1). Si el campo Rendimiento está a 1, el enrutador de IP envía el datagrama por la ruta con mejor característica de rendimiento. Una aplicación puede solicitar un alto rendimiento cuando envía datos masivos. Según este indicador, el enrutador puede escoger un enlace de satélite de alto rendimiento sobre un enlace WAN terrestre de menor rendimiento, aunque el enlace terrestre presente un menor retardo.

• **Fiabilidad.** El campo Fiabilidad es un indicador que indica Fiabilidad normal (=0) o Alta fiabilidad (=1). Durante los períodos de congestión de un enrutador de IP, el campo Fiabilidad se usa para decidir qué datagramas de IP se descartan en primer lugar. Si el campo Fiabilidad está a 1, el enrutador de IP descarta estos datagramas en último lugar. Una aplicación puede solicitar una ruta de alta fiabilidad cuando envía datos sensibles al tiempo, por lo que no se deben descartar. Por ejemplo, con algunos métodos de envío de video digital, el video digitalizado se envía como dos tipos de paquetes: el tipo primario se usa para reconstruir la imagen base del video, y un tipo secundario que se usa para proporcionar una imagen de mayor resolución. En este caso, los paquetes primarios se envían con el campo Fiabilidad a 1 y los paquetes secundarios con este campo a 0. Si ocurre congestión en el enrutador, éste descarta primero los paquetes secundarios.

• **Coste.** El campo Coste es un indicador que indica Coste normal (=0) o Bajo coste (=1), donde coste índica coste monetario. Si el campo coste está a 1, el enrutador envía el datagrama de IP por la ruta que tiene el menor coste. Una aplicación puede solicitar la ruta de menor coste cuando envía datos que no son críticos. De acuerdo con el indicador Coste, el enrutador puede elegir un enlace terrestre de menor coste sobre un enlace de satélite de mayor coste, aunque el enlace terrestre tenga un menor ancho de banda.

- **Reservado.** El campo Reservado es el último bit y debe estar a 0. Los enrutadores lo ignoran cuando reenvían los datagramas de IP.

Configuración de TOS con PING.EXE

La utilidad PING de Microsoft Windows 2000 se puede usar con la opción <-v> para establecer el valor de TOS en los mensajes de Solicitud de eco de ICMP. Su sintaxis es la siguiente:

PING -v [valor de TOS] [dirección de IP o nombre de host]

El valor de TOS se expresa en decimal. Por ejemplo, para hacer un ping a 10.0.0.1 con un campo TOS con precedencia normal, retardo mínimo y mínimo coste monetario, use el siguiente comando:

PING -v 18 10.0.0.1

Tamaño total

El campo Tamaño total tiene 2 bytes y se usa para indicar el tamaño del datagrama de IP (cabecera de IP y datos de IP) en bytes. Con 16 bits, el tamaño máximo que se puede indicar es de 65.535 bytes. Para los datagramas de tamaño máximo, el tamaño total es el mismo que la MTU de IP para dicha tecnología del Nivel de interfaz de red.

Con el tamaño de cabecera y el tamaño total se puede determinar el tamaño de los datos: tamaño de los datos de IP (bytes) = tamaño total (bytes) - 4 * tamaño de la cabecera (palabras de 32 bits).

Identificación

El campo Identificación tiene 2 bytes de tamaño y se usa para identificar un paquete de IP concreto enviado entre un nodo emisor y el nodo de destino. El host emisor fija el valor del campo Identificación que se incrementa en sucesivos datagramas de IP. Este campo se usa para identificar fragmentos de un datagrama de IP original.

Indicadores

El campo Indicadores consta de 3 bits y contiene los indicadores para la fragmentación. Un indicador se usa para indicar si el datagrama de IP es elegible para fragmentación y el resto indica si siguen más fragmentos o no a este fragmento de un datagrama de IP.

Desplazamiento de fragmento

El campo Desplazamiento de fragmento tiene 13 bits de tamaño y se usa para indicar el desplazamiento donde este fragmento empieza relativo a los datos de IP originales.

Período de vida

El campo Período de vida tiene 1 byte de tamaño y se usa para indicar cuántos enlaces puede atravesar este datagrama de IP antes de que un enrutador lo descarte. El campo Período de vida, TTL (Time to Live), se diseñó como un contador de tiempo, para indicar el número de segundos que el datagrama podía estar vivo en la Internet. Un enrutador de IP tenía que realizar un seguimiento del momento en que recibía el datagrama y el momento en que lo reenviaba. El TTL se decrementaba en el número de segundos que el paquete pasaba en el enrutador.

Sin embargo, el estándar más moderno (RFC 1812) especifica que los enrutadores decremento el TTL en uno cuando reenvíen un datagrama de IP. Por tanto, el TTL es una cuenta inversa de enlaces. El host emisor fija el valor inicial de TTL, que actúa como una cuenta máxima de enlaces. El valor máximo limita el número que puede atravesar el datagrama y previene que esté indefinidamente dando vueltas.

Algunos aspectos adicionales del campo TTL son:

• Los enrutadores decremento el TTL de los paquetes recibidos antes de consultar la tabla de enrutamiento. Si el TTL es 0, ese paquete se descarta y se envía un mensaje de ICMP Período expirado-TTL expirado en tránsito (Time Expired-TTL Expired In Transit) de vuelta al host emisor.

• Los hosts de destino no comprueban el campo TTL.

• Los hosts emisores deben enviar los datagramas de IP con un TTL mayor que 0. El valor exacto del campo TTL para los datagramas de IP enviados es el predeterminado del sistema operativo o el que especifique la aplicación. El valor máximo de TTL es 255.

• Un valor recomendado es el doble del diámetro del conjunto de redes. El diámetro es el número de enlaces entre los dos nodos más alejados del conjunto de redes.

• TTL es independiente de la métrica del protocolo de enrutamiento como la cuenta de saltos del Protocolo de información de enrutamiento (RIP) o el coste del Primero el camino más corto abierto (OSPF).

Se puede referir erróneamente a TTL como un contador de saltos cuando de hecho es un contador de enlaces. La diferencia es sutil pero importante. Una cuenta de saltos es el número de enrutadores que se cruzan para llegar a un destino. Una cuenta de enlaces es el número de enlaces del Nivel de interfaz de red que se cruzan para llegar a un destino. La diferencia entre cuenta de saltos y cuenta de enlaces es 1. Por ejemplo, si los hosts A y B están separados por cinco enrutadores, la cuenta de saltos es de 5, pero la cuenta de enlaces es de 6. Un datagrama de IP enviado desde el host A hasta el host B con un TTL de 5 será descartado por el quinto enrutador. Un datagrama de IP enviado desde el host A hasta el host B con un TTL de 6 llegará al host B.

Configuración de TTL con PING

Se puede usar la utilidad PING con la opción <-i> para establecer el valor de TTL en un mensaje de eco de ICMP. Su sintaxis es:

PING -i [valor TTL] [dirección de IP o nombre de host]

El valor de TTL se expresa en decimal. Por ejemplo, para hacer un ping a 10.0.0.1 con un campo TTL con el valor 7, use el siguiente comando:

PING -i 7 10.0.0.1

El valor predeterminado de TTL para los mensajes de eco de ICMP que envía PING es de 32.

Protocolo

El campo Protocolo tiene 1 byte y se usa para indicar el protocolo de nivel superior que contiene los datos de IP. El campo Protocolo es una indicación explícita del protocolo cliente. Algunos valores de este campo son 1 para ICMP, 6 para TCP y 17 (0x11) para UDP. Este campo actúa como una identificación de multiplexación de forma que los datos puedan atravesar los protocolos de nivel superior apropiados tras recibirse en el nodo de destino.

Las aplicaciones de Windows Sockets pueden referirse a los protocolos por su nombre. Los nombres de los protocolos se resuelven en números de protocolo mediante el archivo PROTOCOL que se encuentra en el directorio %SystemRoot%\system32\drivers\etc.

Suma de comprobación de cabecera

El campo Suma de comprobación de cabecera tiene 2 bytes y realiza una comprobación de integridad en el nivel de bit sólo de la cabecera de IP. Los datos de IP no se incluyen. Los datos deben incluir su propia suma de control para comprobar la integridad en el nivel de bit. El host emisor realiza una suma de comprobación inicial en el datagrama de IP enviado. Cada enrutador en la ruta entre el origen y el destino verifica el campo suma de comprobación de cabecera antes de procesar el paquete. Si la verificación falla, el enrutador descarta silenciosamente el datagrama de IP.

Como cada enrutador de la ruta entre el origen y el destino decrementa el TTL, la suma de comprobación de la cabecera cambia en todos los enrutadores.

Para calcular la suma de comprobación de la cabecera, a los valores de 16 bits de la cabecera se les hace el complemento a 1; a los bits que están a 0 se cambian a 1 y los bits que están a 1 se cambian a 0. Se suman todos los valores de 16 en complemento a 1 y a la suma resultado se vuelve a hacer el complemento a 1. El resultado se pone en el campo Suma de comprobación de la cabecera.

Para el cómputo de la suma de comprobación de todos los campos de la cabecera de IP, el valor de este mismo campo se pone a 0.

Dirección de origen

El campo Dirección de origen tiene 4 bytes y contiene la dirección de IP del host emisor, a no ser que un traductor de direcciones de red, NAT (Network Address Translator), esté traduciendo el datagrama de IP. Se usa un NAT para traducir entre direcciones privadas y públicas cuando se conectan a Internet.

Dirección de destino

El campo Dirección de destino tiene 4 bytes y contiene la dirección de IP del host de destino, a no ser que el datagrama de IP esté traduciendo un traductor de direcciones de red o se esté realizando un enrutamiento débil o estricto.

Opciones y Relleno

A la cabecera de IP se le pueden añadir Opciones y Relleno, pero se debe hacer en incrementos de 4 bytes de manera que el tamaño de la cabecera de IP se pueda indicar usando el campo Tamaño de cabecera.

Fragmentación

Cuando un host origen o un enrutador deben transmitir un datagrama de IP por un enlace cuya MTU es menor que el tamaño del datagrama de IP, hay que fragmentar el datagrama. Cuando ocurre la fragmentación de IP, los datos de IP se segmentan y cada segmento se envía con su cabecera de IP.

La cabecera de IP contiene la información requerida para reensamblar los datos de IP originales en el host de destino. Como IP es una tecnología de datagramas por conmutación de paquetes y los fragmentos pueden llegar en un orden distinto al que fueron enviados, hay que agrupar los fragmentos, usando el campo Identificación, secuenciarlos, usando el campo Desplazamiento de segmento, y delimitarlos, usando el campo Más fragmentos.

Las tecnologías de circuitos por conmutación de paquetes como X.25 y ATM sólo requieren la delimitación de fragmento/segmento. Por ejemplo, con ATM Nivel de adaptación 5, un datagrama de IP se segmenta en trozos de 48 bytes que se convierten en los datos de las celdas de ATM. ATM envía el flujo de celdas que componen el datagrama de IP y usa el tercer bit del campo Tipo de datos de la cabecera de ATM para indicar el final del flujo de celdas del datagrama.

Campos fragmentación

• **Identificación.** El campo Identificación se usa para agrupar todos los fragmentos de un datagrama. El host de origen establece el campo Identificación y este campo se mantiene durante el proceso de fragmentación. Este campo se pone incluso aunque no se permita la fragmentación de los datos de IP estableciendo el indicador No fragmentar.

- **Indicador No fragmentar.** El indicador No fragmentar, DF (Don't Fragment), se establece a 0 para permitir la fragmentación y a 1 para prohibirla. Por tanto, la fragmentación se producirá sólo si el indicador DF está a 0. Si se necesita fragmentar un datagrama de IP y el indicador DF está a 1, en enrutador descarta el datagrama y envía de vuelta al host de origen un mensaje de ICMP de destino inalcanzable-Fragmentación necesaria y se estableció DF, ICMP (Destination Unreachable-Fragmentation Needed And DF Set).

La fragmentación es un proceso costoso para los enrutadores y para el host de destino. El indicador DF y el mensaje de ICMP de destino inalcanzable-Fragmentación necesaria y se especificó DF en el mecanismo por el que un nodo descubre la MTU de la ruta entre un origen y el destino, o Descubrimiento de la MTU de la ruta (Path MTUDiscovery).

- **Indicador Más fragmentos.** El indicador Más fragmentos, MF (More Fragments), está a 0 si no existen más fragmentos que sigan a éste (éste es el último fragmento), y se pone a 1 si existen más fragmentos que sigan a éste (éste no es el último fragmento).

- **Desplazamiento de fragmento.** El campo Desplazamiento de fragmento indica la posición del fragmento relativa a los datos de IP originales. Este campo es un desplazamiento usado para dar orden durante el re ensamblado, colocando los fragmentos que van llegando en el orden correcto para reconstruir los datos originales. Este campo tiene 13 bits de tamaño. Con un tamaño de datos de IP máximo de 65.515 bytes (la MTU de IP máxima de 65.535 menos la cabecera de IP mínima de 20 bytes), el campo Desplazamiento de fragmento no puede indicar un desplazamiento de bytes. Con 13 bits el máximo valor es de 8.191. El desplazamiento de fragmento debe ser de 16 bits de tamaño para indicar un desplazamiento de bytes.
Como se necesitan 16 bits para indicar el tamaño de datos de IP máximo y sólo se dispone de 13 bits en este campo, cada valor del desplazamiento del fragmento debe representar 3 bits. Por tanto, este campo se define en términos de bloques de 8 bytes, llamados bloques de fragmento.
Durante la fragmentación, los datos se dividen en fronteras de 8 bytes y en cada fragmento se sitúa el máximo número de bloques de fragmento de 8 bytes. El campo Desplazamiento de fragmento se establece para indicar el bloque de inicio de fragmento relativo al fragmento inicial de los datos.
Para cada fragmento que se crea en un enrutador, se copia la cabecera original de IP y se cambian los siguientes campos:

- **Tamaño de la cabecera.** Puede cambiar o no dependiendo de las opciones presentes y si dichas opciones se copian en todos los fragmentos o sólo en el primero.

- **TTL.** Se decremento en 1.

- **Tamaño total.** Cambia para reflejar la nueva cabecera de IP y el nuevo tamaño de los datos.

- **MF.** A 1 para el primero y los fragmentos centrales. A 0 para el último fragmento.

- **Desplazamiento de segmento.** Se fija para indicar la posición del fragmento en los bloques de fragmento relativo a los datos originales.

- **Suma de comprobación de la cabecera.** Se re calcula de acuerdo a los cambios realizados en los campos de la cabecera de IP.

El campo Identificación no cambia en ningún fragmento.

Fragmentación de un fragmento

Es posible que los fragmentos se vuelvan a fragmentar. En este caso, cada fragmento se fragmenta para casar con la MTU del enlace al que se va a reenviar. El proceso de fragmentar un fragmento es un poco distinto de fragmentar el datagrama de IP original. La diferencia es cómo se establece el indicador MF.

Cuando se fragmenta un fragmento, el indicador MF es siempre 1, excepto cuando el fragmento de un fragmento es el último fragmento del último fragmento.

- Si un enrutador de IP fragmenta un fragmento anterior que sea el primero 0 uno intermedio, todos los fragmentos tendrán su indicador MF a 1.

- Si un enrutador de IP fragmenta un fragmento anterior que era el último, todos los fragmentos excepto el último tendrán su indicador MF a 1.

Por tanto, independientemente de cuantas veces se fragmente un datagrama de IP, sólo uno de los fragmentos tendrá su indicador MF a 0, indicando que es el último fragmento del datagrama de IP original.

Evitando la fragmentación

Aunque la fragmentación permite que los nodos de IP se conecten independientemente de las distintas MTU en los segmentos de red intermedios y sin intervención del usuario, el fragmentado y reensamblado es un proceso relativamente costoso, tanto en los enrutadores, o host de reenvío, como en el host de destino. En la Internet actual, la fragmentación se desaconseja; los enrutadores de Internet están suficientemente ocupados con el reenvío de tráfico de IP.

Se puede evitar la fragmentación tomando una de las siguientes medidas:

- Establezca el indicador DF a 1 en todos los datagramas enviados.

- Descubra la MTU de IP que admiten todos los enlaces en la ruta desde el origen al destino (la MTU de la ruta).

Configuración de DF con PING

Se puede usar la utilidad PING con la opción <-f> para establecer el indicador DF a 1 en los mensajes de eco de ICMP. La sintaxis es:

```
PING -f [dirección de IP o nombre de host]
```

Por ejemplo, para hacer un ping a 10.0.0.1 y establecer DF a 1:

PING -f 10.0.0.1

El valor del indicador DF predeterminado para los mensajes de eco de ICMP que envía PING es 0 (se permite la fragmentación).

Configuración del Tamaño de datos con PING

Se puede usar la utilidad PING con la opción <-l> para establecer el tamaño de los datos de ICMP en los mensajes de eco de ICMP. La sintaxis es:

PING -l [tamaño de los datos] [dirección de IP o nombre de host]

El valor del tamaño se expresa en decimal.

Por ejemplo, para hacer ping a 10.0.0.1 con un tamaño de datos de ICMP de 5000:

PING -l 5000 10.0.0.1

El tamaño predeterminado de los datos de ICMP que envía PING es 32.

El tamaño de los datos de ICMP no es el mismo que el de los datos de IP debido a que los mensajes de eco incluyen una cabecera de ICMP de 8 bytes. Por tanto, para calcular el tamaño de los datos de IP, añada 8 al tamaño de los datos de ICMP. Para calcular el tamaño del datagrama de IP, añada 20 al tamaño de los datos de IP. Para hacer ping con un eco del tamaño máximo que permita la tecnología de la Interfaz de red, reste 28 de la MTU de IP. Por ejemplo, para hacer ping con el tamaño máximo en una red Ethernet, que tiene una MTU de IP de 1500, el comando PING sería:

PING -l 1472 10.0.0.1

Uso de PING para crear paquetes con fragmentación fuente

Se puede usar la utilidad PING de Windows 2000 con la opción <-l> para producir paquetes con fragmentación fuente. Hacer ping con un tamaño de datos de ICMP mayor que [MTU de IP-28] bytes genera paquetes fragmentados. Por ejemplo, hacer ping desde un nodo Ethernet con un tamaño de 1472 o menor no producirá paquetes fragmentados. Si se hace con un tamaño mayor de 1472 se producirán paquetes fragmentados.

Fragmentación y entornos de puentes de traducción

Los puentes de traducción es el mecanismo de interconexión de dos tecnologías de Interfaz de red diferentes en la misma red mediante un dispositivo de Nivel 2 como un puente o un conmutador. Un uso habitual de los puentes de traducción es conectar un segmento de Ethernet con otro Token Ring. En las redes modernas, este tipo de puentes se tienen con conmutadores que conectan nodos de Ethernet a 10 ó 100 Mbps a servidores en los puertos de alta velocidad. Las tecnologías de puertos de alta velocidad incluyen FDDI, Gigabit Ethernet y ATM.

El obstáculo más serio para los puentes de traducción es la diferencia en las MTU entre las distintas tecnologías del Nivel de interfaz de red. Como no existe un enrutador en medio, no se puede confiar la fragmentación ni en el proceso de descubrimiento de la MTU de la ruta para las distintas MTU. Un puente de traducción no tiene la capacidad de fragmentar. Las tramas mayores que la MTU del enlace donde se han de reenviar serán descartadas silenciosamente por el puente.

Cuando se establece una conexión de TCP, ambos nodos se comunican la MTU en forma de opción del Tamaño máximo de segmento, MSS (Maximum Segment Size), de TCP. Tras recibir cada uno el MSS de TCP del otro, ambos nodos llegan al acuerdo de enviar segmentos de TCP del menor MSS del de los dos nodos. Sin embargo, a pesar de esta negociación de MTU, una comunicación apropiada entre todos los nodos de un entorno de puentes de traducción puede requerir la modificación de la MTU de IP de nodos concretos.

Si tenemos dos conmutadores de Ethernet conectados por una red troncal Ethernet. En cada conmutador Ethernet se encuentra un puerto conectado a un anillo FDDI que contiene servidores de aplicación. Cuando los servidores en el mismo anillo se comunican unos con otros, pueden enviar paquetes con una MTU de FDDI de 4.352 bytes. Cuando un nodo de Ethernet en uno de los conmutadores usa TCP para conectarse con un servidor de aplicaciones en un anillo de FDDI, la opción MSS de TCP reduce la MTU de TCP, basada en datagramas, a 1.500.

Sin embargo, considere la comunicación entre servidores de aplicaciones en distintos anillos de FDDI. Al crear la conexión TCP, cada servidor negocia un MSS de TCP basado en FDDI. Por tanto, los conmutadores de Ethernet descartarán silenciosamente los datagramas de IP de tráfico TCP enviados entre los servidores de los distintos anillos que tengan un tamaño superior a 1.500 bytes.

La solución a este problema es configurar manualmente la MTU de IP de los servidores de aplicación con la menor MTU de IP de todos los enlaces dentro de la red con puentes de traducción.

Si establecemos la MTU de IP de los servidores de aplicación en los anillos de FDDI en 1.500, los puentes de traducción pueden enviar datagramas de IP entre los anillos FDDI. El cambio de la MTU de los servidores de aplicación significa que cuando envíen paquetes a servidores de aplicación en el mismo anillo, los paquetes se enviarán con una MTU tan reducida como 1.500, con menor eficiencia que cuando la MTU de FDDI predeterminada era de 4.352. Sin embargo, es preferible una menor eficiencia entre los servidores del mismo anillo que no tener ninguna entre servidores de distintos anillos.

5.2.5. Opciones de IP

Las opciones de IP son campos adicionales que se añaden a la cabecera estándar de 20 bytes de IP. Aunque no se requiere que las opciones existan en todas las cabeceras de IP, se requiere la capacidad de procesar los campos de opción de IP. Las opciones de IP se usan muy infrecuentemente con objeto de prueba de la red.

El tamaño de la parte opciones de IP de la cabecera de IP variará en tamaño según las opciones de IP que se usen. Las distintas opciones también varían en tamaño, desde un único byte hasta múltiples cantidades de 4 bytes. Recuerde que el máximo tamaño de la cabecera de IP que se puede indicar en el campo Tamaño de la cabecera es de 60 bytes. Con una cabecera estándar de IP de 20 bytes se dejan 40 bytes para opciones de IP.

Copia

El campo Copia es de un bit y se usa cuando un enrutador o un host de envío debe fragmentar un datagrama de IP. Cuando este campo vale 0, se debe copiar la opción de IP sólo en el primer fragmento. Cuando este campo vale 1, la opción se debería copiar en todos los fragmentos.

Clase de opción

El campo Clase de opción tiene dos bytes y se usa para indicar la clase general de la opción. Las clases de opción definidas, son:

- 0 Control de la red.
- 1 Reservado para uso futuro.
- 2 Depuración y medidas.
- 3 Reservado para uso futuro.

Número de opción

El campo Número de opción tiene 5 bits y se usa para indicar una opción concreta dentro de la clase de opción. Cada clase de opción puede tener hasta 32 números de opción distintos. En la tabla se listan las clases y los números de opción para equipos no militares.

Clases y números de opción		
Clase de opción	Número de opción	Descripción
0	0	**Fin de la lista de opciones.** Opción de 1 byte que se usa para indicar el fin de una lista de opciones.
0	1	**No operación.** Opción de 1 byte que se usa para alinear los bytes de una lista de opciones.
0	3	**Enrutamiento fuente débil.** Una opción de longitud variable que se usa para enrutar un datagrama por una ruta especificada donde se pueden decidir rutas alternativas.
0	7	**Registro de ruta.** Una opción de tamaño variable que se usa para trazar una ruta a través de un conjunto de redes de IP.
0	9	**Enrutamiento fuente estricto.** Una opción de tamaño variable que se usa para especificar una ruta donde no se pueden decidir rutas alternativas.
0	20	**Alerta al enrutador de IP.** Una opción de tamaño fijo que se usa para informar al enrutador que se necesita procesamiento adicional del datagrama.
2	4	**Marca de tiempo de Internet.** Una opción de tamaño variable que se usa para registrar una serie de marcas de tiempo en cada salto.

Fin de la lista de opciones

Código de opción   00000000

La opción Fin de la lista de opciones siempre es un byte que se usa al final de las opciones de IP cuando éstas no coinciden en la frontera de 4 bytes. Esta opción sólo se utiliza al final de todas las opciones, no al final de cada una de ellas.

No operación

Código de opción   00000001

La opción No operación siempre es un único byte y se usa entre las opciones de IP cuando una opción no casa en un múltiplo de 4 bytes.

Registro de ruta

Código de opción   00000111
Tamaño de la opción
Puntero a la siguiente ranura
Primera dirección de IP
Segunda dirección de IP

La opción Registro de ruta es una opción de tamaño variable que se usa para registrar las direcciones de IP de las interfaces lejanas de los enrutadores que atraviesan por el conjunto de redes de IP. La interfaz lejana es la interfaz del enrutador por la que se reenvía el datagrama de IP. Se presupone que la interfaz lejana es la más lejana respecto al host emisor.

Según se reenvía el datagrama de un enrutador a otro, cada enrutador añade su dirección de IP a la lista; cada enrutador modifica también el campo Puntero a la siguiente ranura. Se registra la ruta desde el host de origen hasta el host de destino. Para obtener la ruta completa debe haber suficiente sitio en la cabecera de opciones de Registro de ruta. Al contrario que en el enrutamiento fuente de Token Ring, el número de ranuras para direcciones de IP especifica el host emisor y se establece en la cabecera de IP.

La opción Registro de ruta tiene los siguientes campos:

• **Código de opción.** Se establece a 7 (Bit de copia=0, Clase de opción=0, Número de opción=7).

• **Tamaño de la opción.** Se establece por el host emisor al número de bytes de la opción Registro de ruta.

• **Puntero a la siguiente ranura.** Indica el desplazamiento al byte (desde 1) dentro de la opción Registro de ruta de la siguiente dirección de IP libre. El valor mínimo del puntero es de 4.

• **Primera dirección de IP, Segunda dirección de IP.** Indica la dirección de IP de la interfaz lejana de los enrutadores. Con un máximo de 40 bytes en la parte de opciones de IP de la cabecera de IP hay espacio suficiente para un máximo de nueve direcciones de IP.

Procesado del Registro de ruta

Un enrutador de IP que recibe un datagrama de IP con la opción Registro de ruta compara los campos Tamaño de opción y Puntero a la siguiente ranura. Si el campo Puntero a la siguiente ranura es menor que el campo Tamaño de opción, queda espacio para direcciones de IP. El enrutador registra la dirección de IP de la interfaz que reenvía el datagrama en el siguiente campo dirección de IP disponible; el enrutador también actualiza el campo Puntero a la siguiente ranura sumándole 4.

Si el valor del campo Puntero a la siguiente ranura es mayor que el campo Tamaño de opción, ya se han usado todas las ranuras para direcciones de IP por enrutadores previos. El enrutador reenvía el datagrama sin modificar la opción Registro de ruta.

Ambos hosts, deben acordar que se procesará la información de la opción Registro de ruta en los datagramas que se envían. Si uno de ellos no está de acuerdo, la información de la opción Registro de ruta se ignora tras recibirlo y no se devuelven los datagramas de IP con la opción Registro de ruta.

Como el tamaño de la opción Registro de ruta no es un múltiplo de 4 bytes, se debe añadir una opción Fin de opciones (si no hay más opciones) o una opción No operación (si hay más opciones) para asegurar que la cabecera de IP es de un tamaño múltiplo de 4 bytes.

Configuración de la opción Registro de ruta con PING

Se puede usar la utilidad PING con la opción <-r> para añadir la opción Registro de ruta y establecer el número de ranuras para direcciones de IP de la opción dentro de un mensaje de eco de ICMP. Su sintaxis es:

PING -r [ranuras para direcciones de IP] [dirección de IP o nombre de host]

donde el valor de ranuras para direcciones de IP se expresa en decimal.

Por ejemplo, para hacer ping a 10.0.0.1 con siete ranuras para direcciones de IP, use el comando:

PING -r 7 10.0.0.1

Enrutamiento fuente débil y estricto

El proceso de enrutamiento de IP en los enrutadores se realiza mediante la comparación de la dirección de IP de destino con las entradas de una tabla local de enrutamiento. Cada enrutador realiza una decisión de reenvío. Sin embargo, a veces es necesario especificar la ruta que debe seguir un datagrama de IP independientemente de las entradas de la tabla de enrutamiento del enrutador. Si la ruta se especifica antes de que el host emisor envíe el datagrama; es lo que se conoce como enrutamiento fuente.

Por ejemplo, en un conjunto de redes de IP multirruta, donde existe más de una ruta entre distintos conjuntos de redes de IP, los enrutadores seleccionan la mejor de ellas según una métrica de menor coste. Una vez el enrutador ha determinado todas las mejores rutas, las rutas de mayor coste no se usan a no ser que la topología de las redes cambie. Para comprobar que las rutas de mayor coste contienen enlaces válidos, se debe utilizar enrutamiento fuente.

El enrutamiento fuente en IP se realiza especificando las direcciones de IP de las interfaces cercanas de los enrutadores deseados entre el origen y el destino. En cada trayecto del viaje, la dirección de IP de destino de la cabecera de IP se establece a la dirección de IP de la siguiente interfaz cercana del siguiente enrutador. IP admite tanto enrutamiento fuente débil como estricto. En el enrutamiento fuente débil la siguiente dirección de IP de un enrutador no tiene por qué ser un enrutador vecino; puede encontrarse varios saltos más allá. En el enrutamiento fuente estricto, la dirección de IP del siguiente enrutador debe ser un enrutador vecino (a un solo salto).

El enrutamiento fuente de IP también registra la ruta de la misma forma que la opción Registro de ruta. En cada paso del trayecto se registra la dirección de IP de la interfaz de cada enrutador que realiza el reenvío del datagrama de IP.

Opción Enrutamiento fuente estricto

Código de opción   10001001
Tamaño de la opción
Puntero a la siguiente ranura
Primera dirección de IP
Segunda dirección de IP

La opción de enrutamiento fuente estricta tiene los siguientes campos:

• **Código de opción.** Se establece a 137 (Bit de copia=1, Clase de opción=0, Número de opción=9).

• **Tamaño de la opción.** Se establece por el host emisor al número de bytes de la opción Enrutamiento fuente estricta.

• **Puntero a la siguiente ranura.** Indica el desplazamiento al byte (desde 1) dentro de la siguiente opción Enrutamiento fuente estricta del enrutador. El valor mínimo del campo Puntero a la siguiente ranura es de 4. El campo Puntero a la siguiente ranura se usa también de la misma manera que la opción Registro de ruta para determinar la posición de la siguiente ranura para la dirección de IP donde registrar la ruta.

• **Primera dirección de IP.** Segunda dirección de IP. Las establece el host emisor a la serie de sucesivos enrutadores de destino en el caso de enrutamiento fuente estricto; también las establecen los enrutadores de IP con las direcciones de las interfaces de reenvío. Con un máximo de 40 bytes en la parte de opciones de IP de la cabecera de IP hay espacio suficiente para un máximo de nueve direcciones de IP.

Cuando un host emisor envía un datagrama de IP con la opción enrutamiento fuente estricta, el host emisor:

1. Establece el valor del Puntero a la siguiente ranura en 4.

2. Sitúa en la primera dirección de IP en el enrutamiento fuente estricta en el campo dirección de IP de destino de la cabecera de IP.

Cuando un enrutador de IP recibe un datagrama de IP con la opción Enrutamiento fuente estricta, compara los campos Tamaño de opción y Puntero a la siguiente ranura. Si el campo Puntero a la siguiente ranura es menor que el campo Tamaño de opción, el enrutador:

1. Suma 4 al valor del campo Puntero a la siguiente ranura.

2. Sustituye la dirección de IP de destino por la dirección de IP que está registrada en la siguiente ranura, según el nuevo valor del campo Puntero a la siguiente ranura.

3. Registra la dirección de IP de la interfaz de reenvío en la ranura anterior.

Si la dirección de IP de destino no se alcanza usando una red conectada directamente, la dirección de IP de un enrutador o host vecino, el datagrama de IP se descarta y se envía de vuelta al host emisor un mensaje de ICMP de Destino inalcanzable-Error en la ruta fuente.

Si el valor del campo Puntero a la siguiente ranura es mayor que el valor del campo Tamaño de opción, el datagrama de IP ha llegado a su destino final.

Como el tamaño de la opción Enrutamiento fuente estricto no es múltiplo de 4 bytes, se debe añadir una opción de Fin de opciones (si no hay más opciones) o una opción de No operación (si hay más opciones tras la opción de Enrutamiento fuente estricto) para asegurar que la cabecera de IP tiene un tamaño múltiplo de 4 bytes.

Configuración de la opción Enrutamiento fuente estricto con PING

Se puede usar la utilidad PING de Windows 2000 con la opción <-k> para añadir la opción de Enrutamiento fuente estricto. La utilidad PING también se puede usar para establecer las direcciones de IP de los sucesivos enrutadores y del destino final en los mensajes de Eco de ICMP. Su sintaxis es:

PING -k [dirección de IP del primer salto] [dirección de IP del segundo salto] ... [dirección de destino de IP]

Por ejemplo, para hacer ping a 10.0.0.1 a través de las interfaces de enrutadores vecinos 192.168.1.1 y 192.168.2.1, use el siguiente comando:

PING -k 192.168.1.1 192.168.2.1 10.0.0.1

Opción de Enrutamiento fuente débil

Código de opción   10000011
Tamaño de la opción
Puntero a la siguiente ranura
Primera dirección de IP
Segunda dirección de IP

La opción Enrutamiento fuente débil tiene los siguientes campos:

• **Código de opción.** Se establece a 131 (Bit de copia=1, Clase de opción=0, Número de opción=3).

- **Tamaño de la opción.** Se establece por el host emisor al número de bytes de la opción Enrutamiento fuente débil.

- **Puntero a la siguiente ranura.** Indica el desplazamiento al byte (desde 1) dentro de la siguiente opción Enrutamiento fuente débil del enrutador. El valor mínimo del campo Puntero a la siguiente ranura es de 4. El campo Puntero a la siguiente ranura se usa también de la misma manera que la opción Registro de ruta para determinar la posición de la siguiente ranura para la dirección de IP donde registrar la ruta.

- **Primera dirección de IP.** Segunda dirección de IP. Las establece el host emisor a la serie de sucesivos enrutadores de destino en el caso de enrutamiento fuente débil; también las establecen los enrutadores de IP con las direcciones de las interfaces de reenvío. Con un máximo de 40 bytes en la parte de opciones de IP de la cabecera de IP hay espacio suficiente para un máximo de nueve direcciones de IP.

Cuando un host emisor envía un datagrama de IP con la opción Enrutamiento fuente débil, este host:

1. Establece el valor del campo Puntero a la siguiente ranura en 4.

2. Sitúa la primera dirección de IP de la ruta fuente débil en la dirección de IP de destino de la cabecera de IP.

Cuando un enrutador de IP recibe un datagrama de IP con la opción Enrutamiento fuente débil, compara los campos Tamaño de opción y Puntero a la siguiente ranura. Si el valor del campo Puntero a la siguiente ranura es menor que el valor del campo Tamaño de opción, el enrutador:

1. Suma 4 al valor del campo Puntero a la siguiente ranura.

2. Sustituye la dirección de IP de destino de la cabecera de IP por la dirección que se encuentra registrada en la siguiente ranura, de acuerdo con el nuevo valor del campo Puntero a la siguiente ranura.

3. Registra la dirección de IP de la interfaz de reenvío en la ranura anterior.

Si el valor del campo Puntero a la siguiente ranura es mayor que el valor del campo Tamaño de opción, el datagrama de IP ha llegado a su destino final.

Como el tamaño de la opción Enrutamiento fuente débil no es múltiplo de 4 bytes, se debe añadir una opción Fin de opciones (si no hay más opciones) o una opción No operación (si hay más opciones) para asegurar que el tamaño de la cabecera de IP sea múltiplo de 4 bytes.

Configuración de la opción Enrutamiento fuente débil con PING

Se puede usar la utilidad PING de Windows 2000 con la opción <-j> para añadir la opción Enrutamiento fuente débil. Además, se usa para establecer las direcciones de IP de los sucesivos enrutadores y el destino final de los mensajes de Eco de ICMP. Su sintaxis es:

PING -j [dirección de IP del primer salto] [dirección de IP del segundo salto] ... [dirección de IP de destino]

Por ejemplo, para hacer ping a 10.0.0.1 a través de las interfaces de enrutadores vecinos 192.168.1.1 y 192.168.2.1, use el siguiente comando:

PING -j 192.168.1.1 192.168.2.1 10.0.0.1

Alerta al enrutador de IP

Código de opción   10010100
Tamaño de opción   00000100
Valor

La Alerta al enrutador de IP se usa para indicar a los enrutadores de IP que se requiere un procesamiento adicional de los datagramas de IP, incluso aunque el datagrama de IP no vaya dirigido a dicho enrutador. La opción Alerta al enrutador de IP se usa por el Protocolo de reserva de recursos (RSVP) y el Protocolo de administración de grupos de Internet (IGMP) versión 2. Por ejemplo, cuando un enrutador recibe un datagrama de IP con la opción Alerta al enrutador de IP, observa el campo Protocolo de IP para ver si los datos necesitan un procesado adicional antes de realizar la decisión de reenvío.

Esta opción tiene los siguientes campos:

• **Código de opción.** Se establece en 148 (Bit de copia=1, Clase de opción=0, Número de opción=20).

• **Tamaño de opción.** Se establece en un tamaño fijo de 4.

• **Valor.** Campo de 2 bytes con valor 0. El resto de valores está reservado. El valor 0 indica que el enrutador debe examinar el paquete.

Marcas de tiempo de Internet

Código de opción   01000100
Tamaño de opción
Puntero a la siguiente ranura
Desbordamiento
Indicador
Primera dirección de IP
Segunda dirección de IP

La opción Marca de tiempo se usa para registrar el momento en que llega un datagrama de IP a cada enrutador de IP en la ruta desde el host de origen hasta el de destino. La opción Marca de tiempo es similar a la opción Registro de ruta en que el nodo emisor crea entradas en blanco en la cabecera de IP que los enrutadores rellenan según el paquete viaja a través de un conjunto de redes de IP. Cada entrada consiste en la dirección de IP del enrutador y una marca de tiempo, un entero de 32 bits para indicar el número de milisegundos desde medianoche, en tiempo universal. Si no se usa tiempo universal, el bit de mayor orden del campo se pone a 1.

La opción Marca de tiempo de Internet tiene los siguientes campos:

- **Código de opción.** Se establece en 68 (Bit de copia=0, Clase de opción=2, Número de opción=4).

- **Tamaño de opción.** Lo establece el host emisor al número de bytes de la opción Marca de tiempo de Internet.

- **Puntero a la siguiente ranura.** Indica el desplazamiento al byte (desde 1) dentro de la siguiente opción Marca de tiempo de Internet de la siguiente ranura para el registro de la dirección de IP y la marca de tiempo. El valor mínimo del campo Puntero a la siguiente ranura es de 5.

- **Desbordamiento.** Lo establecen los enrutadores para indicar el número de enrutadores que fueron capaces de registrar su dirección de IP y su marca de tiempo.

- **Indicadores.** Los establece el host emisor para indicar el formato de las ranuras Dirección de IP/Marca de tiempo. Si Indicadores = 0, se omite la dirección de IP. De esta forma se pueden registrar hasta nueve marcas de tiempo. Si Indicadores = 1, se registra la dirección de IP, lo que permite registrar cuatro pares de dirección de IP/marca de tiempo. El formato de la opción de Marca de tiempo de Internet que se muestra presupone que Indicadores = 1. Si Indicadores = 3, el nodo emisor especifica las direcciones de IP de los enrutadores sucesivos: se registra una marca de tiempo sólo si coincide la dirección de IP de la ranura con la del enrutador.

- **Primera Dirección de IP.** Primera marca de tiempo. Los enrutadores registran las direcciones de IP y marcas de tiempo de los enrutadores atravesados (Indicadores = 1), o especificados (Indicadores = 3).

Cuando un host emisor envía un datagrama de IP con la opción de Marca de tiempo, este host emisor:

1. Establece el valor del campo Puntero a la siguiente ranura a 5.

2. Para la ruta especificada (Indicadores = 3), sitúa la serie de direcciones de IP un la opción Marca de tiempo de Internet.

Cuando un enrutador recibe un datagrama de IP con esta opción, compara los campos Tamaño de opción y Puntero a la siguiente ranura. Si el valor de Puntero a la siguiente ranura es menor que el valor del campo Tamaño de opción:

• Si Indicadores = 3, el enrutador sustituye la dirección de IP de destino de la cabecera de IP por la dirección de IP registrada en la siguiente ranura, de acuerdo al campo Puntero a la siguiente ranura.

• Si Indicadores = 1 o Indicadores = 3, el enrutador registra la dirección de IP de la interfaz en la que se recibió el datagrama de IP en la misma ranura.

• Si Indicadores = 0, el enrutador registra la marca de tiempo y suma 4 al campo Puntero a la siguiente ranura. Si Indicadores = 1, el enrutador registra la marca de tiempo tras la dirección de IP y suma 8 al campo Puntero a la siguiente ranura. Si Indicadores = 3, el enrutador sustituye la dirección de IP y suma 4 al campo Puntero a la siguiente ranura.

Si el valor del campo Puntero a la siguiente ranura es mayor que el valor del campo Tamaño de opción, el enrutador incrementa el campo Desbordamiento. Si el campo Desbordamiento vale 15 antes de incrementarlo, se envía un mensaje de Problema de los parámetros de ICMP de vuelta al host de origen.

Configuración de la opción Marcas de tiempo de Internet con PING

Se puede usar la utilidad PING de Windows 2000 con la opción <-s> para enviar un mensaje de Eco de ICMP con marcas de tiempo. Su sintaxis es:

PING -s [ranuras] [dirección de IP de destino]

Por ejemplo, para hacer ping a la dirección de IP 10.0.0.1 usando marcas de tiempo de Internet con tres ranuras, use el siguiente comando:

PING -s 3 10.0.0.1

CAPITULO 6:

Redes Inalámbricas

6.1. Redes inalámbricas.

Una de las tecnologías más prometedoras y discutidas en esta década es la de poder comunicar computadoras mediante tecnología inalámbrica. La conexión de computadoras mediante Ondas de Radio o Luz Infrarroja, actualmente está siendo ampliamente investigada. Las Redes Inalámbricas facilitan la operación en lugares donde la computadora no puede permanecer en un solo lugar, como en almacenes o en oficinas que se encuentren en varios pisos.

También es útil para hacer posibles sistemas basados en plumas. Pero la realidad es que esta tecnología está todavía en pañales y se deben de resolver varios obstáculos técnicos y de regulación antes de que las redes inalámbricas sean utilizadas de una manera general en los sistemas de cómputo de la actualidad.

No se espera que las redes inalámbricas lleguen a remplazar a las redes cableadas. Estas ofrecen velocidades de transmisión mayores que las logradas con la tecnología inalámbrica. Mientras que las redes inalámbricas actuales ofrecen velocidades de 2 Mbps[1], las redes cableadas ofrecen velocidades de 10 Mbps y se espera que alcancen velocidades de hasta 100 Mbps Los sistemas de Cable de Fibra Óptica logran velocidades aún mayores, y pensando futuristamente se espera que las redes inalámbricas alcancen velocidades de solo 10 Mbps

Sin embargo se pueden mezclar las redes cableadas y las inalámbricas, y de esta manera generar una "Red Híbrida" y poder resolver los últimos metros hacia la estación. Se puede considerar que el sistema cableado sea la parte principal y la inalámbrica le proporcione movilidad adicional al equipo y el operador se pueda desplazar con facilidad dentro de un almacén o una oficina.

Existen dos amplias categorías de Redes Inalámbricas:

1. De Larga Distancia - Estas son utilizadas para transmitir la información en espacios que pueden variar desde una misma ciudad o hasta varios países circunvecinos (mejor conocido como Redes de Aérea Metropolitana MAN); sus velocidades de transmisión son relativamente bajas, de 4.8 a 19.2 Kbps

2. De Corta Distancia - Estas son utilizadas principalmente en redes corporativas cuyas

---

[1]Mbps Millones de bits por segundo

oficinas se encuentran en uno o varios edificios que no se encuentran muy retirados entre sí, con velocidades del orden de 280 Kbps hasta los 2 Mbps

3. Existen dos tipos de redes de larga distancia: Redes de Conmutación de Paquetes (públicas y privadas) y Redes Telefónicas Celulares. Estas últimas son un medio para transmitir información de alto precio. Debido a que los módems celulares actualmente son más caros y delicados que los convencionales, ya que requieren circuitería especial, que permite mantener la pérdida de señal cuando el circuito se alterna entre una célula y otra. Esta pérdida de señal no es problema para la comunicación de voz debido a que el retraso en la conmutación dura unos cuantos cientos de milisegundos, lo cual no se nota, pero en la transmisión de información puede hacer estragos. Otras desventajas de la transmisión celular son:

4. La carga de los teléfonos se termina fácilmente.

5. La transmisión celular se intercepta fácilmente (factor importante en lo relacionado con la seguridad).

6. Las velocidades de transmisión son bajas.

7. Todas estas desventajas hacen que la comunicación celular se utilice poco, o únicamente para archivos muy pequeños como cartas, planos, etc.. Pero se espera que con los avances en la compresión de datos, seguridad y algoritmos de verificación de errores se permita que las redes celulares sean una opción redituable en algunas situaciones.

8. La otra opción que existe en redes de larga distancia son las denominadas: Red **Pública De Conmutación De Paquetes Por Radio**. Estas redes no tienen problemas de pérdida de señal debido a que su arquitectura está diseñada para soportar paquetes de datos en lugar de comunicaciones de voz. Las redes privadas de conmutación de paquetes utilizan la misma tecnología que las públicas, pero bajo bandas de radio frecuencia restringida por la propia organización de sus sistemas de cómputo.

6.2. Clasificación de las redes inalámbricas - Redes inalámbricas persónale.

Lo primero que tenemos que hacer antes que nada es situarnos dentro del mundo inalámbrico. Para ello vamos a hacer una primera clasificación que nos centre ante las diferentes variantes que podemos encontrarnos:

- Redes inalámbricas personales - Redes inalámbricas 802.11 - Redes inalámbricas de consumo

Redes inalámbricas personales

Dentro del Ámbito de estas redes podemos integrar a dos principales actores:

a. - En primer lugar y ya conocido por bastantes usuarios están las redes que se usan actualmente mediante el intercambio de información mediante infrarrojos. Estas redes son muy limitadas dado su corto alcance, necesidad de "visión sin obstáculos" entre los dispositivos que se comunican y su baja velocidad (hasta 115 Kbps). Se encuentran principalmente en ordenadores portátiles, PDAs (Agendas electrónicas personales), teléfonos móviles y algunas impresoras.

b. - En segundo lugar el Bluetooth, estándar de comunicación entre pequeños dispositivos de uso personal, como pueden ser los PDAs, teléfonos móviles de nueva generación y algún que otro ordenador portátil. Su principal desventaja es que su puesta en marcha se ha ido retrasando desde hace años y la aparición del mismo ha ido plagada de diferencias e incompatibilidades entre los dispositivos de comunicación de los distintos fabricantes que ha imposibilitado su rápida adopción. Opera dentro de la banda de los 2'4 GHz

Redes inalámbricas de consumo

a - Redes CDMA (estándar de telefonía móvil estadounidense) y GSM (estándar de telefonía móvil europeo y asiático). Son los estándares que usa la telefonía móvil empleados alrededor de todo el mundo en sus diferentes variantes. Vea http://www.gsmworld.com.

b- 802.16 son redes que pretenden complementar a las anteriores estableciendo redes inalámbricas metropolitanas (MAN) en la banda de entre los 2 y los 11 GHz Estas redes no entran dentro del Ámbito del presente documento.

Las redes inalámbricas o WN básicamente se diferencian de las redes conocidas hasta ahora por el enfoque que toman de los niveles más bajos de la pila OSI, el nivel físico y el nivel de enlace, los cuales se definen por el 802.11 del IEEE (Organismo de estandarización internacional).

Como suele pasar siempre que un estándar aparece y los grandes fabricantes se interesan por Él, aparecen diferentes aproximaciones al mismo lo que genera una incipiente confusión.

Nos encontramos ante tres principales variantes:

1- 802.11a: fue la primera aproximación a las WN y llega a alcanzar velocidades de hasta 54 Mbps dentro de los estándares del IEEE y hasta 72 y 108 Mbps con tecnologías de desdoblamiento de la velocidad ofrecidas por diferentes fabricantes, pero que no están (a da de hoy) estandarizadas por el IEEE. Esta variante opera dentro del rango de los 5 GHz Inicialmente se soportan hasta 64 usuarios por Punto de Acceso.

Sus principales ventajas son su velocidad, la base instalada de dispositivos de este tipo, la gratuidad de la frecuencia que usa y la ausencia de interferencias en la misma.

Sus principales desventajas son su incompatibilidad con los estándares 802.11b y g, la no incorporación a la misma de QoS (posibilidades de aseguro de Calidad de Servicio, lo que en principio impedirá ofrecer transmisión de voz y contenidos multimedia online), la no disponibilidad de esta frecuencia en Europa dado que esta frecuencia está reservada a la **HyperLAN2** (Ver http://www.hiperlan2.com) y la parcial disponibilidad de la misma en Japón.

El hecho de no estar disponible en Europa prácticamente la descarta de nuestras posibilidades de elección para instalaciones en este continente.

2- 802.11b: es la segunda aproximación de las WN. Alcanza una velocidad de 11 Mbps estandarizada por el IEEE y una velocidad de 22 Mbps por el desdoblamiento de la velocidad que ofrecen algunos fabricantes pero sin la estandarización (a da de hoy) del IEEE. Opera dentro de la frecuencia de los 2'4 GHz Inicialmente se soportan hasta 32 usuarios por PA.

Adolece de varios de los inconvenientes que tiene el 802.11a como son la falta de QoS, además de otros problemas como la masificación de la frecuencia en la que transmite y recibe, pues en los 2'4 GHz funcionan teléfonos inalámbricos, teclados y ratones inalámbricos, hornos microondas, dispositivos Bluetooth..., lo cual puede provocar interferencias.

En el lado positivo está su rápida adopción por parte de una gran comunidad de usuarios debido principalmente a unos muy bajos precios de sus dispositivos, la gratuidad de la banda que usa y su disponibilidad gratuita alrededor de todo el mundo. Está estandarizado por el IEEE.

3- 802.11g: Es la tercera aproximación a las WN, y se basa en la compatibilidad con los dispositivos 802.11b y en el ofrecer unas velocidades de hasta 54 Mbps A 05/03/2003 se encuentra en estado de borrador en el IEEE, se prevé que se estandarice para mediados de 2003. Funciona dentro de la frecuencia de 2'4 GHz

Dispone de los mismos inconvenientes que el 802.11b además de los que pueden aparecer por la aun no estandarización del mismo por parte del IEEE (puede haber incompatibilidades con dispositivos de diferentes fabricantes).

Las ventajas de las que dispone son las mismas que las del 802.11b además de su mayor velocidad.

6.3. Dispositivos Wireless

Sea cual sea el estándar que elijamos vamos a disponer principalmente de dos tipos de dispositivos:

a- Dispositivos "Tarjetas de red", o TR, que serán los que tengamos integrados en nuestro ordenador, o bien conectados mediante un conector PCMCIA USB si estamos en un portátil o en un slot PCI si estamos en un ordenador de sobremesa. SUBSTITUYEN a las tarjetas de red Ethernet o Toquen Ring a las que estábamos acostumbrados. Recibirán y enviaran la información hacia su destino desde el ordenador en el que estemos trabajando. La velocidad de transmisión / recepción de los mismos es variable dependiendo del fabricante y de los estándares que cumpla.

b- Dispositivos "Puntos de Acceso", PA, los cuales serán los encargados de recibir la información de los diferentes TR de los que conste la red bien para su centralización bien para su encaminamiento. COMPLEMENTAN a los Hubs, Switches o Routers, si bien los PAs pueden substituir a los últimos pues muchos de ellos ya incorporan su funcionalidad. La velocidad de transmisión / recepción de los mismos es variable, las diferentes velocidades que alcanzan varan según el fabricante y los estándares que cumpla.

6.3.1. Funcionamiento de los dispositivos

En este documento vamos a referirnos principalmente al 802.11g, por ser el probable vencedor de la "guerra de estándares" abierta hoy en día, aunque lo explicado será fácilmente extrapolable a los demás teniendo en cuenta las características propias de cada uno.

Todos los estándares aseguran su funcionamiento mediante la utilización de dos factores, cuando estamos conectados a una red mediante un cable, sea del tipo que sea, disponemos de una velocidad fija y constante. Sin embargo cuando estamos hablando de redes inalámbricas aparece un factor añadido que puede afectar a la velocidad de transmisión, que es la distancia entre los interlocutores.

As pues cuando un TR se conecta a un PA se ve afectado principalmente por los siguientes parámetros:

- Velocidad máxima del PA (normalmente en 802.11g será de 54Mbps)

- Distancia al PA (a mayor distancia menor velocidad)

- Elementos intermedios entre el TR y el PA (las paredes, campos magnéticos o eléctricos u otros elementos interpuestos entre el PA y el TR modifican la velocidad de transmisión a la baja)

- Saturación del espectro e interferencias (cuantos más usuarios inalámbricos haya en las cercanas más colisiones habrá en las transmisiones por lo que la velocidad se reducirá, esto también es aplicable para las interferencias.)

Normalmente los fabricantes de PAs presentan un alcance teórico de los mismos que suele andar alrededor de los 300 metros. Esto obviamente es sólo alcanzable en condiciones de laboratorio, pues realmente en condiciones objetivas el rango de alcance de una conexión vara (y siempre a menos) por la infinidad de condiciones que le afectan.

Cuando ponemos un TR cerca de un PA disponemos de la velocidad máxima teórica del PA, 54 Mbps por ejemplo, y conforme nos vamos alejando del PA, tanto Él mismo como el TR van disminuyendo la velocidad de la transmisión/recepción para acomodarse a las condiciones puntuales del momento y la distancia.

As pues, se podrá decir que en condiciones "de laboratorio" y a modo de ejemplo teórico, la transmisión entre dispositivos 802.11 podrá ser como sigue:

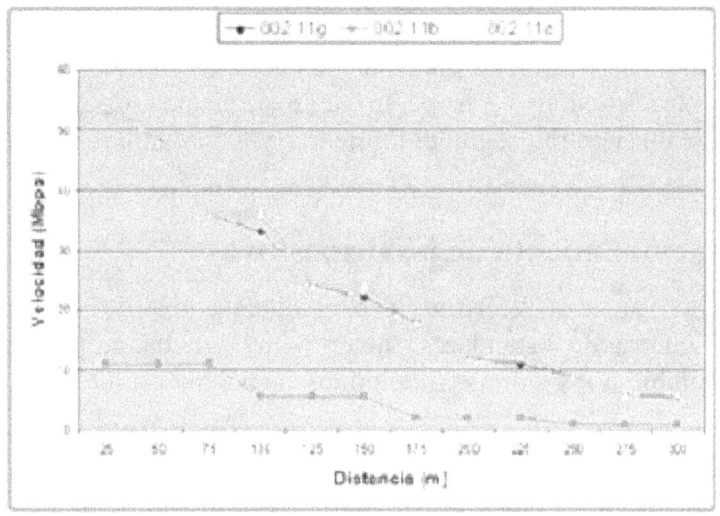

6.4. Velocidad vs Modulación.

Cuando transmitimos información entre dos dispositivos inalámbricos, la información viaja entre ellos en forma de tramas. Estas tramas son básicamente secuencias de bits. Las secuencias de bits están divididas en dos zonas diferenciadas, la primera es la cabecera y la segunda los datos que verdaderamente se quieren transmitir.

La cabecera es necesaria por razones de gestión de los datos que se envían. Dependiendo de la forma en la que se module la cabecera (o preámbulo), podemos encontrarnos con diferentes tipos de tramas, como son:

- Barker. (RTS / CTS)?

- CCK. Complementary Code Keying?

- PBCC. Packet Binary Convolutional Coding?

- OFDM. Orthogonal Frequency-Division Multiplexing

Una representación gráfica de las tramas más importantes:

Cabecera	Datos
OFDM	**OFDM**

BARKER	**CCK**

Como podemos ver la cabecera en el caso de la codificación OFDM es más pequeña. A menor tamaño de cabecera menor "overhead" en la transmisión, es decir, menor tráfico de bits de gestión luego mayor "sitio" para mandar bits de datos. Lo que repercutirá positivamente en el rendimiento de la red.

Ya a primera vista podemos ver que el estándar 802.11g es una unión de los estándares 802.11 "a" y "b". Contiene todos y cada uno de los tipos de modulación que Estos usan, con la salvedad de que "a" opera en la banda de los 5 GHz, mientras que los otros dos operan en la del los 2'4 GHz.

Cuando tenemos una red inalámbrica en la que todos los dispositivos son tipo "a" o todos de tipo "b" no hay problemas en las comunicaciones. Cada AP tipo "a" tendrá sólo TRs tipo "a" y los APs tipo "b" tendrán sólo TRs tipo "b". Se seleccionar la mejor modulación y se transmitirá. Si la comunicación optima no es posible debido a una excesiva distancia entre los dispositivos o por diferentes tipos de interferencias se va disminuyendo la velocidad hasta que se encuentre la primera en la que la comunicación es posible.

En el caso de dispositivos AP 802.11g normalmente estaremos usando la modulación OFDM, modulación que es la óptima para este estándar.

Si por un casual un dispositivo 802.11b quisiera hablar con otro dispositivo 802.11g, este último deberá aplicar una modulación compatible con el estándar "b", cosa que es capaz de hacer. Sin embargo el dispositivo "b" no puede escuchar las transmisiones de los otros dispositivos "g" que hablan con su "partener" pues Éstos usan una modulación que Él no es capaz de entender. Si un dispositivo "b" comenzase a hablar a la vez que un dispositivo "g" se producirán colisiones que impedirán la transmisión, no por que interfieran ya que usan diferente modulación sino porque el AP normalmente sólo será capaz de hablar con un dispositivo a la vez.

Para evitar las colisiones, los equipos "b" usan la modulación Barker con TRS/CTS (Request To Send / Clear To Send), que básicamente significa que deben pedir permiso al AP para transmitir.

6.4.1. Topología y Modos de funcionamiento de los dispositivos

En el mundo Wireless existen dos topologías básicas:

- Topología a **Ad-Hoc**. Cada dispositivo se puede comunicar con todos los demás.

Cada nodo forma parte de una red **Peer tú Peer** o de igual a igual, para lo cual sólo vamos a necesitar el disponer de un SSID igual para todos los nodos y no sobrepasar un número razonable de dispositivos que hagan bajar el rendimiento. A más dispersión geográfica de cada nodo más dispositivos pueden formar parte de la red, aunque algunos no lleguen a verse entre sí.

- **Topología a Infraestructura**, en el cual existe un nodo central (Punto de Acceso WiFi) que sirve de enlace para todos los demás (Tarjetas de Red Wifi). Este nodo sirve para encaminar las tramas hacia una red convencional o hacia otras redes distintas.

Para poder establecerse la comunicación, todos los nodos deben estar dentro de la zona de cobertura del AP.

Un caso especial de topología de redes inalámbricas es el caso de las redes **Mesh**, que se verá más adelante.

Todos los dispositivos, independientemente de que sean TRs o PAs tienen dos modos de funcionamiento. Tomemos el modo Infraestructura como ejemplo:

- **Modo Managed**, es el modo en el que el TR se conecta al AP para que Éste último le sirva de "concentrador". El TR sólo se comunica con el AP.

- **Modo Máster**. Este modo es el modo en el que trabaja el PA, pero en el que también pueden entrar los TRs si se dispone del firmware apropiado o de un ordenador que sea capaz de realizar la funcionalidad requerida.

Estos modos de funcionamiento nos sugieren que básicamente los dispositivos WiFi son todos iguales, siendo los que funcionan como APs realmente TRs a los que se les ha añadido cierta funcionalidad extra va firmware o va SW. Para realizar este papel se pueden emplear máquinas antiguas 80486 sin disco duro y bajo una distribución especial de Linux llamada LINUXAP - OPENAP.

Esta afirmación se ve confirmada al descubrir que muchos APs en realidad lo que tienen en su interior es una placa de circuitos integrados con un Firmware añadido a un adaptador PCMCIA en el cual se le coloca una tarjeta PCMCIA idéntica a las que funcionan como TR.

6.5. Mesh Networks

Los inicios de las redes acopladas son, como no, militares. Inicialmente se usaron para comunicarse con aquellas unidades de militares que aun estando lejos de las zonas de cobertura de sus mandos estaban lo suficientemente cerca entre sí como para formar una cadena a través de la cual se pudiese ir pasando los mensajes hasta llegar a su destino (los mandos).

Las redes Mesh, o redes acopladas, para definirlas de una forma sencilla, son aquellas redes en las que se mezclan las dos topologías de las redes inalámbricas. Básicamente son redes con topología de infraestructura, pero que permiten unirse a la red a dispositivos que a pesar de estar fuera del rango de cobertura de los PA están dentro del rango de cobertura de algún TR que directamente o indirectamente está dentro del rango de cobertura del PA.

También permiten que los TRs se comuniquen independientemente del PA entre s. Esto quiere decir que los dispositivos que actúan como TR pueden no mandar directamente sus paquetes al PA sino que pueden pasárselos a otros TRs para que lleguen a su destino.

Para que esto sea posible es necesario el contar con un protocolo de enrutamiento que permita transmitir la información hasta su destino con el mínimo número de saltos (Hops en inglés) o con un número que aun no siendo el mínimo sea suficientemente bueno.

Es tolerante a fallos, pues la caída de un solo nodo no implica la cada de toda la red.

Antiguamente no se usaba porque el cableado necesario para establecer la conexión entre todos los nodos era imposible de instalar y de mantener. Hoy en da con la aparición de las redes wireless este problema desaparece y nos permite disfrutar de sus grandes posibilidades y beneficios.

A modo de ejemplo de muestra una red acoplada formada por seis nodos. Se puede ver que cada nodo establece una comunicación con todos los demás nodos. Si este gráfico ya comienza a ser complicado, imagine si el número de nodos fuese de varios cientos.

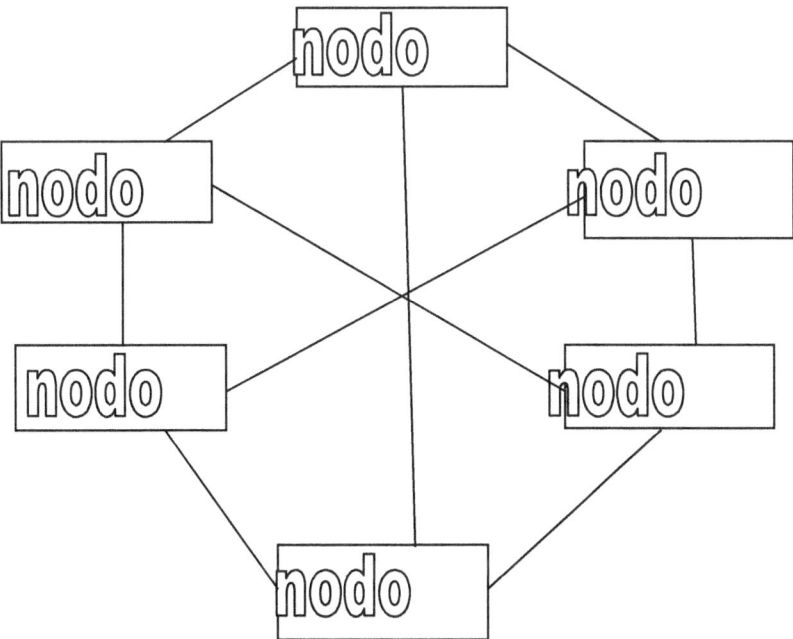

6.6. Seguridad en las comunicaciones Wireless-Terminología.

La seguridad es una de los temas más importantes cuando se habla de redes inalámbricas. Desde el nacimiento de Éstas, se ha intentado el disponer de protocolos que garanticen las comunicaciones, pero han sufrido de escaso Éxito. Por ello es conveniente el seguir puntual y escrupulosamente una serie de pasos que nos permitan disponer del grado máximo de seguridad del que seamos capaces de asegurar.

Terminología

Para poder entender la forma de implementar mejor la seguridad en una red wireless, es necesario comprender primero ciertos elementos:

- WEP. Significa Wired Equivalet Privacy, y fue introducido para intentar asegurar la autenticación, protección de las tramas y confidencialidad en la comunicación entre los dispositivos inalámbricos. Puede ser WEP64 (40 bits reales) WEP128 (104 bits reales) y algunas marcas están introduciendo el WEP256. Es INSEGURO debido a su arquitectura, por lo que el aumentar los tamaños de las claves de encriptación sólo aumenta el tiempo necesario para romperlo.

- OSA vs SKA. OSA (Open System Autenticación), cualquier interlocutor es válido para establecer una comunicación con el AP. SKA (Shared Key Autenticación) es el método mediante el cual ambos dispositivos disponen de la misma clave de encriptación, entonces, el dispositivo TR pide al AP autenticarse. El AP le envía una trama al TR, que si Éste a su vez devuelve correctamente codificada, le permite establecer comunicación.

- ACL. Significa Access Control List, y es el método mediante el cual sólo se permite unirse a la red a aquellas direcciones MAC que están dadas de alta en una lista de direcciones permitidas.

- CNAC. Significant Closed Network Access Control. Impide que los dispositivos que quieran unirse a la red lo hagan si no conocen previamente el SSID de la misma.

- SSID. Significa Service Set IDentifier, y es una cadena de 32 caracteres máximo que identifica a cada red inalámbrica. Los TRs deben conocer el nombre de la red para poder unirse a ella.

6.7. Enumeración pasos para asegurar una red inalámbrica.

A continuación comentaremos los pasos necesarios para asegurar nuestra red Wirelwess Wirelwess

Pasó 1, debemos activar el WEP. Parece obvio, pero no lo es, muchas redes inalámbricas, bien por desconocimiento de los encargados o por desidia de los mismos no tienen el WEP activado. Esto viene a ser como si el/la cajero/a de nuestro banco se dedicase a difundir por la radio los datos de nuestras cuentas cuando vamos a hacer una operación en el mismo. WEP no es completamente seguro, pero es mejor que nada.

Paso 2, debemos seleccionar una clave de cifrado para el WEP lo suficientemente difícil como para que nadie sea capaz de adivinarla. No debemos usar fechas de cumpleaños ni números de teléfono, o bien hacerlo cambiando (por ejemplo) los ceros por oes...

Paso 3, uso del OSA. Esto es debido a que en la autenticación mediante el SKA, se puede comprometer la clave WEP, que nos expondrá a mayores amenazas. Además el uso del SKA nos obliga a acceder físicamente a los dispositivos para poder introducir en su configuración la clave. Es bastante molesto en instalaciones grandes, pero es mucho mejor que difundir a los cuatro vientos la clave. Algunos dispositivos OSA permiten el cambiar la clave cada cierto tiempo de forma automática, lo cual añade un extra de seguridad pues no da tiempo a los posibles intrusos a recoger la suficiente información de la clave como para exponer la seguridad del sistema.

Paso 4, desactivar el DHCP y activar el ACL. Debemos asignar las direcciones IP manualmente y sólo a las direcciones MAC conocidas. De esta forma no permitiremos que se incluyan nuevos dispositivos a nuestra red. En cualquier caso existen técnicas de sniffing de las direcciones MAC que podrán permitir a alguien el descubrir direcciones MAC validas si estuviese el suficiente tiempo escuchando las transmisiones.

Paso 5, Cambiar el SSID y modificar su intervalo de difusión. Cada casa comercial reconfigura el suyo en sus dispositivos, por ello es muy fácil descubrirlo. Debemos cambiarlo por uno lo suficientemente grande y difícil como para que nadie lo adivine. As mismo debemos modificar a la baja la frecuencia de broadcast del SSID, deteniendo su difusión a ser posible.

Paso 6, hacer uso de VPNs. Las Redes Privadas Virtuales nos dan un extra de seguridad que nos va a permitir la comunicación entre nuestros dispositivos con una gran seguridad. Si es posible añadir el protocolo IPSec.

Paso 7, aislar el segmento de red formado por los dispositivos inalámbricos de nuestra red convencional. Es aconsejable montar un firewall que filtre el tráfico entre los dos segmentos de red.

Actualmente el IEEE está trabajando en la definición del estándar 802.11i que permita disponer de sistemas de comunicación entre dispositivos wireless realmente seguros.

También, en este sentido hay ciertas compañas que están trabajando para hacer las comunicaciones más seguras. Un ejemplo de Éstas es CISCO, la cual ha abierto a otros fabricantes la posibilidad de realizar sistemas con sus mismos métodos de seguridad. Posiblemente algún da estos métodos se conviertan en estándar.

6.8. Redes infrarrojas.

Las redes de luz infrarroja están limitadas por el espacio y casi generalmente la utilizan redes en las que las estaciones se encuentran en un solo cuarto o piso, algunas compañías que tienen sus oficinas en varios edificios realizan la comunicación colocando los receptores/emisores en las ventanas de los edificios. Las transmisiones de radio frecuencia tienen una desventaja: que los países están tratando de ponerse de acuerdo en cuanto a las bandas que cada uno puede utilizar, al momento de realizar este trabajo ya se han reunido varios países para tratar de organizarse en cuanto a que frecuencias pueden utilizar cada uno.

La transmisión Infrarroja no tiene este inconveniente por lo tanto es actualmente una alternativa para las Redes Inalámbricas. El principio de la comunicación de datos es una tecnología que se ha estudiado desde los 70´s, Hewlett-Packard desarrolló su calculadora HP-41 que utilizaba un transmisor infrarrojo para enviar la información a una impresora térmica portátil, actualmente esta tecnología es la que utilizan los controles remotos de las televisiones o aparatos eléctricos que se usan en el hogar.

El mismo principio se usa para la comunicación de Redes, se utiliza un **"transreceptor"** que envía un haz de Luz Infrarroja, hacia otro que la recibe. La transmisión de luz se codifica y decodifica en el envío y recepción en un protocolo de red existente. Uno de los pioneros en esta área es Richard Allen, que fundó Photonics Corp., en 1985 y desarrolló un "Transreceptor Infrarrojo". Las primeros transreceptores dirigían el haz infrarrojo de luz a una superficie pasiva, generalmente el techo, donde otro transreceptor recibía la señal. Se pueden instalar varias estaciones en una sola habitación utilizando un área pasiva para cada transreceptor. La FIG 1.1 muestra un transreceptor. En la actualidad Photonics ha desarrollado una versión AppleTalk/LocalTalk del transreceptor que opera a 230 Kbps. El sistema tiene un rango de 200 mts. Además la tecnología se ha mejorado utilizando un transreceptor que difunde el haz en todo el cuarto y es recogido mediante otros transreceptores. El grupo de trabajo de Red Inalámbrica IEEE 802.11 está trabajando en una capa estándar MAC para Redes Infrarrojas.

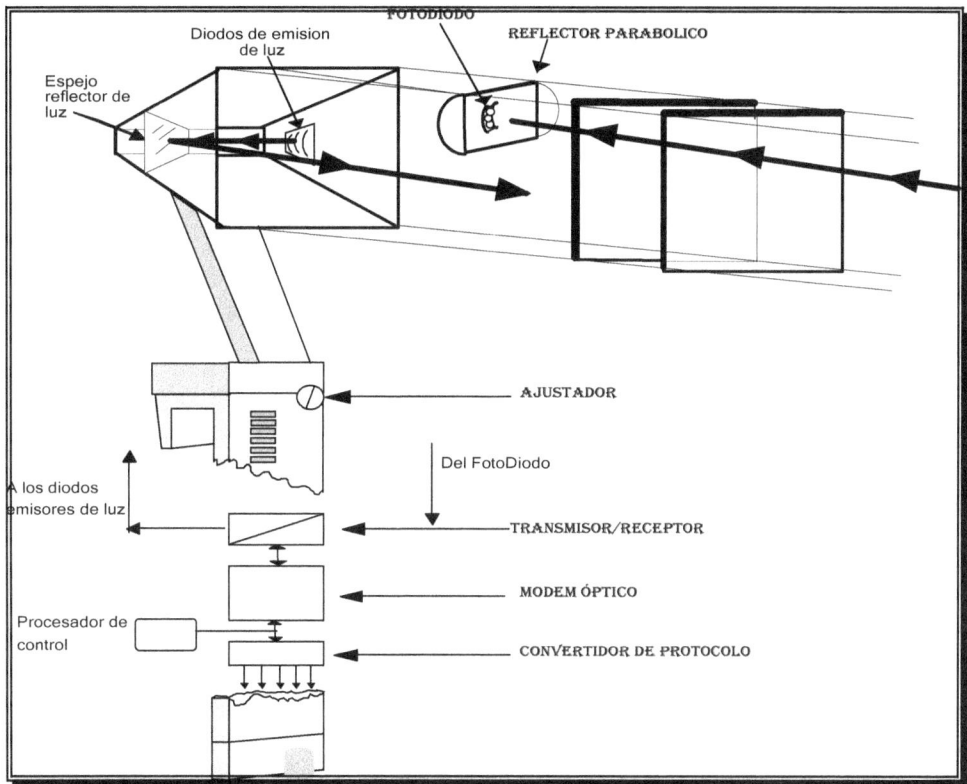

FIG 1.

6.9. Redes de radio frecuencia.

Por el otro lado para las Redes Inalámbricas de Radiofrecuencia, la FCC permitió la operación sin licencia de dispositivos que utilizan 1 Watt de energía o menos, en tres bandas de frecuencia: 902 a 928 MHz, 2,400 a 2,483.5 MHz y 5,725 a 5,850 MHz Estas bandas de frecuencia, llamadas bandas ISM, estaban anteriormente limitadas a instrumentos científicos, médicos e industriales. Esta banda, a diferencia de la ARDIS y MOBITEX, está abierta para cualquiera. Para minimizar la interferencia, las regulaciones de FCC estipulan que una técnica de señal de transmisión llamada *spread-spectrum modulación*, la cual tiene potencia de transmisión máxima de 1 Watt. Deberá ser utilizada en la banda ISM. Esta técnica ha sido utilizada en aplicaciones militares. La idea es tomar una señal de banda convencional y distribuir su energía en un dominio más amplio de frecuencia. Así, la densidad promedio de energía es menor en el espectro equivalente de la señal original. En aplicaciones militares el objetivo es reducir la densidad de energía abajo del nivel de ruido ambiental de tal manera que la señal no sea detectable. La idea en las redes es que la señal sea transmitida y recibida con un mínimo de interferencia. Existen dos técnicas para distribuir la señal convencional en un espectro de propagación equivalente:

- **La secuencia directa**: En este método el flujo de bits de entrada se multiplica por

una señal de frecuencia mayor, basada en una función de propagación determinada. El flujo de datos original puede ser entonces recobrado en el extremo receptor correlacionándolo con la función de propagación conocida. Este método requiere un procesador de señal digital para correlacionar la señal de entrada.

- **El salto de frecuencia**: Este método es una técnica en la cual los dispositivos receptores y emisores se mueven sincrónicamente en un patrón determinado de una frecuencia a otra, brincando ambos al mismo tiempo y en la misma frecuencia predeterminada. Como en el método de secuencia directa, los datos deben ser reconstruidos en base del patrón de salto de frecuencia. Este método es viable para las redes inalámbricas, pero la asignación actual de las bandas ISM no es adecuada, debido a la competencia con otros dispositivos, como por ejemplo las bandas de 2.4 y 5.8 MHz que son utilizadas por hornos de Microondas.

CAPITULO 7
Redes de área extensa

7.1. Introducción.

Se pretende analizar en este tema las técnicas de comunicación para interconexión de Redes de Área Local o de ordenadores y equipos terminales de datos remotos.

Para ello será necesario un análisis de las tecnologías más utilizadas en las comunicaciones de redes de área extensa.

En la interconexión de Redes de Área Local es muy común la utilización de servicios de área extendida de modo transparente al usuario. En ocasiones, las técnicas y protocolos de las redes WAN son similares a los utilizados en las redes LAN. Las apariencias externas, cara al usuario, son similares en ambos tipos de redes, sin embargo, se diferenciarían en la velocidad, aunque, poco a poco, las WAN van adquiriendo mayor ancho de banda.

En los procesos de comunicación necesariamente subyace una idea importante: la **conmutación**, ya que, para que se produzca una comunicación debe haber una conexión entre el emisor y el receptor, pero esto no es suficiente. Deben arbitrarse una serie de mecanismos para que los Equipos Terminales de Datos (ETD) emisor y receptor puedan intercambiar información, lo que exige un modo concreto de utilizar la línea de comunicación y una metodología de intercambio de información. Si a esto se añade la dificultad de poseer líneas privadas y dedicadas con exclusividad, tendrá que resolverse eficazmente el modo en que la red de comunicaciones opera para hacer llegar cada paquete de datos a su destino con un grado razonable de seguridad.

Las técnicas utilizadas en las redes que establecen las conexiones entre equipos y efectúan el reparto de las informaciones entregadas a la red se denominan Técnicas de Conmutación.

7.2. Técnicas de conmutación

La conmutación surge como una solución ante la imposibilidad de interconectar todos los terminales entre sí a través de una línea punto a punto. Para ello se establece una jerarquía de nodos de conmutación (**centrales de conmutación**) interconectadas entre sí, de los que dependen las conexiones de los terminales.

Cada terminal se conecta a su central local. Al intentar una conexión con otro terminal, las centrales se encargan de establecer uno o más caminos por los que producir el transporte de la información de modo transparente a los terminales, definiendo **rutas** entre redes.

7.2.1. Conmutación de circuitos

Dos equipos que deseen comunicarse a través de una red de comunicación que opera con la técnica de conmutación de circuitos deben establecer una conexión física entre ellos, esto es, tienen que disponer de una línea que recorra la distancia física entre ellos.

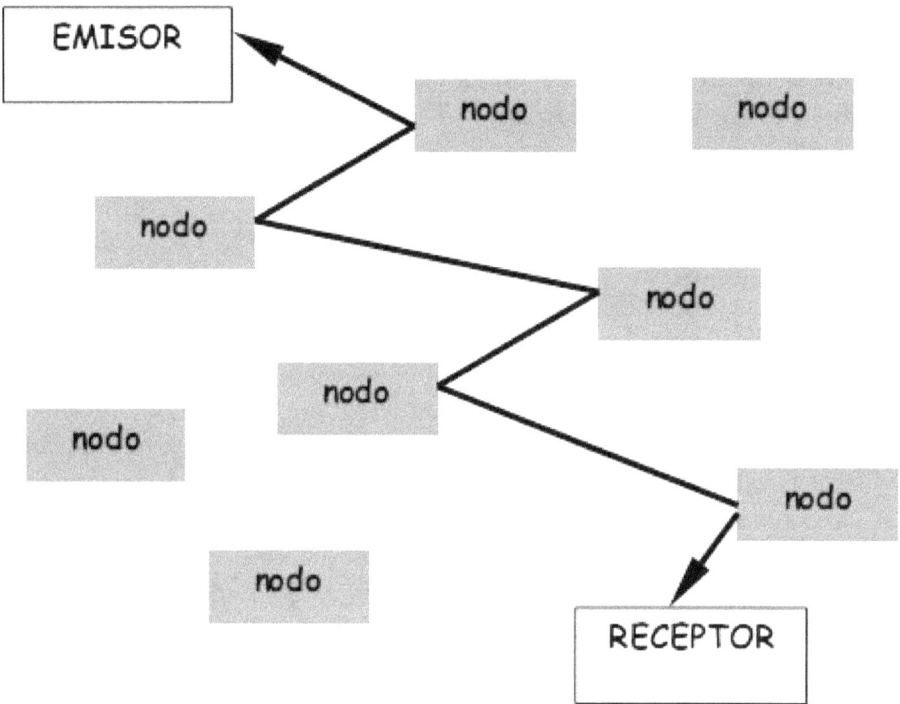

No es necesario que sea exactamente la misma línea a lo largo de todo el recorrido. Pueden ser varias líneas conectadas entre sí con la maquinaria adecuada: conmutadores, centrales telefónicas, multiplexores, etc.

Antes de proceder a la comunicación los equipos deben establecer la conexión a través de un **procedimiento de llamada**.

Un ejemplo de red de conmutación de circuitos es la red telefónica básica. No es necesario que sea exactamente la misma línea a lo largo de todo el recorrido. Pueden ser varias líneas conectadas entre sí con la maquinaria adecuada: conmutadores, centrales telefónicas, multiplexores, etc.

Antes de proceder a la comunicación los equipos deben establecer la conexión a través de un procedimiento de llamada.

Un ejemplo de red de conmutación de circuitos es la red telefónica básica. RDSI es un caso concreto de tecnología de conmutación de circuitos

Este tipo de circuitos permite manejar ambos tipos de transmisiones, por datagramas y por flujos.

7.2.2. Conmutación de mensajes

En este tipo de conmutación no se exige la existencia de una línea física entre el emisor y el receptor. La red de transporte se constituye como una malla de nodos capaces de enviar y recibir mensajes de comunicación.

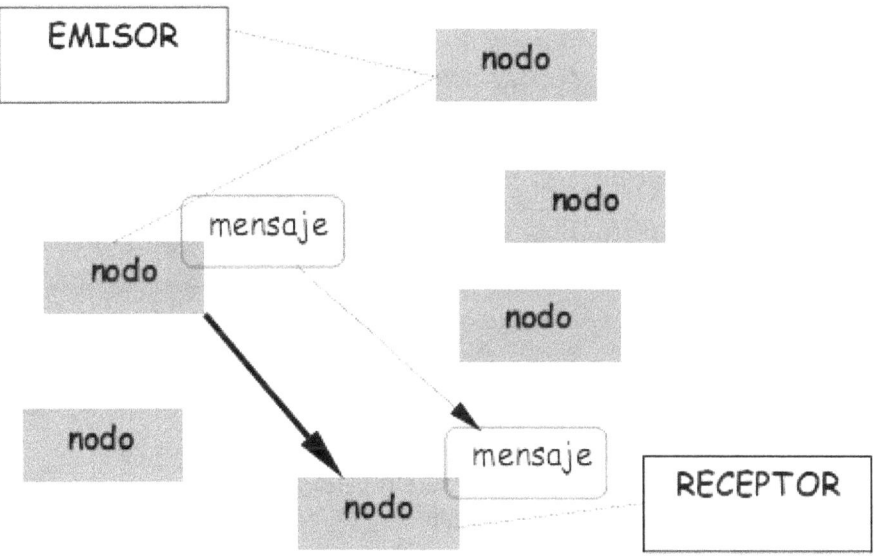

Para que un mensaje llegue a su destinatario el receptor entrega ese mensaje al nodo de la red al que está conectado directamente o al que puede conectarse mediante llamada. Una vez que se ha efectuado la transmisión del mensaje completo a este primer nodo, se produce la reserva temporal del mensaje en el sistema de almacenamiento masivo del nodo (normalmente discos), y, si es preciso, se corta la conexión con el emisor.

A partir de este momento, este nodo tiene la responsabilidad de entregar el mensaje al siguiente nodo de la red, mediante operaciones similares a las descritas. La operación se repite hasta que el mensaje llegue a su destinatario

Es evidente que en este tipo de conmutación el tiempo de respuesta puede incrementarse, por lo que sólo es válido para ciertas aplicaciones muy específicas en las que el tiempo de respuesta no es un parámetro crítico.

Los sistemas telegráficos utilizan esta técnica de conmutación. No importa tanto que el destinatario sea alcanzado rápidamente, como que el mensaje llegue efectivamente a su destino en un tiempo razonable.

En este tipo de sistemas la ocupación de la línea es menor debido a que, en cada momento, sólo se utiliza el segmento de línea de datos de interconexión entre cada dos nodos.

7.2.3. Conmutación de paquetes

Frecuentemente es deseable una comunicación con las características de la arquitectura de la conmutación de mensajes pero con la eficiencia de la conmutación de circuitos. Esto se consigue segmentando los mensajes en ráfagas o **paquetes**. La arquitectura de la red conmutada de paquetes supone tener múltiples conexiones entre los de la red permanentemente abiertas. Cuando un nodo recibe un paquete decide cual es la línea por la que éste debe salir para alcanzar eficazmente su destino.

Puesto que los paquetes son de menor longitud que los mensajes, no es necesario almacenarlos en discos, basta con almacenarlos en la memoria principal, para ser transmitidos lo antes posible. Como cada paquete puede ser transmitido por un camino distinto, es muy probable que el receptor no reciba los paquetes en el mismo orden en el que se emitieron. Dependiendo del tipo de la red elegida, será función de ésta o del receptor el ensamblaje de los paquetes recibidos con el fin de recomponer fielmente el mensaje inicial.

La ISO define la conmutación de paquetes como un proceso de transferencia de datos mediante paquetes provistos de direcciones, en el que la vía de comunicación se ocupa durante el tiempo de transmisión solamente de un paquete, quedando a continuación la vía disponible para la transmisión de otros paquetes.

La constitución física de una red de transporte de paquetes se compone de una serie de nodos de conmutación de paquetes unidos por líneas de transmisión. Cada nodo tiene dos funciones básicas:

• **Almacenamiento y transmisión.** Cada paquete es recibido en el nodo por una línea concreta y retransmitida por otra. Esto requiere arbitrar un mecanismo de almacenamiento temporal del paquete y retransmisión posterior del mismo.

• **Encaminamiento.** Es necesario un procedimiento inteligente en cada nodo que determine la línea concreta por la que debe ser retransmitido el paquete para que llegue eficazmente a su destino. Estas técnicas se denominan técnicas de encaminamiento, enrutamiento o routing.

Datagramas

Una red conmutada funciona en modo datagrama cuando la red no se ocupa del orden de llegada de los paquetes al receptor. El emisor entrega los paquetes a la red y ésta, mediante el análisis de los campos del paquete que llevan la información de destino, los encamina hacia el lugar adecuado. Es, pues, responsabilidad de la estación receptora el ensamblaje ordenado de los paquetes recibidos.

Circuitos virtuales

Una red conmutada de paquetes opera en modo circuito virtual cuando es la red quien analiza la secuencia de paquetes que le son entregados, de modo que al destinatario le lleguen los paquetes en el orden en que el emisor los puso en la red.

El circuito virtual es una simulación de la conmutación de circuitos utilizando como medio de transporte una red de conmutación de paquetes.

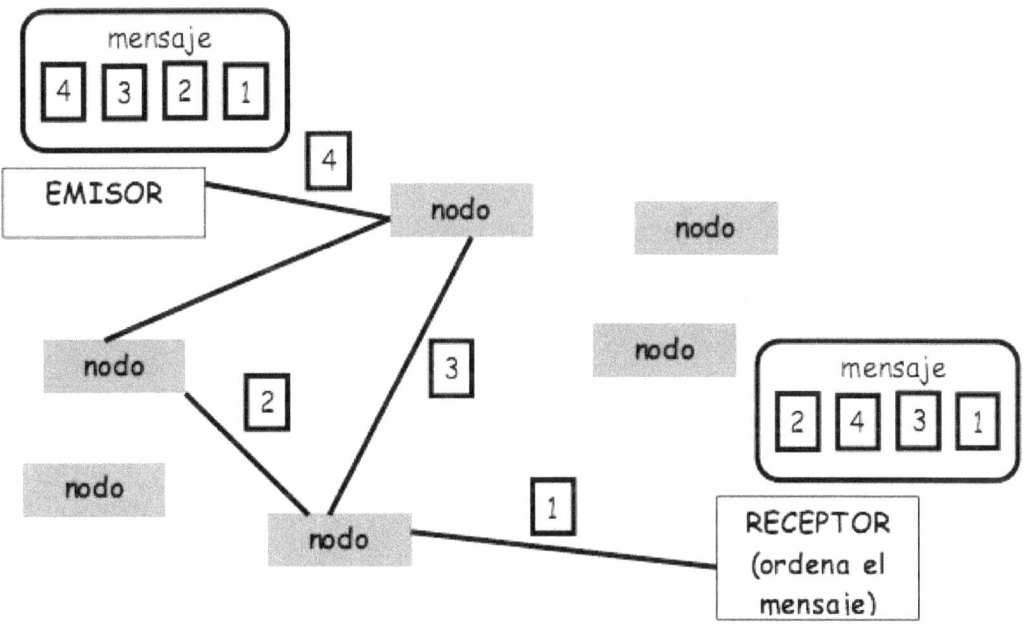

Técnica de conmutación de paquetes en la modalidad "datagrama"

Modelo de conmutación de paquetes en la modalidad "circuito virtual"

7.3. Servicios ofrecidos por las redes públicas

Los servicios que ofrecen las redes de comunicación pueden clasificarse atendiendo a numerosas posibilidades. Una primera clasificación inicial será:

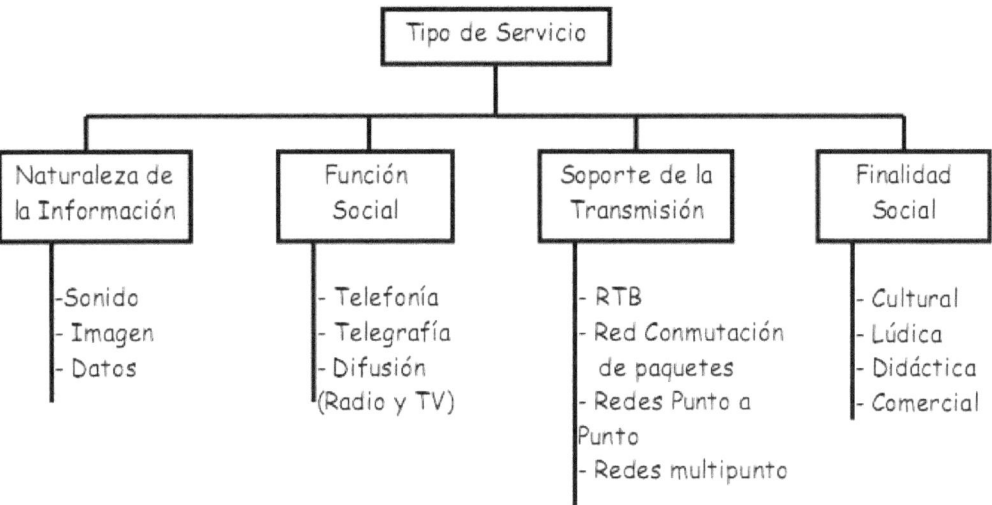

No obstante, en cualquier estructura de una red de telecomunicaciones, pueden distinguirse tres redes diferenciadas, pero que cooperan entre sí para proporcionar el servicio requerido por el usuario de la red:

Red de Transporte. Es la encargada de proporcionar movilidad a las señales que transmiten la información

Red de Conmutación. Se encarga de la interconexión selectiva de los diferentes puntos de la red

Red de Acceso. Es la red que llega al usuario y a través de la cual solicita y le llegan los servicios.

Servicios finales o teleservicios

Un teleservicio o servicio final es aquel que proporciona capacidad de comunicación completa entre usuarios. Esto es, es un servicio usuario a usuario.

En la tabla adjunta se especifican algunos de estos teleservicios:

Grupo	Servicio
Servicio de Audio	Audioconferencia
	Multiaudioconferencia
	Telefonía básica
	Teleconferencia
Servicio de datos y texto	Telefax
	Teletexto
	Télex

Servicios

Son
que

	Videotexto
Servicio de Vídeo	Videoconferencia
	Televisión y vídeo bajo demanda
	Videófono
Servicio Multimedia	Audioconferencia telemática
	Audiografía
	Videoconferencia telemática
	Realidad Virtual

portadores
aquellos

proporcionan la capacidad necesaria para la transmisión de señales entre puntos de terminación de red. La normalización de estos servicios afecta a las funciones y protocolos de las capas más bajas del modelo OSI, razón por la cual únicamente se garantiza a los usuarios la compatibilidad entre la red y el terminal.

En la tabla adjunta se especifican algunos de estos servicios:

Grupo	Servicio
Servicios portadores en modo circuito	64 kbps y múltiplos de 64 kbps 64 kbps para transmisión de audio a 3'1 kHz 348 kbps 1536 kbps 1920 kbps
Servicios portadores en modo paquete	Llamada virtual y circuito virtual permanente Señalización de usuario a usuario

Servicios de valor añadido

Un servicio de valor añadido es aquel que añade algún valor o mejora al propio soporte de la comunicación, por ejemplo, accesos a información previamente almacenada, tratamiento de la información, etc. La normalización para estos servicios afecta a todas las capas del modelo OSI.

Grupo	Servicio
Aplicaciones orientadas al transporte	Aplicaciones de Videotexto Mensajería de Textos Mensajería de Voz Radiolocalización Radiomensajería
Aplicaciones orientadas a los ordenadores	Bancos de información Infonet Intercambio de documentos electrónicos Comercio electrónico Banca electrónica Internet Servicios de mensajería electrónica

Servicios de difusión

Los servicios de difusión se caracterizan por la unidireccionalidad de la comunicación desde un único emisor a varios receptores. Este tipo de servicios no tiene relación directa con las redes de área local, aunque el desarrollo de redes metropolitanas (MAN) está adquiriendo una mayor importancia. Los servicios de difusión más conocidos son **radiodifusión** y la **televisión**, distribuyan o no la señal por cable.

Debe destacarse que las compañías de distribución por cable no sólo se ciñen a este servicio sino que, además, integran en el mismo cable servicios de telefonía y de acceso a Internet.

Servicios suplementarios

Estos servicios complementan otros servicios, especialmente a los servicios portadores o a los teleservicios. Carecen de autonomía propia y sólo se proporcionan como añadidos a otros servicios. Ejemplos de servicios suplementarios podrían ser el servicio de despertador telefónico, desvío de llamadas, llamada en espera, etc.

7.4. Circuitos Punto a Punto

Un circuito punto a punto es un conjunto de medios que hacen posible la comunicación entre dos puntos determinados, de forma permanente ny sin posibilidad de acceder a la red pública telefónica, ni a ningún otro circuito, durante las 24 horas del día, sin necesidad de realizar ningún tipo de marcado para establecer la comunicación.
Este tipo de circuitos está indicado siempre que se deseen transmitir grandes volúmenes de datos entre dos puntos. También está indicado cuando se precise una velocidad de transmisión alta.
El ancho de banda que se puede contratar puede llegar hasta los 2048 kbps.

7.5. Red Telefónica Básica

Durante mucho tiempo, la Red Telefónica Básica (RTB), basada en técnicas analógicas, ha sido el único sistema de comunicaciones que podía utilizarse para transmisiones de datos.
Se compone básicamente de un **equipo terminal telefónico**, conectado, mediante redes de cableado urbano, a las **centrales telefónicas locales**. Éstas, a su vez, están conectadas con el resto de las centrales locales de la red a través de las **centrales de tránsito**.
Toda central consta de un **equipo de conmutación**, que esel que permite seleccionar el abonado telefónico al que se desea llamar, y de un **equipo de transmisión** que es el que transmite las señales de unas centrales a otras. Los medios de transmisión son muy

variados y van desde pares de hilo de cobre hasta fibra óptica y comunicaciones por satélite.

Actualmente las centrales telefónicas se han perfeccionado, pasando de analógicas a digitales, mejorando la calidad de las comunicaciones.

El servicio de telefonía básica proporciona a los abonados el establecimiento o la recepción de llamadas telefónicas con un ancho de banda de 3'1 MHz para transmisiones de voz. Las llamadas pueden ser **internacionales, provinciales** o **metropolitanas**, lo que influirá en la tarifa. La red que proporciona el servicio de telefonía básica se denomina **RTB** (Red Telefónica Básica) o **RTC** (Red Telefónica Conmutada) y está organizada jerárquicamente.

También permite el acceso desde la RTC a otras redes de datos de modo más o menos transparente al usuario.

7.6. Redes de conmutación de paquetes (X25)

La seguridad en las comunicaciones de datos impuso, a finales de los años sesenta, la necesidad de utilizar sistemas de **conmutación de paquetes** frente a sistemas de **conmutación de circuitos** demasiado fáciles de inutilizar dado que la in habilitación de una central telefónica importante conllevaba la inutilización de todas las comunicaciones telefónicas asociadas a ella.

Mediante la tecnología de conmutación de paquetes, toda la información que sale de un terminal para ser transmitida por la red se fracciona en bloques de una determinada longitud, denominados **paquetes**. A cada paquete se le añade una información adicional al comienzo del mismo y, así, se puede desplazar por la red de forma independiente. Si en un momento dado una ruta o un nodo de comunicaciones queda fuera de servicio, los paquetes se desviarían por otras rutas para llegar a su destino.

X25 es el estándar definido por la CCITT que permite la intercomunicación entre un equipo terminal de datos (ETD) y un equipo de comunicación de datos (ECD) para el acceso a redes de conmutación de paquetes.

No hay que confundir el tipo de acceso con la red. X25 se refiere exclusivamente a la comunicación ETD – ECD y no a la red, aunque, coloquialmente, se hable de redes X25

Estas redes de conmutación de paquetes (X25) consiguen una utilización más eficiente de la red, evita saturaciones y aumentan la velocidad máxima disponible así como la calidad de la comunicación.

En ellas, un mismo camino físico puede llevar información de más de una comunicación, por lo que, para diferenciar unas comunicaciones de otras se utiliza un camino lógico (canal lógico) . Cada canal lógico se va estableciendo al ir asignando a cada comunicación un número de canal lógico distinto. Este número va en la cabecera de cada uno de los paquetes y es el mismo para todos los paquetes de una misma comunicación.

El número de canales que debe tener un terminal depende del número de terminales remotos que pueden acceder a él. Así como el modo de trabajo de cada uno de ellos.

7.6.1. El acceso a X25

El acceso a X25 se realiza a través de lo que se denomina **llamada virtual** o **circuito virtual conmutado (CVC)**, o a través de un **circuito virtual permanente (CVP)** o un **datagrama**.

Un **circuito virtual conmutado** es el modo normal de conexión de terminales e indica que no existe un camino fijo entre el terminal origen y el de destino durante la comunicación, sino que los sucesivos paquetes enviados utilizan los distintos medios de que dispone la red, conjuntamente con otros paquetes de otras comunicaciones llamadas virtuales.

Un **circuito virtual permanente** indica que existe una asociación permanente entre dos terminales, de forma que no requieren procedimientos de establecimiento o liberación de la comunicación entre ellos. Es similar a una conexión punto a punto, pero virtual, ya que las distintas parejas de terminales pueden compartir los mismos medios de comunicación dentro de la red, entrelazando sus paquetes de tal forma que, virtualmente, únicamente exista un circuito permanente entre cada pareja de terminales.

Un **datagrama** permite que cada paquete recibido por la red se entregue en la dirección de destino especificada con independencia de cualquier otro paquete que el terminal emisor envíe o haya enviado formando parte del mismo mensaje.

El adjetivo "virtual" significa que no existe ningún circuito físico concreto que se asocie al procedimiento de transferencia, ya que se utilizan grupos de circuitos físicos, de modo que el usuario cree haber establecido una conexión física aunque la realidad es que está utilizando un conjunto de recursos de la red organizados del modo adecuado.

Hay numerosas posibilidades de acceso a una red X25 , directamente o a través de la RTB, con terminales de modo carácter o de modo paquete o, incluso, desde otras redes de datos. La recomendación X25 se refiere a las tres capas de menor nivel del modelo OSI y ha sido aceptada internacionalmente.

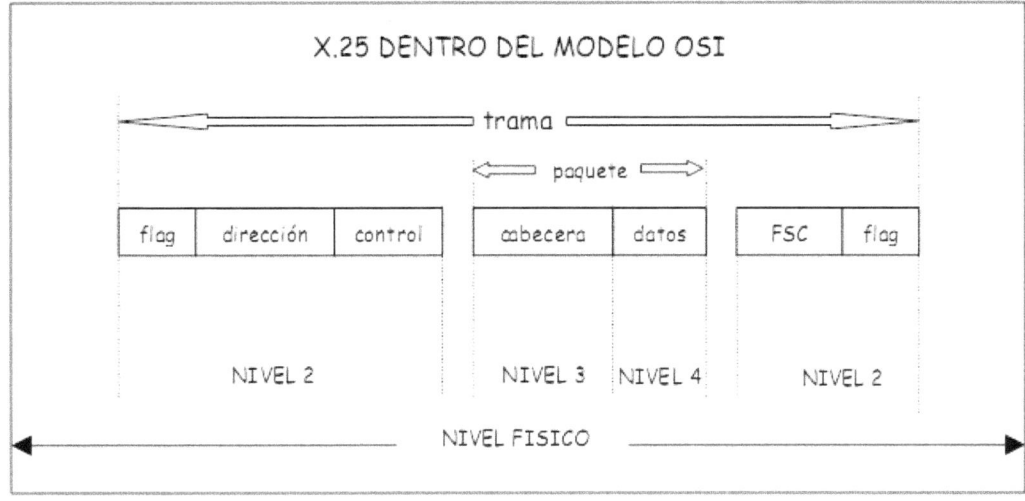

Nivel físico

El nivel físico de la recomendación X25 hace referencia a las recomendaciones X.21 (que dicta la normativa de conexión entre un ETD y un ECD en entornos síncronos para redes públicas de datos) y X.21 bis (que establece el empleo de los ETD con módems síncronos). Otras normas admitidas son: RS-232-c, v.24, V.28, etc.

Nivel de enlace

Asegura el intercambio libre de errores entre el ETD y el ECD. Algunas de sus principales funciones son:

Garantizar la sincronización de la trama de bits

Detectar y corregir errores, eliminando paquetes duplicados

Controlar el uso de los diversos enlaces físicos posibles.

Intercambiar señales – negociación – para fijar las características de la transferencia, establecimiento de la conexión, rechazo de las tramas, etc.

El intercambio de datos se lleva a cabo por medio de los procedimientos **LAP** (Link Access Procedure) y **LAP B** (Link Access Procedure Balanced). Estos procedimientos son compatibles con el protocolo DIC de OSI. Las transmisiones se efectúan en modo dúplex. Las tramas, por lo tanto, son similares a las tramas del protocolo DIC.

Es posible la comunicación entre dos terminales utilizando un único enlace procedimiento monoenlace) o a través de varios enlaces (procedimiento multienlace). Con éstos últimos se distribuye adecuadamente el flujo de datos entre los distintos canales disponibles. La forma de la trama varía algo en el campo de control, en función del modo de enlace elegido.

El control del flujo se realiza, al igual que en HDLC, mediante el número de secuencia de trama, puesto que, X25, en el nivel de enlace, es un protocolo de ventana deslizante. Además, se definen una serie de estados para el interface X25 que permiten o impiden realizar ciertas operaciones. Los distintos tipos de tramas harán que el interface cambie de un estado a otro, regulando el flujo de datos y el control de la comunicación

Nivel de red

El tráfico en el nivel de red se organiza de modo que los paquetes se agrupan en **canales lógicos**, numerados de 0 a 255, y éstos, a su vez, en **grupos lógicos**, numerados de 0 a 15, aunque no está permitida la combinación (0,0). El modo en que se asignan los canales y los grupos lógicos difieren en función de si se trata de una llamada virtual o de un circuito virtual permanente.

En este nivel de red pueden emitirse los tipos de paquetes que se enumeran a continuación. Debe tenerse en cuenta que de cada tipo existen dos versiones: los emitidos por la red (paquetes de indicación) y los emitidos por el ETD (paquetes de petición).

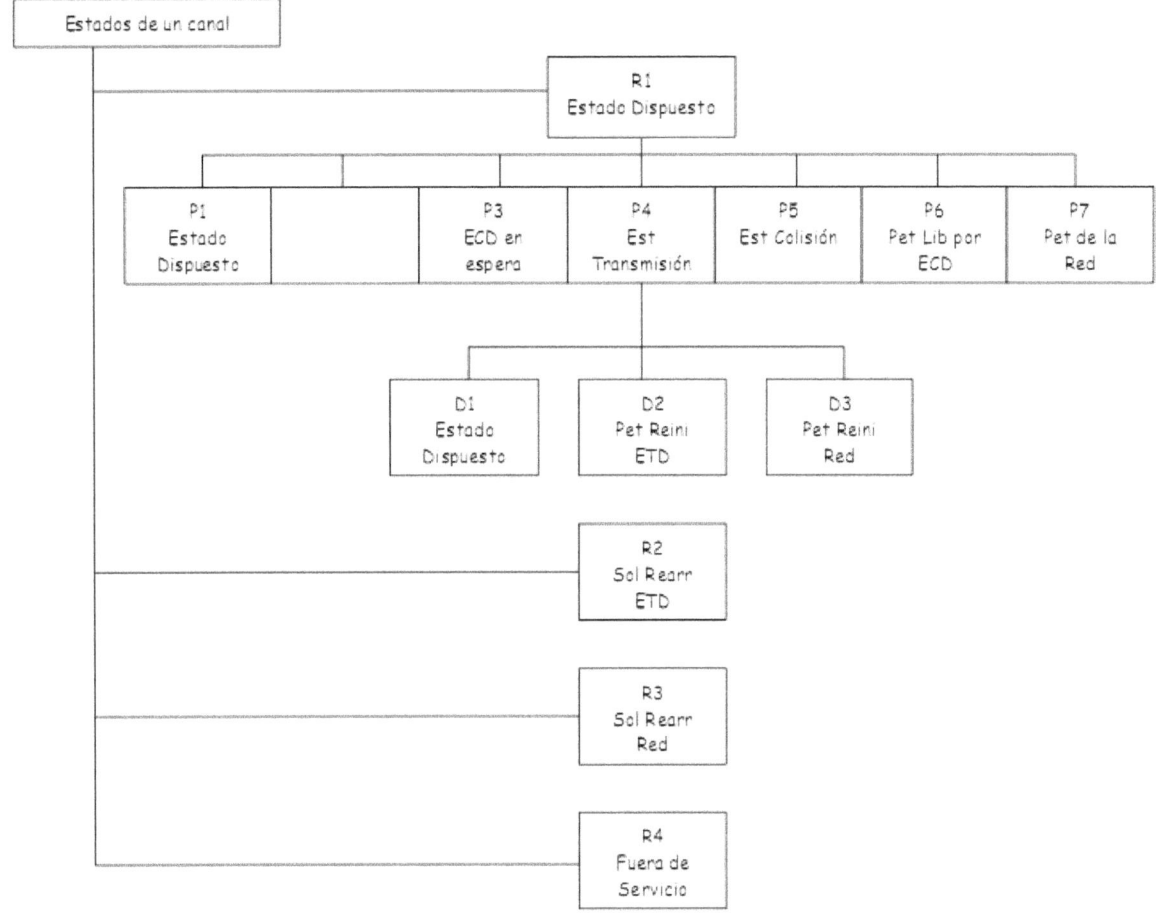

- De conexión y desconexión de llamada

- De transporte de datos e interrupciones

- De re inicialización del interface y de control de flujo

- De arranque del interface en el nivel de red

Además, se consideran opcionales los paquetes de diagnóstico, rechazo y registro. El gobierno de los canales lógicos se hace definiendo una estructura de estados y unas transiciones entre ellos que en la figura anterior se describen esquemáticamente.

Los procedimientos que se definen en el nivel de red son los de arranque y rearranque (restarte), establecimiento y liberación de llamada, reinicialización del interface, transmisión de datos, control de interrupciones y control de flujo. De todos ellos es de particular interés el procedimiento de transmisión de datos.

Los datos son transmitidos mediante paquetes de 128 bytes de longitud, aunque se puede negociar la longitud. El formato depende del tipo de paquete. Los campos comunes a todos los tipos son los siguientes:

➢ **Identificador general de formato.** Con una longitud de 4 bits, codifica el formato de la cabecera del paquete.

➢ **Grupo Lógico.** Tiene una longitud de 4 bits que contienen el número identificativo del grupo lógico de la comunicación.

➢ **Canal Lógico.** Con 8 bits, codifica el número identificativo del canal lógico.

➢ **Tipo de paquete.** Tiene una longitud de 8 bits para codificar el tipo de paquete y, por tanto, el modo en que se codificará.

Otros paquetes tienen campos de direcciones de ETD origen y destino, códigos de diagnóstico de operaciones sobre la red, etc.

El procedimiento de transmisión de datos emplea de modo peculiar tres bits, denominados D, M y Q.

• **Bit D.** Este bit se emplea para señalizar que el ETD necesita la confirmación de un paquete de extremo a extremo mediante la utilización del número de secuencia de recepción.

• **Bit M.** Este bit significa que siguen paquetes con más datos.

• **Bit Q.** Con este bit se indica que existen dos categorías de datos. Dentro de la misma secuencia de paquetes no se puede liberar el bit Q, pues se supone que todos los paquetes tienen la misma categoría.

7.6.2. Utilidades

En X25 los usuarios pueden tener una serie de facilidades opcionales para personalizar la red y adecuarla a sus necesidades.

➢ **Grupo cerrado de usuarios.** En este caso se define un grupo de usuarios que se pueden comunicar entre ellos, sin que nadie pueda entrar en sus comunicaciones. Los miembros del upo tampoco pueden comunicar con el exterior. Ésta es una forma de crear una red virtual, utilizando una red pública como mecanismo de transporte

➢ **Grupo cerrado con acceso de salida.** Es un caso semejante al descrito anteriormente, en el que se permite que los miembros del grupo puedan realizar conexiones con el exterior, aunque sólo pueden recibir llamadas de otros miembros del grupo

➢ **Cobro revertido**

➢ **Negociación de los parámetros de control de flujo**

➢ **Capacidad de direccionamiento,** múltiples direcciones, redirección de una llamada y posibilidad de abreviar una dirección.

➢

7.6.3. El acceso mediante PAD

Un **PAD** (Packet Access Device) es un interfaz entre un terminal u ordenador y una red de conmutación de paquetes.

El interface X25 define unos procedimientos que exigen capacidad de gestión en los equipos que se conectan a la red con objeto de transmitir paquetes (no caracteres) de síncrono. Sin embargo, no todos los terminales son síncronos y de modo paquete. Hay muchos terminales que trabajan con caracteres y de modo asíncrono que no se podrían conectar a la red X25.

Para dar acceso a los servicios X25 a estos terminales asíncronos y de caracteres, se crearon los **PAD** o ensambladores y desensambladores de paquetes.

Un PAD es capaz de comunicar en uno de sus extremos con terminales asíncronos de modo carácter, y convertir las secuencias en paquetes que envía por el otro extremo hacia una red de conmutación de paquetes X25.

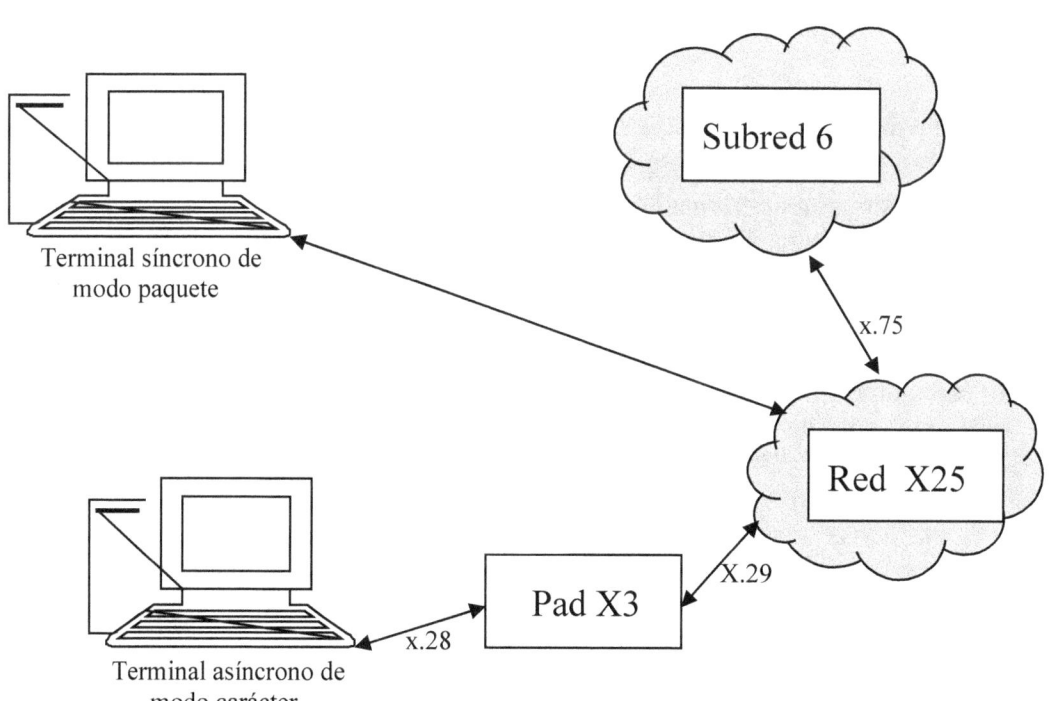

Por tanto, el acceso X25 de los terminales asíncronos de caracteres se realiza a través de un PAD, que puede residir en las instalaciones del usuario o que puede proporcionar la compañía telefónica.

El PAD queda definido con las siguientes tres recomendaciones que deben emplearse conjuntamente:

• **Recomendación X.3.** Define las características de las estaciones PAD, es decir, las funciones y los parámetros por los que se gobiernan

• **Recomendación X.28**. Define las normas de acceso a terminales asíncronos de modo carácter a las estaciones PAD. Esto incluye los procedimientos de conexión, inicialización y finalización, y la transferencia de información y control

• **Recomendación X.29.** Define el modo en que los terminales de paquetes controlan a las estaciones PAD.

Además se asocia la norma X.75 para la conexión entre distintas redes de conmutación de paquetes, por ejemplo, para la interconexión entre las redes X25 de distintos países.

7.7. Redes de mayor ancho de banda

7.7.1 Frame Relay

Frame Relay (retransmisión de tramas) es un protocolo de conmutación de paquetes que se fragmentan en unidades llamadas **tramas** y se envían en ráfagas de alta velocidad a través de la red digital. Establece una conexión exclusiva durante el período de transmisión denominada **conexión virtual.**

Frame Relay es una red que surge como evolución de la red X25 . Cuando apareció la red X25 era frecuente que las transmisiones tuvieran errores, lo que provocó que los protocolos elegidos para X25 fueran potentes detectores de estos errores, lo que conllevaba el consumo de gran cantidad de recursos en esta operación.

Con la evolución de las redes y, en especial, con la implantación de la fibra óptica, las redes se han hecho mucho más seguras, lo que hace que los protocolos de las redes X25 tengan menor rendimiento frente a los utilizados en las nuevas tecnologías.

Un error producido en una red X25 puede afectar no sólo al nivel de enlace sino én al nivel de red. El mismo error en Frame Relay hace que la red no tome ninguna acción, se deja a los extremos de la comunicación la gestión del error. De este modo, se consigue una red mucho más ágil en las transmisiones.

En otras palabras, Frame Relay utiliza una tecnología denominada de **paquete rápido** en la que el chequeo de los errores no se produce en ningún nodo intermedio de la transmisión sino que se hace en los extremos. Esto hace que sea más eficiente que X25 y se consiga una mayor velocidad de proceso (puede transmitir por encima de 2044 Mbps).

Consecuentemente, otra de las ventajas es que necesita centros de conmutación **nodos**) menos potentes y con menos capacidad de memoria que los necesitados por X25, ta que cada centro de conmutación X25 utiliza el método de recibir - almacenar - comprobar - retransmitir mientras que Frame Relay no necesita la comprobación y la corrección de los errores.

Si el tráfico es muy intenso, con gran cantidad de paquetes de pequeña longitud, su rendimiento es superior a X25. Sin embargo, si se transfieren grandes archivos a altas velocidades, la relación precio/rendimiento es superior en X25.

Frame Relay utiliza un} protocolo de nivel 2 (nivel de enlace) semejante al HDLC. Las funciones del nivel de enlace se dividen en dos:

• **El subnivel EOP** (Elements Of Procedure). Reside exclusivamente en los elementos terminales. Tiene capacidad para incluir opcionalmente funciones de reconocimiento y control de flujo

• **El sobnivel de núcleo.** Constituye el procedimiento de transferencia y se incluye en los terminales como en los conmutadores de tramas en la red. La velocidad de los conmutadores es muy alta, lo que eleva el rendimiento de la red.

La conmutación de paquetes permite una longitud de 128 bytes, mientras que en Frame Relay se autorizan longitudes máximas de 4096 bytes, aunque esta longitud es un parámetro negociable de la red.

Frame Relay utiliza exclusivamente un protocolo de nivel de enlace que se describe en la recomendación Q.922 del ITU (International Telecomunicación Unión). Proporciona servicios orientados a la conexión con establecimiento de circuitos virtuales (semejantes a los de X25), que, en Frame Relay, se denominan **enlaces virtuales**. Como en X25 estos enlaces pueden crearse a trav{es de una llamada virtual o permanentemente

El protocolo de establecimiento de enlaces virtuales se recoge en la recomendación Q.933 del ITU. Cada enlace se caracteriza por un número (equivalente al número de canal lógico de X25) denominado **DLCI** (Data Link Connection Identifier) que se registra en el campo de dirección de la trama Q.922.

El nivel 2 de Frame Relay en el modo núcleo se comporta de modo semejante a la subcapa MAC de las redes de área local, por tanto, proporciona un modo de verificación de las

tramas, encaminándolas y analizando el campo de dirección DLCI. Además, proporciona mecanismos que ayudan a resolver los problemas de congestión en la red.

Las principales características de la tecnología Frame Relay son:

- Conmuta paquetes - tramas - en el nivel de enlace, estableciendo conexiones que permiten una conmutación rápida entre los nodos de la red.
- La velocidad máxima permitida por Frame Relay es de 2048 Mbps
- Soporta una gran cantidad de protocolos de diversos fabricantes sobre la misma conexión física: TCP/IP, SNA, DECnet, SPX/IPX, etc. De hecho, la situación habitual es que los extremos de conexión de un enlace Frame Relay sean encaminadores conectados a sus respectivas redes de área local
- Permite la conectividad entre cualquier tipo de redes de área extendida.

Para resolver los problemas de congestión los terminales Frame Relay se obligan a no superar una tasa media de envío, que se contrata con la compañía telefónica (**CIR** o Committed Information Rate). Se permiten ráfagas de transferencia de mayor velocidad que la indicada en el CIR, pero la red se reserva el derecho de descargarse de tramas si se da una situación de congestión. Por supuesto, estas ráfagas no pueden superar un límite definido en el contrato, denominado **Tamaño de Ráfaga Comprometida** (BC o Committed Burst Size).

7.8. Modo de Transferencia Asíncrono (ATM)

El sistema de transferencia **ATM** (Asynchronous Transfer Mode, **Modo de Transferencia Asíncrono)** está basado en La conmutación de células o paquetes de información de longitud fija, La célula es la entidad mínima de información capaz de viajar por una red ATM. Cada mensaje de usuario es dividido en células de idéntica longitud para ser conmutadas por la red hasta alcanzar su destino. El hecho de que las células sean de igual longitud permite que la conmutación se realice por hardware, lo que acelera significativamente tas transmisiones. Teóricamente se puede llegar a velocidades en el orden de los Gbps.

Otra ventaja del sistema de conmutación de células reside en que permite la integración del tráfico de distintas fuentes de información que requieren un flujo continuo, así se pueden mezclar voz, datos, vídeo, etc.

ATM es la tecnología base para la construcción de la RDSI de banda ancha, puesto que permite conexiones de muy alta velocidad.

Inicialmente pudimos asistir a una dura lucha entre el estándar ATM y Gigabit Ethernet en un agresivo régimen de competencia. Actualmente, se ha comprobado que son tecnologías que se complementan, cada una tiene sus ventajas diferenciadoras.

7.8.1. Especificaciones técnicas de ATM

La arquitectura ATM es una arquitectura de tres niveles. Sobre estos tres niveles se pueden soportar multitud de protocolos. Estos tres niveles son:

Nivel de adaptación ATM o AAL

Se encarga de gestionar las relaciones con el mundo externo, es la capa superior de ATM. Acepta cualquier tipo de información heterogénea convirtiéndola en celdas ATM.

El ATM Forum (www.atmforum.com). Asociación sin ánimo de lucro encargada de difundir la tecnología ATM, ha definido cuatro servicios en este nivel AAL, dependiendo de las necesidades de flujo: **CBR** (Constant Bit Rate), **VBR** (Variable Bit Rate), **UBR** (Unspecified Bit Rate) y **ABR** (Available Bit Rate). Esto quiere decir que la red no trata del mismo modo a cualquier tráfico. Sino que dependerá del servicio solicitado, lo que la hace ideal en situaciones de congestión o cuando se solicita ancho de banda bajo demanda. Además, la ITU ha establecido en su recomendación 1.371 otras normas que especifican modelos de servicio. Como se puede comprobar, ATM es una tecnología aún en evolución.

Nivel ATM

Construye y extrae las cabeceras de las celdas, actúa de encaminador entre los nodos y realiza la multiplexación y demultiplexación de las celdas.

La longitud de cada célula es de 53 bytes. Divididos en una cabecera de 5 bytes y un campo de información de usuario de 48 bytes. Su estructura es la siguiente:

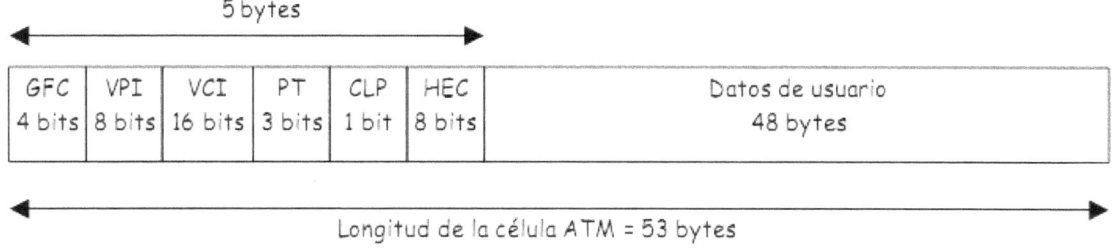

La cabecera almacena la información necesaria para el encaminamiento de la célula a su destino a través de la red. Esta cabecera se subdivide, a su vez, en los siguientes campos:

* GFC (Generic Flow Control, control de flujo genérico). Es un campo de 4 bits que se utiliza para controlar las conexiones y el acceso de los terminales de usuario que comparten la misma conexión de acceso, por tanto, gestiona el interface entre el usuario y la red. Cuando se trata de la conexión de una red con otra, es decir, un interface entre redes, el campo GFC desaparece como tal y sus bits se agregan al siguiente campo, llamado «VPI».

* **VPI/VCI (Virtual Path Identifier/Virtual Channel Identifier, identificador de camino virtual/identificador de canal virtual).** Estos campos tienen una longitud de 8 y 16 bits respectivamente e identifican el itinerario de la célula en su camino a través de la red, identificando la célula y definiendo la conexión virtual a la que pertenece, información que necesitan los encaminadores para cumplir su función. Más adelante concretaremos la diferencia entre canales y caminos virtuales.

* **PT (Payload Type. tipo de campo de usuario).** Indica con 3 bits el tipo de campo de usuario que contiene esa célula. Son posibles, por tanto, ocho células distintas en ATM: de mantenimiento, de control de calidad, de control de congestión, etc.

* **CLP (Cell Loss Prioritv, prioridad de pérdida de célula)**. Es un campo que con 1 bit indica a la red la importancia de la célula, de modo que si la red decide descargarse dc células, por ejemplo en una situación de congestión, elegirá descargarse de aquellas menos importantes.

* **HEC (Header Error Correction, corrección de error de cabecera).** Es un control de errores para el campo cabeceros, que permite la detección y corrección de errores menores o iguales a 2 bits. Si existieran errores más importantes, la célula seria eliminada de la red.

Nivel físico

Se encarga del transporte de celdas y de la entrega de la información de sincronismo. Este nivel adapta la velocidad, transmite y sincroniza las señales.

En cuanto a la transmisión, ATM puede utilizar el estándar **SONET** (Synchronous Optical Network) de fuerte implantación en Estados Unidos y su equivalente **SDH** (Synchronous Digital Hierarchy) en Japón y Europa; todos ellos soportados sobre fibra óptica.

SONET. Alcanza una velocidad básica en su formato STS-1 de 51'84 Mbps La transmisión se realiza como múltiplos enteros de esta cantidad hasta llegar a 6,448 Gbps. Sin embargo, hay otros formatos excepcionales que llegan hasta los 10 Gbps

(Formato STS-192).

SDH. La velocidad básica de SDH es de 155'52 Mbps (STM-1), pero existen otros formatos como STM-4 de 622'08 Mbps y STM-16 de 2448'32 Mbps

7.8.2. Conexiones

En primer lugar es preciso efectuar una conexión en la que se establecen los caminos que seguirán las células y se determinan los parámetros de la red, con objeto de garantizar un servicio de transmisión de suficiente calidad. Por ejemplo, si se requieren flujos constantes o variables, los niveles de prioridad en caso de congestión. etc.

Los terminales, a través de los adaptadores apropiados, introducen la información en la red segmentando los paquetes en células de longitud fija. ATM puede transportar cualquier protocolo de red encapsulándolo en células.

Las células viajan en la red por conmutación entre los distintos nodos ATM que componen la estructura interna de la red. La conmutación entre los distintos circuitos virtuales establecidos entre los nodos de la red se produce por análisis de los campos VPI/VCI.

Si hay varias fuentes emisoras de información, se multiplexarán las células procedentes de cada una de ellas, de modo que se consigan flujos constantes, útiles para aplicaciones en tiempo real.

Una vez que la célula alcanza su destino, el receptor extrae la información de la célula, restituyendo el formato original de la información del usuario.

7.8.3. Canales y caminos virtuales en ATM

La virtualidad de ATM se basa en conexiones conmutadas de caminos y canales virtuales:

Canal virtual. Es un circuito lógico y virtual que consiste en un conjunto de operaciones de conversión en cada nodo ATM de la red, de modo que la conmutación se realiza de acuerdo con la información de cabecera. Así, una célula lleva la información sobre el acceso al nodo siguiente de la red, donde el conmutador sustituirá el campo VCI por uno nuevo que indique cómo debe producirse la próxima conmutación, es decir, la dirección del siguiente nodo de la red. Los conmutadores registran en una tabla cómo deben conmutar las células de cada circuito virtual que se ha establecido a su través.

Camino virtual. Es un camino lógico a través de la red ATM que puede ser modificado en tiempo real. Cada camino virtual tiene asociado un conjunto de canales virtuales. Cuando se cambia un camino virtual, se cambian automáticamente todos los canales virtuales que contiene, lo que dota a la red de una flexibilidad extraordinaria y una magnífica respuesta frente a cambios en la red. Cada canal virtual representa una fracción del ancho de banda del camino virtual.

Las conexiones en ATM son punto a punto o multipunto. Si la conexión es punto a punto puede ser bidireccional. Las conexiones multipunto sólo permiten la transmisión de la información desde un emisor a varios destinatarios: por tanto, es unidireccional. Además, como en otras redes de transmisión, los circuitos pueden ser permanentes o conmutados.

7.8.4. Integración de ATM con LAN

ATM se integra bastante bien con las redes de área local. Esta integración se produce en el nivel de red, es decir, los paquetes de una red de área local se segmentan en células capaces de ser transmitidas por una red ATM a través de un conmutador que hace de interface entre la red ATM y la red de área local. Hay dos estándares definidos capaces de realizar esta integración: **LANE** (LAN Emulation) y Clasical IP over ATM **IPoATM**).

Aplicaciones	
TCP/IP, IPX ...	LAN
Capa LLC	
LANE	Emulación
Nivel AAL	
Nivel ATM	ATM
Nivel Físico	

LANE es el estándar creado por el ATM Forum que define los interfaces y protocolos necesarios para la generación de funciones típicas de LAN en un entorno ATM, de modo que los protocolos propios de una LAN puedan interactuar con las redes ATM. LANE opera en el nivel MAC, permitiendo a una red Ethernet, Token Ring o FDI trasladarse por encima de ATM de modo transparente.

LANE utiliza la capa AAL5 de ATM. La trama AAL5 tiene un tamaño múltiplo de una celda ATM (48 bytes) sin su cabecera. La última celda de AAL5 contiene un Trailer y un indicador del número de bytes del mismo, que sirve para proporcionar funcionalidades de LAN. También dispone de 5 bytes de CRC-32 para asegurar la integridad de los datos. Las tramas Ethernet y Token Ring vienen encapsuladas en las tramas AAL5.

IPoATM es semejante a LANE. Pero opera en el nivel 3: se trata de transportar sobre ATM el protocolo IP y. encapsulado en él, cualquier otro protocolo.

En la Figura anterior se pueden ver las relaciones que existen entre la arquitectura ATM (los tres niveles inferiores) y la arquitectura de la red de área local (tres niveles superiores), enlazados a través de la emulación de red tomada para el caso de LANE.

Sobre las celdas ATM se pueden encapsular muchos otros protocolos (le red, lo que la hace una red ideal para el transporte a alta velocidad de IP, IPX, etc. Además, el hecho de que las celdas sean de longitud fija y de pequeño tamaño hace que los conmutadores ATM alcancen velocidades de conmutación elevadísimas y que se pueda garantizar un flujo de datos constante, negociable en el establecimiento de las conexiones con los conmutadores de la red, y ofreciendo, de este modo, una gestión de calidad de servicio (**QoS**, Qualitv of Service). Esto hace de ATM la red ideal para la transmisión de vídeo y sonido, en donde las alteraciones en la ratio de transmisión pueden hacer irreconocible el mensaje.

Hay otras tecnologías de acceso a redes WAN como el acceso por redes de cable a través de cable-módem o la misma ADSL, que utiliza en uno de sus extremos la tecnología ATM.

7.9. Red Digital de Servicios Integrados (RDSI)

La Red Digital de Servicias Integrados (RDSI) supone la digitalización completa, de forma que toda la comunicación que se establezca será en forma digital, proporcionando una amplia gama de servicios.

Se define la RDSI como la red " que procede por evolución de la Red Digital Integrada (RDI) y que facilita conexiones digitales extremo a extremo para proporcionar una amplia gama de servicios, tanto de voz como de otros tipos, y a la que los usuarios acceden a través de un conjunto definido de interfaces normalizados ". Existen dos tipos de RDSI:

• **RDSI-BE o RDSI de Banda Estrecha**. Trabaja con conexiones conmutadas de 64 Kbps, aunque está previsto llegar hasta los 2 Mbps.

• **RDSI-BA o RDSI de Banda Ancha.** Prevé trabajar con velocidades de conmutación superiores, lo que permitirá servicios de transmisión a muy alta velocidad: Distribución de televisión, videotelefonía de alta calidad, etc.

7.9.1. Estructura y componentes de la RDSI

Se definen una serie de «puntos de referencia» para las instalaciones RDSI, considerados como separaciones entre distintas unidades funcionales en las instalaciones del usuario o de la compañía telefónica:

Punto de referencia S. Se sitúa en el interfaz entre el usuario y la red. Por tanto es el punto de conexión física de los terminales del abonado a la red. El interfaz consta de cuatro hilos, dos para emisión y otros dos para recepción.

Punto de referencia T. Se sitúa en la separación entre los equipos de transmisión de línea y la instalación del abonado. Sus características mecánicas y eléctricas son idénticas a las del punto de referencia S. En algunos casos no existen diferencias entre S y T.

Punto de referencia U. Es el interfaz entre las instalaciones del abonado y la central telefónica a la que se haya conectado. Físicamente se constituye como un bucle de abonado de dos hilos, método convencional en las conexiones comunes en la RTC.

Punto de referencia V. Es el interfaz entre los elementos de transmisión y los de conmutación para la central RDSI local.

Punto de referencia R. Representa el punto de conexión de cualquier terminal normalizado que no se pueda conectar directamente a la RDSI. Requiere, por tanto, la instalación de un adaptador (AT) apropiado para cada tipo de terminal.

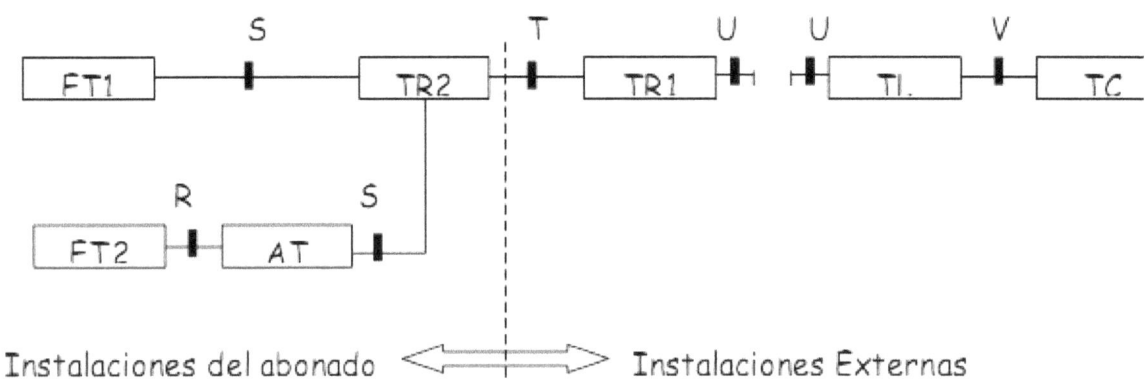

Estos puntos de referencia definen a su vez una serie de grupos funcionales que se corresponden con equipos físicos o con funciones de los mismos:

ET1 (Equipo Terminal 1). Es un equipo que está diseñado para conectarse directamente a la RDSI, por ejemplo, un teléfono digital RDSI, fax del grupo 4 con RDSI, videotexto RDSI, etc.

ET2 (Equipo Terminal 2). Representa un terminal que no soporta directamente la conexión a la RDSI, por ejemplo, un fax del grupo 3, un terminal de modo carácter o de modo paquete, etc.

AT (Adaptador de Terminal). Es el adaptador que permite que un terminal ET2 se conecte a la RDSI. Cada tipo de terminal requiere un AT específico.

TR1 (Terminación de Red 1). Representa la separación física entre las instalaciones del usuario y la red exterior a las instalaciones del usuario.

TR2 (Terminación de Red 2). Su misión es controlar las instalaciones del usuario. También puede tener funciones de conmutación. Por ejemplo, una centralita, una red de área local, etc.

TL (Terminación de Línea). Es un equipo de transmisión que se sitúa en la central local a la que se conecta el abonado de la RDSI.

TC (Terminación de Central). Representa la separación entre los equipos de conmutación de la red y los de transmisión de línea.

7.9.2. Canales de acceso a la RDSI

La capacidad de transferencia de información entre el usuario y la RDSI está estructurada en forma de canales de transferencia de información:

Canal A. Es un canal analógico de 4 Khz.
Canal B. Es un canal digital de 64 Kbps que está destinado al transporte de información del usuario.
Canal C. Es un canal digital de 8 ó 16 Kbps.
Canal D. Es un canal digital de 16 ó 64 Kbps destinado principalmente a la transmisión de información de señalización usuario-red para el control de la comunicación, aunque también puede ser utilizado en determinadas condiciones para la transferencia de información del usuario en servicios de teleacción (telealarma, telecontrol y telemedida) y de transmisión de datos de baja capacidad.
Canal E. Es un canal digital de 64 Kbps (usado para señales internas RDSI).
Canal H. Es un canal digital de 384, 1.536 ó 1.920 Kbps que proporciona al usuario una capacidad de transferencia de la información.

7.9.3. Tipos de acceso del abonado

Estos canales pueden ser combinados de diferente manera dando lugar a varios tipos de acceso:
• Acceso básico.
• Acceso primario.
• Acceso híbrido.

Acceso básico

El acceso básico, también conocido como acceso 2B+D, BRA (Basic Rate Access) o BRI (Basic Rate Interface), proporciona al usuario dos canales B y un canal D de 16 Kbps. Permite establecer hasta dos comunicaciones simultáneas a 64 Kbps, pudiendo utilizar la capacidad del canal D para la transmisión de datos a baja velocidad.

La aplicación principal de este tipo de acceso se da en las instalaciones de redes locales pequeñas dotadas de un número pequeño de terminales (hasta ocho) que necesiten transmisión digital o centralitas digitales de pequeña capacidad.

Acceso primario

El **acceso primario**, también llamado acceso **30B+D**, **PRA** (Primary Rate Access) o **PRI** (Primary Rate Interface), ofrece al usuario 30 canales B y un canal D de 64 Kbps, por lo que proporciona un ancho de banda de hasta 2.048 Khps (en EE.UU. consiste en 23 canales B y un canal D de 64 Kbps, por lo que proporciona un ancho de banda de hasta 1.544 Kbps).

Permite establecer hasta treinta comunicaciones simultáneas a 64 Kbps sin que esté previsto actualmente utilizar la capacidad del canal D para la transmisión de datos.

También puede utilizar otras combinaciones de canales B, HO, Nl1 y H12, aunque siempre respetando el límite de velocidad de 2.048 Kbps.

La principal aplicación de este tipo de acceso es la conexión a RDSI de centralitas digitales, sistemas multilínea y redes de área local de mediana y gran capacidad.

Acceso híbrido

Es un método de acceso que incluye un canal A y un canal C.

7.9.4. Estructura de capas en RDSI

La capa física de RDSI utiliza un método de señalización para los bits, denominado **2B1Q** (2 binary, 1 Quaternary) definido en la especificación T1.601 de ASNI, que transmite 2 bits por cada pulso digital (2 bits/baudio), transfiere a una velocidad de 160 kbps o, lo que es lo mismo, a 80 baudios/s. Así, a la asociación "00" se le asignan -2'5 voltios; a la "01" -0'833 voltios; a la "10" +2'5 voltios y a la "11" + 0'833 voltios:

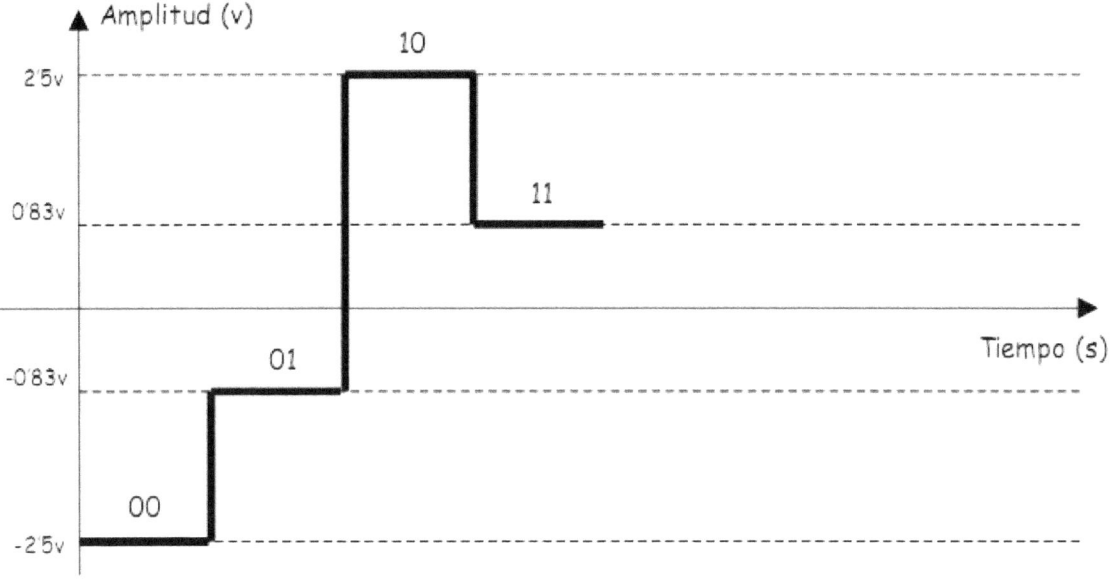

7.10. Línea Digital Contratada (DSL)

DSL (Digital Subscriber Line) es una tecnología que usa módem y las líneas telefónicas existentes para transmitir datos a muy alta velocidad.

El término xDSL sirve para denotar las distintas formas de servicios como ADSL, SDSL, HOSL, RADSL y VDSL.

Esta tecnología está siendo muy utilizada en este momento debido a que promete un gran ancho de banda con cambios pequeños en las centralitas telefónicas. En este sentido, xDSL utiliza el bucle de abonado, el cable que va desde la casa del usuario hasta la centralita telefónica como enlace punto a punto para la transmisión a alta velocidad.

xDSL es un sistema que ofrece gran ancho de banda en ambos sentidos de la comunicación. En algunas variantes el sistema es asimétrico, de manera que en ancho de banda disponible en el canal descendente, de la centralita hacia el usuario, es superior o muy superior al ancho de banda del canal ascendente, del usuario hacia la centralita.

El **ancho de banda descendente**, dependiendo de la técnica de XDSL, varía entre 160 Kbps a 55 Mbps

El **ancho de banda del canal ascendente** varía entre 160 Kbps y 5,5 Mbps
La diferencia entre los distintos tipos de conexión se puede ver en la tabla adjunta.

Como se puede observar en la misma, el rango de velocidades que se puede obtener con las distintas técnicas es muy diferente, y existe una variación muy fuerte con la distancia a la centralita, es decir, no con la distancia física, sino con la longitud del cable que une al usuario con la centralita telefónica.

	ADSL G.Dmt	UDSL G.Lite ADSL Lite	SDSL	HDSL	RADSL	VDSL
Nombre	Asimétrico	Universal	Simétrico	Alta Velocidad	Velocidad adaptativa	Muy Alta Velocidad
Canal descendente	1.5-8 Mbps	0.5-1.5 Mbps	0.3-2 Mbps	0.16-2 Mbps	0.6-12 Mbps	13-55 Mbps
Canal Ascendente	0.78-1 Mbps	384 kbps	0.3-2 Mbps	0.16-2 Mbps	0.128-1 Mbps	1.6-5.5 Mbps
Distancia maxima	6 km	6 km	8 km	4 km	N.D.	1.5 km
Distancia para velocidad maxima	4 km	N.D.	2.5 km	N.D.	N.D.	300 m
Uso previsible	Conexión de usuarios a Internet, sistemas de vídeo, acceso remoto a LAN	Acceso a Internet, Videoconferencia Acceso remoto a LAN	Enlace entre Empresas, Red de acceso remoto	Servicio de alta velocidad entre dos usuarios o como acceso de red WAN, LAN o acceso a servidores	Conexión de usuarios a Internet, sistemas de vídeo, acceso remoto a LAN	Vídeo bajo demanda para usuarios. Similar a los usuos de ATM

7.10.1. Variantes de xDSL

En este apartado se van a ver las particularidades de los distintos tipos de xDSL. La aplicación en el futuro de cada una de ellas aún está por definir pero hay dos de ellas que ya empiezan a tener mercado ADSL y VDSL. De hecho en España, dependiendo de las zonas, ya se puede contratar:

• **DSL (Asymetric DSL).** Se denomina asimétrica porque en la comunicación dúplex que se establece, el canal descendente de información tiene mayor ancho de banda que el ascendente. El uso de esta tecnología para conectarse a Internet implica la recepción de grandes cantidades de información multimedia: vídeo, imágenes, animaciones, música, voz, etc., mientras que el canal ascendente sólo llevará la interacción del usuario, es decir, la selección de qué información desea recibir .

• **GLite o DSL Lite** es, básicamente, una versión más lenta de ADSL. Es el estándar G922.2 de ITU-T. Probablemente sea el primer tipo de servicio en implantarse, debido a que el coste de instalación es menor que para ADSL. La diferencia está en que no se necesita el filtro para separar la señal de voz de la de datos (splítter), con lo que los módem son más sencillos y la instalación puede realizarla directamente el usuario.

• **HDSL**, es la variante de DSL que se utiliza para la transmisión interna local o entre una oficina central y un punto remoto. Su principal característica es que es un sistema simétrico, con la misma velocidad de transmisión en ambos sentidos de la comunicación.

• **RADSL** es una tecnología que determina, dependiendo de las características de la línea, la mejor velocidad a la que puede transmitir.

• **VDSL** es una tecnología aún en desarrollo. La previsión es que conviva con otras técnicas de DSL, debido a su gran ancho de banda y sus limitaciones en distancia. Su implantación vendrá condicionada por la instalación de cable de fibra óptica hasta las cercanías del usuario.

7.10.2. Tecnologías de codificación

El cable de cobre que va desde la casa del usuario a la centralita telefónica puede utilizar un ancho de banda muy superior a los 4 Khz que se utilizan para la transmisión de voz. Normalmente este cable es capaz de transmitir señales de hasta 1 MHz y superiores a distancias de 4 a 6 km. A estas frecuencias tan altas el problema es la pérdida, atenuación, que sufre la señal y los problemas de ruido a que están expuestos estos cables, que interfieren con los datos que se transmiten por ellos. En la figura adjunta se puede apreciar la estructura de comunicación que se establece con las tecnologías DSL.

De acuerdo con la figura, existe una parte del ancho de banda que se utiliza para la comunicación telefónica habitual, tal y como se utiliza normalmente. Lo interesante es la utilización de la parte del espectro por encima de canal telefónico hasta el MHz, aproximadamente dependiendo de la técnica DSL utilizada, para el canal ascendente y por encima de éste para el canal descendente, utilizando todo el ancho de banda posible.

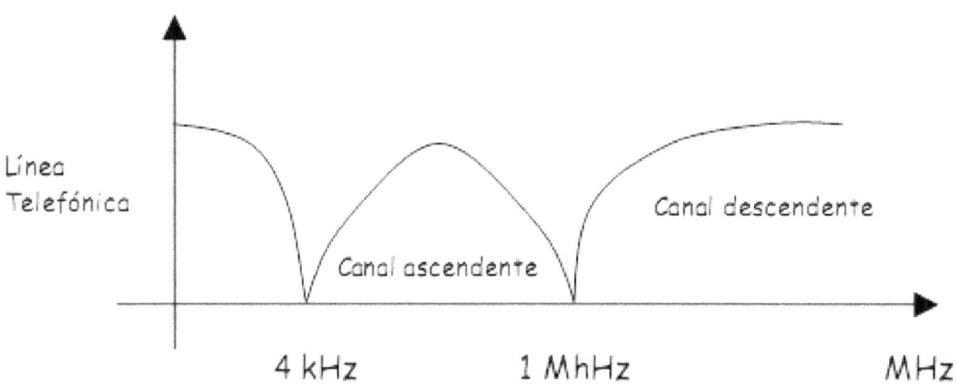

En la actualidad las compañías telefónicas disponen de elementos que filtran la señal que llega de los usuarios de manera que sólo reciben la parte de la señal telefónica de hasta 4 Khz. Por ello, para usar la tecnología xDSL, las compañías telefónicas necesitan equipos especiales en las centralitas, además de los que ha de disponer el usuario. Estos elementos son un **splitter** (filtro separador) que separa la señal telefónica de la señal transmitida por DSL, y el módem de ADSL, VDSL, etc., correspondiente. Por ejemplo, si se contrata el servicio de ADSL con Telefónica España SA., Telefónica instala un enrutador que denomina genéricamente un ATU-R (Terminal remota de ADSL).

Para poder transmitir a grandes velocidades sobre estas líneas es necesario aprovechar el espectro disponible al máximo. Para ello se utilizan distintas técnicas de transmisión y codificación de señal:

• **Modulación de amplitud/fase sin portadora** (CAP, Carrierless Amplitude/Phase Modulación). Se basa en la modulación de fase/amplitud cuadrática (QAM), utilizando la modulación QPSK. No divide el espectro en zonas, como se hace con DMT, se utiliza completo por encima del canal telefónico.

• **Multifrecuencia discreta** (DMT, Discrete Multitone). Divide el ancho de banda disponible en subcanales de 4 Khz de manera que utiliza cada uno de ellos de forma independiente para transmitir información. Como cada canal puede estar afectado por ruido de manera diferente, cada uno de ellos se utiliza para transmitir más o menos bits según la línea. Sus defensores indican que es más robusto que CAP.

• **Línea virtual múltiple** (**MVL**, Multiple Virtual Line).

• **Multifrecuencia discreta de ondas** (DWMT, Discrete Wavelet Multitone). Utiliza la transformada de ondas para demodular portadoras individuales.

• **Codificación simple de línea** (SLC, Simple Line Code). Versión de la codificación en cuatro niveles eliminando la banda base y restaurándola en destino.

En la actualidad, hasta la estandarización por parte de ITU de las técnicas de codificación a emplear, los fabricantes de módems están empleando básicamente DMT y CAP.

7.11. Comunicaciones móviles

La tecnología de mayor crecimiento en los últimos tiempos ha sido la telefonía móvil, y esto hasta tal punto que han desbordado las previsiones más optimistas. Ésta es una de las razones por la que se inicia aquí un estudio a modo de introducción, aunque no es la única: la telefonía móvil pretende ser uno de los medios de acceso a redes más utilizados.

7.11.1. Telefonía móvil analógica y digital

Es preciso hacer una distinción entre los dos modos fundamentales de hacer telefonía móvil: analógico y digital. Para ello se establece la tabla adjunta en la que se enumerar las ventajas e inconvenientes de cada método. La importancia de esta diferenciación radica en que, salvo la telefonía de voz que funcionalmente es similar, el tipo de servicio prestado puede ser muy diferente en un caso o en otro. Cuando se elige un teléfono móvil, realmente se está eligiendo también una red o un conjunto de redes que proporcionen cobertura a este teléfono, y estas redes pueden ser analógicas o digitales.

7.11.2. La red GSM

En 1982 la CEPT (Conference of European Post and Telegraphs) forma una comisión de estudio denominada Group Special Mobile (GSM), aunque en la actualidad **GSM** son las siglas de Global System for Mobile Communication. El objeto de este sistema de comunicaciones supone la mejora de la calidad de voz, el bajo coste del terminal, proporcionar soporte internacional (roaming), incrementar la flexibilidad frente a ampliaciones y la compatibilidad con RDSI. La telefonía móvil puede ser analógica o digital, no hay que confundirlas porque sus prestaciones son muy distintas, especialmente en cuanto a los servicios añadidos se refiere.

Características generales de la red GSM

El sistema de comunicaciones móviles mediante la tecnología GSM es una tecnología digital que está compuesta de tres unidades funcionales que se describen a continuación:

- **Estación móvil**. Está compuesta por el terminal (normalmente un teléfono móvil) y una tarjeta SIM (Subscribe Identify Module), que identifica al usuario independientemente del terminal telefónico que esté utilizando.

Subsistema de estación base. Está compuesta por una estación transceptora (BTS) y un controlador de la estación base (**BSC**). Entre estos dos elementos se coloca un interfaz denominado Abis, que permite la operación entre elementos de distintos suministradores.

Subsistema de red. El componente principal es el **MSC** o centro de conmutación de servicios, encargado de todas las tareas informáticas: registrar, autentificar, actualizar la localización de los terminales móviles, proporcionar los servicios añadidos, etc. El MSC interactúa con información residente en bases de datos tales como la **HLR** (registro de posiciones base) y la **VLR** (registro de posiciones de visitantes), que controlan la posición de los terminales en cada momento.

- El enlace entre los terminales y la estación base BTS se realiza por radio, con bandas comprendidas entre los 890 a 915 MHz, mientras que la conexión BTS a terminales utiliza la banda de 935 a 960 MHz. Fin ambos casos se utiliza para la transmisión de señales técnicas de multiplexación en el tiempo y en la frecuencia.

Cada canal de comunicación emplea un ancho de banda de 200 khz, por lo que son posibles hasta 124 canales en cada enlace con la BTS. El sistema comprime los datos mediante técnicas **PCM**. El algoritmo utilizado para realizar esta compresión es el **GSM 06.10 RPE/LTP** (Regular Pulse Excitation/Long-Term Predictor). La distribución geográfica se hace mediante un sistema de células que recubren todo un territorio geográfico denominado «**cobertura del servicio**».

Existen cinco tipos de terminales móviles, clasificados por la potencia máxima a la que pueden transmitir, que son de 20, 8. 5, 2 y 0,8 vatios; sin embargo, se recomiendan terminales de cinco o más vatios para teléfonos de mano y, por encima de 8 vatios. los instalados en vehículos.

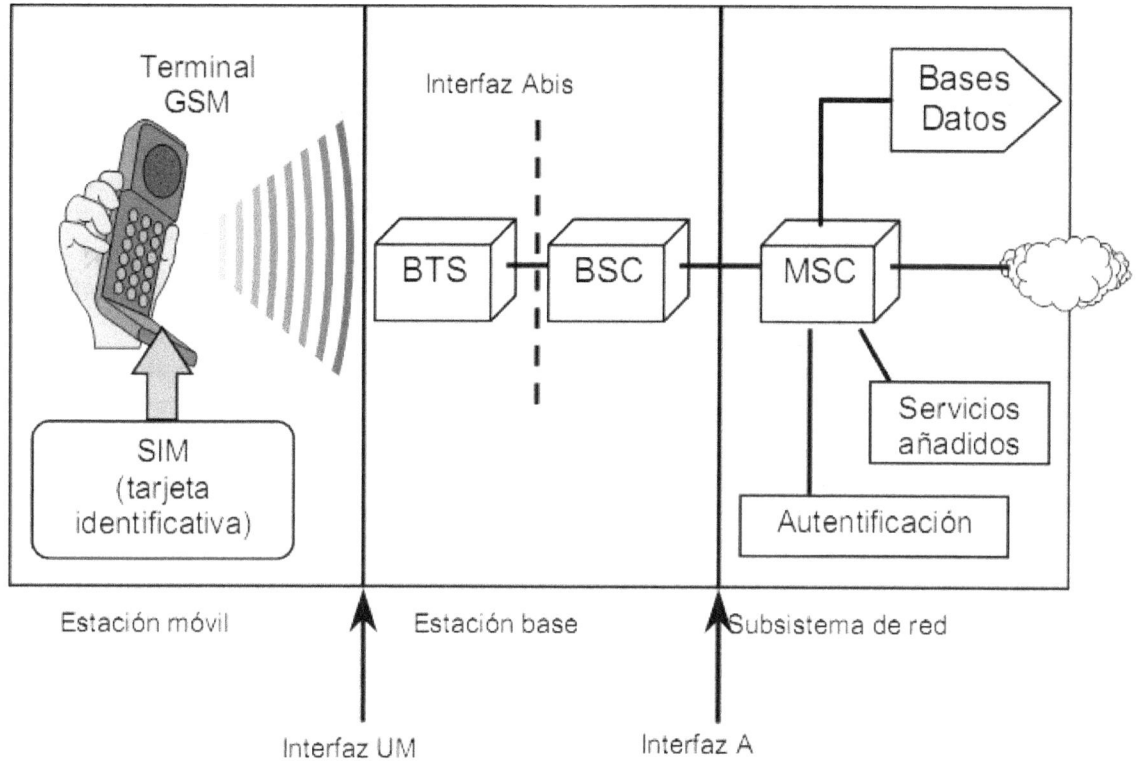

Servicios de la red GSM

Los servicios proporcionados por las comunicaciones GSM se dividen en dos grandes grupos claramente diferenciados, aunque incorporan una gran cantidad de servicios suplementarios semejantes a los proporcionados por otras redes digitales corno RDSI.

- **Servicios portadores.** Son los servicios básicos proporcionados por la red GSM que permiten el acceso a otras redes mediante transmisiones a 300, 1.200, 2.400, 4.800 y 9.600 bps en modo dúplex y asíncrono. La interconexión se puede producir con la RTC y con RDSI. Utiliza transmisiones desde 2.400 hasta 9.600 bps para el acceso a Iberpac.
- **Teleservicios.** A través de GSM se puede acceder a los servicios propios de telefonia, videotexto. teletexto, fax, mensajería, etc. Otra característica de interés es el servicio **SMS** (Short Message Service o Servicio de Mensajes Cortos), que consiste en un sistema de mensajería bidireccional para el intercambio de mensajes alfanuméricos breves de unos 160 caracteres de longitud. Los portales en Internet de algunos operadores telefónicos

implementan también este servicio a través de sus páginas web, de modo que desde la web se puedan enviar mensajes SMS a un teléfono móvil.

Evolución de las redes de telefonía móvil: UMTS

Las redes de telefonía móvil han ido evolucionando y lo siguen haciendo a una velocidad vertiginosa. Este desarrollo se ha clasificado en una serie de fases o generaciones:

- **Móviles de primera generación.** Son los primeros teléfonos móviles que existieron, basados exclusivamente en tecnología analógica.
- **Móviles de segunda generación.** En este caso, los móviles dan el salto a la tecnología digital. por ejemplo GSM.
- **Móviles de tercera generación.** Siguen siendo digitales, pero incorporan servicios de gran ancho de banda. acceso a Internet, etc. Un ejemplo de estándar en esta generación móvil es UMTS (Universal Mobile Telecommunications System, sistema de telecomunicaciones móviles universales).

La telefonía UMTS es el núcleo de la tecnología de telefonía móvil de tercera generación, 3G en la nomenclatura de los operadores telefónicos. Con el fin de asegurar el éxito en los servicios 3G han de proporcionarse a los usuarios unas comunicaciones muy eficientes y fáciles de utilizar. Algunos de estos servicios pueden ser los que se detallan a continuación:

• Transmisión simétrica/asimétrica de alta fiabilidad.

•Velocidades de 384 kbps en espacios abiertos y 2 Mbps con baja movilidad.

•Uso de ancho de banda dinámico en función de la aplicación.

•Soporte de conmutación de paquetes y de circuitos.

•Acceso a Internet y todos sus servicios, incluidos audio y video.

•Diferentes servicios simultáneos a través de una sola conex

•Calidad de voz como en la red fija.

•Mayor capacidad y uso eficiente del espectro radioeléctrico.

•Personalización de los servicios en función del perfil del usuario.

•Servicios dependientes de la posición.

•Cobertura mundial con servicios terrestres y por satélite.

La evolución de GSM (segunda generación) hacia UMTS (tercera generación) implica unos cambios en las técnicas de transmisión y en los servicios prestados que los operadores móviles han empezado a transformar.

En la implantación de los sistemas 3G de telefonía móvil, juega un papel importante el Foro UMTS, organismo independiente creado en 1996 y que se encarga de introducir y desarrollar el estándar UMTS, que define como: «Un sistema de comunicaciones móviles que ofrece significativos beneficios a los usuarios, incluyendo una alta calidad y servicios inalámbricos multimedia sobre una red convergente con componentes fijos, celulares y por satélite. Suministrará información directamente a los usuarios y les proporcionará acceso a nuevos y novedosos servicios y aplicaciones. Ofrecerá comunicaciones personales multimedia al mercado de masas, con independencia de la localización geográfica y del terminal empleado». Actualmente el estándar 30 está basado. Como veíamos antes, en la evolución de las redes USM y de él se ocupa la 3GPP (Third Generation Partnership Project) del que participan muchas otras asociaciones mundiales como el Instituto Europeo de Estándares de Telecomunicación (ETSI).

Para Europa. ETSI recomienda anchos de banda con canales de 60 MHz en las bandas de frecuencia de 1.920 a 1.980 MHz para subida y de 2110 a 2.170 MHz para bajada. Sin embargo, estas bandas de frecuencia pueden cambiar con el país en el que trabaja el operador de comunicaciones.

CAPITULO 8

Administración y gestión de una red de área local

8.1 El administrador de la red

La persona encargada de las tareas de administración, gestión y seguridad en los equipos conectados a la red y de la red en su conjunto, tomada como una unidad global, es el **administrador de red.** Este conjunto abarca tanto a servidores como a las estaciones clientes, el hardware y el software de la red, los servicios de red, las cuentas de usuario, las relaciones de la red con el exterior, etcétera.

Algunas de estas tareas han sido previamente explicadas: configuración de protocolos, instalación del NOS, diseño e implementación del cableado, etc. No obstante, aparecen funciones nuevas que se apoyan en las anteriormente citadas y que estudiaremos a continuación.

De entre las muchas funciones que se le pueden asignar al administrador de red vamos a destacar algunas de ellas, por la especial importancia que revisten:

• Instalación y mantenimiento de la red. Es la función primaria del administrador. No basta con instalar el NOS en los equipos, sino que además hay que garantizar su correcto funcionamiento con el paso del tiempo. Ello exige tener las herramientas adecuadas y los conocimientos necesarios para realizar esta función.

• En ocasiones, estos conocimientos sólo se pueden adquirir en los departamentos de formación de las compañías suministradoras del hardware y software de las redes o entidades similares. El trabajo propio de mantenimiento puede ser realizado por miembros de la propia empresa, o bien contratar estos servicios con terceras empresas *(outsourcing).*

• Determinar las necesidades y el grado de utilización de los distintos servicios de la red, así como los accesos de los usuarios a la red.

• Diagnosticar los problemas y evaluar las posibles mejoras.

• Documentar el sistema de red y sus características.

• Informar a los usuarios de la red.

8.2. Organización de la red

Corresponde al administrador de la red, como tarea especialmente importante, la decisión de planificar qué ordenadores tendrán la función de servidores y cuáles la de estaciones clientes, de acuerdo con las necesidades existentes en cada departamento u organización.

Del mismo modo, se ocupará de las relaciones con otros departamentos, grupos o dominios de red, en lo que se refiere a la utilización de los recursos de otros grupos, así como de la comunicación entre los diferentes dominios de gestión.

En la actualidad es común la utilización de servicios que se encuentran en el exterior de la red, es decir, de aplicaciones que se instalan sobre el sistema operativo y que ayudan al administrador a gestionar la red con procedimientos preestablecidos, atendiendo a los eventos que se producen mediante un sistema de alarmas.

Además, los usuarios se benefician de estos servicios remotos de modo transparente, debido al avance que han tenido los protocolos y aplicaciones de capas superiores.

La tendencia en los NOS contempla la posibilidad de utilizar los recursos de red (ficheros, impresoras, programas, etc.) sin preocuparse de su localización física en la red.

A. Servidores de la red

Cuando se establece una estrategia de red es importante, en primer lugar, realizar una buena elección de los servidores con los que se contará. El número y prestaciones de los servidores de red están en función de las necesidades de acceso, velocidad de respuesta, volumen de datos y seguridad en una organización.

Las características técnicas de los servidores de acuerdo con la función que vayan a desempeñar es un tema que ya ha sido estudiado en la Unidad 6.

El número de servidores determina en gran medida la configuración de la red. Efectivamente, si sólo disponemos de un único servidor, éste debe ser compartido por toda la organización. Sin embargo, si se dispone de varios servidores cabe la posibilidad de arbitrar distintas configuraciones.

A pesar de que la carga de trabajo en una organización no exija más de un servidor, puede ser recomendable la existencia de varios servidores, por razones de seguridad, de reparto de flujo de datos, de localización geográfica, etcétera.

En este sentido, los NOS disponen de herramientas de trabajo en red para establecer dominios o grupos que pueden compartir configuraciones de acceso y seguridad. También incorporan capacidades de administración centralizada de los nodos de la red.

Cuanto mayor es el número de servidores de una red, mayor es la carga administrativa, incrementándose también los costes de mantenimiento. Por tanto, en una red no debe haber más servidores que los necesarios.

El crecimiento de la red hace que paulatinamente se vayan incrementando el número de servidores, lo que provoca que ocasionalmente haya que replantearse la asignación de servicios a servidores de modo que se instalen servidores más grandes pero en menor número. A esta operación se le denomina **consolidación de servidores.**

B. Estaciones clientes

En las estaciones de trabajo se han de instalar y configurar todos los protocolos necesarios para la conexión a cuantos servidores necesiten los usuarios.

Por ejemplo, habrá que instalar TCP/IP si se desea hacer una conexión hacia máquinas UNIX, NetBEUI para realizar conexiones sencillas a servidores Microsoft e IPX para la conexión con servidores Novell, aunque ya hemos estudiado en la Unidad anterior que el mundo informático habla, en general, TCP/IP.

Si instalamos más protocolos de los que realmente se utilizarán haremos un consumo excesivo e inútil de memoria central, así como una sobrecarga en el software de red de las estaciones, lo que ralentizará tanto los procesos informáticos como los de comunicaciones.

También hay que asegurarse de que si una aplicación tiene previsto utilizar un interfaz de aplicaciones concreto, por ejemplo, NetBIOS, debe estar instalado, ya que de lo contrario la aplicación de usuario no podrá gestionar las unidades de red remotas. Éste sería el trabajo típico de un **redirector,** como ya se veía en la Unidad anterior.

El administrador debe valorar el modo en que trabajarán los usuarios, con información local o centralizada. Podemos encontrarnos con tres tipos de configuraciones para los clientes:

• Los programas y aplicaciones están instalados en el disco duro local de la estación y no son compartidos por la red. Cada usuario tiene una copia de cada aplicación. Los datos residen también de modo habitual en el disco local, aunque es posible centralizar la información en los servidores.

• Los programas están instalados en el servidor y todos los usuarios acceden al servidor para disparar sus aplicaciones. Por tanto, se instala una única copia de las aplicaciones, lo que ahorra espacio en disco. Hay que tener en cuenta, no obstante, que no todas las aplicaciones permiten esta operativa de trabajo. Los datos de usuario pueden seguir estando distribuidos por las estaciones clientes, aunque también pueden residir en el servidor.

Hay un caso particular de esta configuración: los clientes ligeros o las estaciones que no poseen disco local (o que poseyéndolo, no lo utilizan para almacenar aplicaciones o datos) y que deben arrancar remotamente a través de la red desde un servidor de sistemas operativos.

• La instalación de aplicaciones distribuidas exige la colaboración del cliente y del servidor, o entre varios servidores, para completar la aplicación. Por ejemplo, una aplicación de correo electrónico consta de una parte denominada **cliente,** que se instala en la estación cliente, y una parte denominada **servidor,** que se instala en el servidor de correo.

Otros ejemplos de aplicaciones distribuidas son las construidas según la tecnología cliente-servidor, como las bases de datos distribuidas. Han aparecido nuevas tendencias en la programación de objetos que facilitan la comunicación entre componentes a través de la

red. Algunos nombres que nos hablan de estas técnicas son CORBA, DCOM, COM+, ORB, etcétera.

La clasificación anterior está muy simplificada. La realidad es mucho más compleja. Lo habitual en el mundo de los sistemas de red son combinaciones de todas estas posibilidades y, por ejemplo, máquinas que son servidoras con respecto de un tipo de servicio son clientes con respecto de otros.

De la eficacia al diseñar esta estructura de red depende el éxito del administrador de red dando un buen servicio a los usuarios de la red que administra.

C. Conexiones externas a la red

Además de los clientes y servidores de la red, es común la comunicación de datos entre la red de área local y el exterior, ya sea con usuarios de la misma o de distinta organización, pertenecientes o no a la misma red corporativa. Por ejemplo, una red corporativa puede estar constituida por distintas LAN en lugares geográficos distintos.

También es posible la comunicación entre dos LAN pertenecientes a distintas organizaciones. Esta comunicación se realiza a través de redes WAN.

El acceso de un usuario remoto puede ser similar al acceso de un usuario local, disponiendo de los mismos servicios, aunque con rendimientos menores, debido a la inferior capacidad de transferencia de las líneas de transmisión de las redes WAN utilizadas en la conexión. Para ello, basta con disponer de los servicios de conexión y validación apropiados. Éste es el fundamento del **teletrabajo.**

Para poder acceder a estos servicios remotos, es necesario que las LAN posean nodos especializados en servicios de comunicaciones remotas, que también deben estar correctamente configurados.

Las conexiones con el exterior requieren dispositivos especializados que dependen del tipo de conexión y de la WAN que se utilice. Por ejemplo, servidores y clientes RAS o de redes privadas virtuales, interfaces X.25, RDSI, ATM, etc.

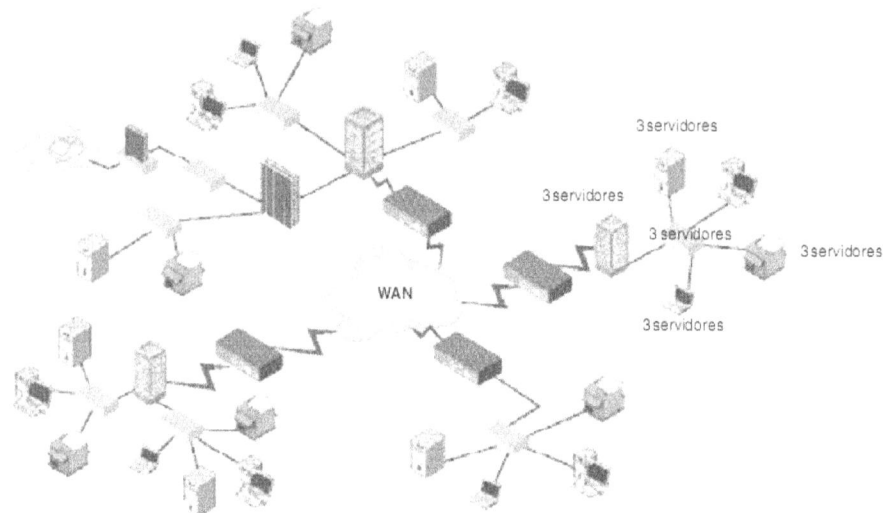

Figura 8.1. Ejemplos de diagramas de red WAN para una compañía con varias sedes sociales.

En la Figura 8.1 tenemos un ejemplo de red de área extendida de una compañía distribuida en varias sedes. En estos diagramas se pueden observar las líneas de comunicación a lo largo de todo un amplio territorio, así como los modos de conexión entre los distintos segmentos de red remotos.

8.3. El sistema de acceso a la red

El acceso a la red es el primer aspecto en que debemos fijarnos una vez instalado el software de red. Los servicios que ofrece una estación conectada a la red pueden ser utilizados por cualquier usuario que utilice esa estación de trabajo.

El orden y la confidencialidad de cada puesto de trabajo o proyecto requieren un sistema que garantice que cada persona tenga acceso a sus datos y aplicaciones, evitando que otros usuarios puedan ser perjudicados por el uso indebido del sistema o por la falta de una intención recta.

Todo esto apunta a un nuevo problema que siempre hay que tener en cuenta y que afecta a la seguridad de los sistemas: el intrusismo o *hacking*.

En general, hay tres términos que definen la actuación ilegal oculta en la red:

• *Hackers.* Es la persona que trata de «reventar» el sistema operativo, violando su sistema de claves de acceso, con objeto de apoderarse de información reservada o por la mera satisfacción de superar esa dificultad.

• *Crackers.* En este caso, se violentan las protecciones anticopia del software.

• **Phreakers.** Son individuos que buscan la forma de usar o abusar del teléfono ajeno a su antojo.

Cualquier administrador de sistema o de red tiene que tener en cuenta el posible asalto a la red por parte de personas que se dedican a este tipo de actividades, sabiendo que el ataque puede venir tanto desde fuera como desde dentro de su organización.

El modo de hacer distinciones entre los diferentes usuarios, implica la confección de cuentas de acceso personalizadas y un sistema de validación o autenticación que permite o impide el acceso de los usuarios a los recursos disponibles.

A. Asignación de nombres y direcciones

El primer problema al que hay que hacer frente en el diseño de la estructura lógica de la red consiste en la asignación de nombres y direcciones de red a todos los ordenadores que vayan a convivir con ella. Tanto los nombres como las direcciones han de ser únicos en la red, pues identifican a los equipos.

Una vez que hayamos dado un nombre a cada host, tendremos que registrar éste en algún servicio de directorio, el equivalente a las páginas amarillas de una guía telefónica.

Sobre este tema abundaremos más adelante. Por ahora, basta con aclarar que los nombres de red suelen ser un término alfanumérico, o varios separados por puntos, aunque esto depende del tipo de red.

En el caso de las direcciones ocurre algo parecido. La tecnología de red condiciona el tipo de dirección. Para nuestro estudio, nos centraremos en el sistema de direccionamiento IP, que ya conocemos de Unidades anteriores.

Si el host que pretendemos configurar va a estar en Internet, su dirección IP viene condicionada por la normativa internacional de asignación de direcciones IP.

Sin embargo, si el nodo va estar en una red de área local, podemos asignarle una dirección elegida entre un rango que la normativa IP ha reservado para estos casos y que vienen especificadas en el RFC 1918. Estos bloques de direcciones son del 10.0.0.0 al 10.255.255.255, del 172.16.0.0 al 172.31.255.255 y del 192.168.0.0 al 192.168.255.255.

Además de la dirección IP tendremos que configurar otros parámetros como la máscara. De la asignación de rutas nos ocuparemos con más detalle en la Unidad 9.

B. Cuentas de usuario

Las **cuentas de usuario** son el modo habitual de personalizar el acceso a la red. Así, toda persona que utilice la red con regularidad debe tener una cuenta de acceso.

Para que el control de este acceso sea suficientemente bueno, las cuentas deben ser personales, es decir, dos usuarios no deben compartir la misma cuenta.

La cuenta proporciona el acceso a la red y lleva asociadas todas las características y propiedades del usuario útiles en las labores de administración (Figura 7.2). Las cuentas de usuario suelen tener parámetros semejantes a los que a continuación se describen, aunque cada sistema operativo de red tiene los suyos propios.

• **Nombre de usuario.** Es el nombre único atribuido al usuario y que utiliza para identificarse en la red. Suele ser una cadena de caracteres corta (entre uno y 16 caracteres, normalmente).

• **Contraseña.** Es la cadena de caracteres que codifica una clave secreta de acceso a la red para cada usuario. La contraseña va ligada al nombre de usuario. Proporciona la llave que protege los datos personales del usuario que la posee.

• **Nombre completo del usuario.** Es una cadena de caracteres con el nombre completo del usuario. El nombre de usuario suele ser una abreviatura del nombre completo. En este campo se permite un número mayor de caracteres, incluyendo espacios en blanco, para identificar totalmente al usuario. Algunos examinadores de red muestran este nombre al solicitar una inspección de la red.

• **Horario permitido de acceso a la red.** Es un campo que describe las horas y los días en que el usuario tiene acceso a la red. En cualquier otro tiempo el usuario no puede presentarse en la red o es forzado a abandonarla. Por defecto, los sistemas operativos de red permiten el acceso de los usuarios cualquier día a cualquier hora.

• **Estaciones de inicio de sesión.** Describe el nombre de los equipos desde los que el usuario puede presentarse en la red.

• **Caducidad.** Describe la fecha en que la cuenta expirará. Es útil para cuentas de usuarios que sólo requieren accesos por periodos de tiempo concretos. Al desactivarse la cuenta, se impide que otros posibles usuarios (intrusos) se apropien indebidamente de ella y, por tanto, protegen y descargan al servidor de accesos indebidos o indeseados.

• **Directorio particular.** Es el lugar físico dentro del sistema de ficheros de la red en donde el usuario puede guardar sus datos. Al presentarse en la red, el sistema operativo le posiciona en su directorio particular o le concede acceso al mismo.

• **Archivos de inicio de sesión.** Permiten configurar un conjunto de comandos que se ejecutarán automáticamente al inicio de la sesión de red. Están ligados a cada cuenta de usuario, aunque se permite que varios usuarios compartan el archivo de inicio.

• **Otros parámetros.** Algunos sistemas operativos permiten configurar otros parámetros como son los perfiles de usuario, la cantidad de disco de que dispondrá cada usuario, disponibilidad de memoria central, tiempo de CPU, capacidad de entrada/salida, etc. Estos parámetros tienen una especial importancia en grandes sistemas multiusuario. En la Figura 7.2 se pueden ver las fichas que se han de rellenar para la creación de un usuario en el Directorio Activo de Windows.

Figura 8.2. Ficha de creación de un nuevo usuario en un Directorio Activo de Windows.

Además, el administrador puede establecer una serie de condiciones por defecto asignadas a cada cuenta y gestionadas mediante **políticas** *(policies),* que facilitan su gestión o que mejoran su seguridad. Entre ellas se encuentran las siguientes:

• El usuario debe cambiar la contraseña en el siguiente inicio de sesión.

• El usuario no puede cambiar su contraseña.

• La contraseña no caducará nunca.

• La cuenta quedará desactivada en un plazo de tiempo.

• La cuenta se bloqueará si ocurre un número de fallos de presentación consecutivos previamente fijado.

Además de las cuentas que puede definir el administrador de la red, los sistemas operativos de red poseen unas cuentas por defecto con una funcionalidad específica, que normalmente no se pueden borrar, aunque sí modificar y desactivar. Entre estas cuentas se encuentran:

• El **supervisor** (en Novell), **administrador** (en Windows), **root** (en UNIX o Linux), **system** (en VMS), etc. Es la cuenta privilegiada por excelencia y que suele ser utilizada por el administrador del sistema.

• **Invitado** o *guest*. Es una cuenta a la que normalmente no se le asocia contraseña y que carece de privilegios. Sirve para que aquellos usuarios que no tienen cuenta en el sistema puedan acceder a los servicios mínimos, que define el administrador. Por defecto, esta cuenta está desactivada al instalar el sistema operativo de red con objeto de no generar agujeros de seguridad sin el consentimiento explícito del administrador, que regulará los derechos y permisos de estos usuarios invitados.

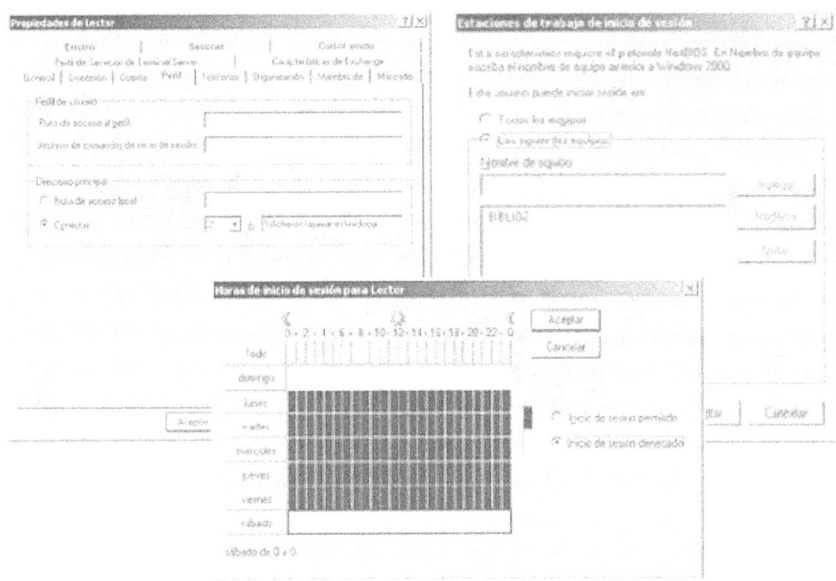

Figura 8.3. Parámetros habituales en la definición de una cuenta de usuario en Windows.

En sistemas integrados con dominios o servicios de directorio es posible crear cuentas de acceso tanto en las estaciones locales, para usuarios que sólo se podrían presentar en el sistema local y acceder sólo a sus recursos, o en el dominio o directorio activo. En este segundo caso, las cuentas son válidas para todos los ordenadores que se gestionen desde ese dominio de administración. Ésta es la situación más común en corporaciones grandes y medianas.

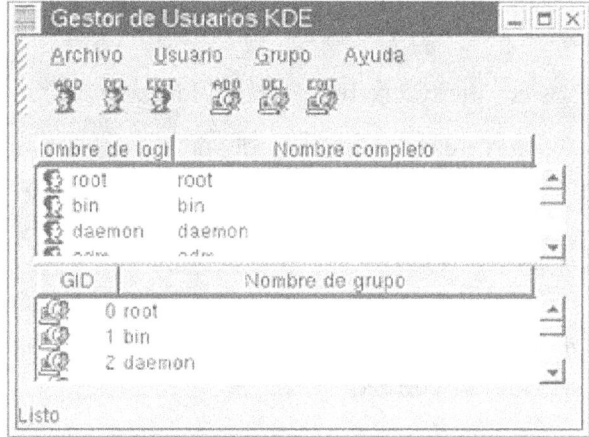

Figura 8.4. Parámetros habituales en la definición de una cuenta de usuario en un gestor de usuarios con interfaz KDE en Linux.

C. Derechos de acceso

Una vez que se ha identificado a cada usuario con acceso a la red, se pueden arbitrar sus derechos de acceso. Corresponde al administrador determinar el uso de cada recurso de la red o las operaciones que cada usuario puede realizar en cada estación de trabajo. Ejemplo de estas operaciones son el derecho de acceso a un servidor o a otro equipo a través de la red, forzar el apagado de otro equipo remotamente, reiniciar un equipo, cambiar la hora del sistema, etcétera.

Cada recurso, servicio o utilidad tiene, de este modo, una información asociada que le indica quién puede utilizarlos o ejecutarlos y quién carece de privilegios sobre ellos.

No hay que confundir derechos con permisos:

•Un **derecho** autoriza a un usuario o a un grupo de usuarios a realizar determinadas operaciones sobre un servidor o estación de trabajo.

•Un **permiso** o **privilegio** es una marca asociada a cada recurso de red: ficheros, directorios, impresoras, etc., que regulan qué usuario tiene acceso y de qué manera.

De esta forma, los derechos se refieren a operaciones propias del sistema operativo, por ejemplo, el derecho a hacer copias de seguridad. Sin embargo, un permiso se refiere al acceso a los distintos objetos de red, por ejemplo, derecho a leer un fichero concreto. Los derechos prevalecen sobre los permisos.

Por ejemplo, un operador de consola tiene derecho para hacer una copia de seguridad sobre todo un disco; sin embargo, puede tener restringido el acceso a determinados directorios de usuarios porque se lo niega un permiso sobre esos directorios: podrá hacer la copia de seguridad, puesto que el derecho de backup prevalece a la restricción de los permisos.

La asignación de permisos en una red se hace en dos fases:

a) En primer lugar, se determina el permiso de acceso sobre el servicio de red; por ejemplo, se puede asignar el permiso de poderse conectar a un disco de un ordenador remoto. Esto evita que se puedan abrir unidades remotas de red sobre las que después no se tengan privilegios de acceso a los ficheros que contiene, lo que puede sobrecargar al servidor.

b) En segundo lugar, deben configurarse los permisos de los ficheros y directorios (o carpetas) que contiene ese servicio de red.

Dependiendo del sistema operativo de red, las marcas asociadas al objeto de red varían, aunque en general podemos encontrar las de lectura, escritura, ejecución, borrado, privilegio de cambio de permisos, etcétera.

En redes en las que hay que hacer coexistir sistemas operativos de red de distintos fabricantes, hay que determinar los permisos para cada uno de ellos. A veces los permisos de un tipo de sistema son trasladables fácilmente a otros sistemas, aunque normalmente no coinciden con exactitud. Por ejemplo, en los sistemas de Apple hay tres permisos posibles: ver archivos, ver carpetas y hacer cambios (Figura 7.5, abajo a la derecha).

Sin embargo en Windows NT aparecen nuevos permisos: lectura, escritura, borrado, ejecución, cambio de permiso y toma de posesión. Windows 2000 complica extraordinariamente su sistema de permisos cuando las particiones de disco son NTFS, aunque mantiene compatibilidad con particiones FAT, que carece totalmente de permisos.

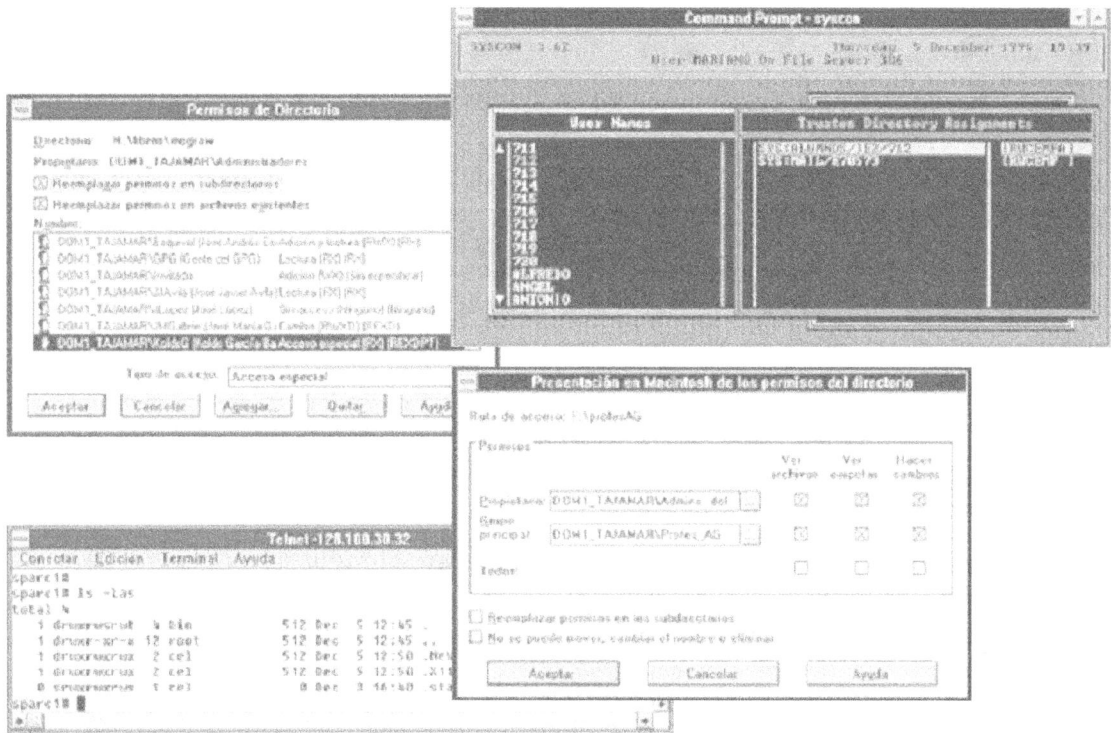

Figura 8.5. Configuración de privilegios sobre ficheros en distintos sistemas operativos de red.

D. Cuentas de grupo

Para facilitar las tareas de administración de red, el uso de los servicios o recursos y organizar coherentemente el acceso a la red, existen en los sistemas operativos de red otras entidades de administración denominadas **cuentas de grupo** o simplemente **grupos.**

Una cuenta de grupo es una colección de cuentas de usuario. Al conceder a un usuario la pertenencia a un grupo se le asignan automáticamente todas las propiedades, derechos, características, permisos y privilegios de ese grupo. En este sentido, las cuentas de grupo proporcionan una forma sencilla de configurar los servicios de red para un conjunto de usuarios de características similares.

Los NOS tienen unos grupos predefinidos que ayudan a la administración de la red según las necesidades más comunes que se suelen presentar: administradores, operadores de copia, operadores de cuentas, operadores de impresión, usuarios avanzados, usuarios comunes, etcétera.

E. Perfiles de usuario

En ocasiones interesa que el usuario pueda presentarse en más de una estación de trabajo y que esa conexión sea independiente del lugar, haciendo transparente el trabajo en una u otra estación.

Además, puede interesar al administrador tener la posibilidad de forzar el uso de determinados programas o restringir los cambios en la apariencia del interfaz gráfico a ciertos grupos de usuarios. De este modo, los NOS incorporan utilidades que asocian a cada cuenta de usuario o grupo un perfil concreto.

En Novell el ***login script*** general, es decir, el conjunto de órdenes que se ejecutan automáticamente en la presentación, permite asignar los parámetros de inicio que tendrá el usuario. Además de este *login* general, cada usuario tiene un *login script* propio con el fin de personalizar a su medida el comienzo de la sesión.

Las últimas versiones del NOS de Novell incorporan un sistema de administración de red orientado a objetos: todos los elementos de la red se tratan como objetos. Los perfiles de usuario son un objeto más.

Un **objeto-perfil** es un *login script* que se ejecuta entre el *login script* general del sistema y el del usuario. Este sistema de administración se llama **NDS** (*Novell Directory System*). Windows tiene su equivalente en su Directorio Activo.

En otros NOS se pueden encontrar herramientas especializadas en la construcción de perfiles. En Windows, los perfiles contienen todas las preferencias y opciones de configuración para cada usuario: una instantánea del escritorio, las conexiones de red permanentes, las impresoras a las que se tendrá acceso, etcétera.

Los perfiles de usuario pueden estar asociados a una estación de red concreta o bien pueden ser depositados en un servidor de red, de modo que cuando un usuario se presenta, se le asocie el perfil de su propiedad independientemente de la estación por la que acceda a la red: son perfiles móviles.

En sistemas operativos que soportan otros interfaces gráficos como X-Windows para UNIX, OpenVMS, etc., también son posibles las configuraciones de perfiles, aunque son mucho más simples que las de los sistemas basados en Windows o Macintosh.

Sin embargo, el sistema de cuentas y de comandos de inicio (*login* de presentación) es más flexible, es decir, permite al administrador un mayor control sobre los usuarios.

En Windows integrado con su Directorio Activo es posible configurar las cuentas de los usuarios de modo que cuando alguien se presente al sistema desde distintos puntos, incluso remotos, esto se haga de modo que al usuario le sigan tanto su escritorio como sus datos, e incluso, sus aplicaciones (tecnología ***IntelliMirror***).

F. Sistemas globales de acceso

El crecimiento de las redes (en cuanto al número de nodos se refiere) y su organización en grupos de trabajo (subredes, dominios, etc.), así como la integración de NOS de distintos fabricantes, ha llevado a diseñar un sistema de presentación de los usuarios más globalizador.

De este modo, el usuario no tiene que presentarse en múltiples sistemas; basta con que se presente en uno de ellos y la red se encarga de facilitarles el acceso a todos los servicios y sistemas de la red en los que tiene derecho de modo automático.

En algunos NOS, como en Windows, se establecen unas **relaciones de confianza** entre los distintos grupos de red. En las organizaciones en las que el número de nodos es elevado, conviene ordenar todo el conjunto de la red en grupos o dominios. El sistema de cuentas es propio de cada grupo o dominio.

Una **relación de confianza** es un vínculo entre grupos o dominios que facilita la utilización de recursos de ambos grupos o dominios, dando lugar a una única unidad administrativa de gestión de red.

Con el fin de optimizar la organización de la red, es conveniente establecer un dominio maestro centralizador de todas las cuentas de la organización y crear una serie de dominios poseedores de recursos sobre los que establecer las relaciones de confianza necesarias para su utilización.

En la configuración del sistema habrá que indicar el modo en que se transmitirán las contraseñas de los usuarios, que son informaciones extraordinariamente sensibles y delicadas.

Hay varios mecanismos para realizar este procedimiento, que abarcan desde enviar las contraseñas por la red tal y como son escritas por el usuario, sin ningún tipo de protección, hasta la utilización de los más sofisticados sistemas de encriptación, utilizando procedimientos de interrogación y respuesta o servidores de autenticación basados en políticas de certificaciones digitales, como el sistema *Kerberos,* utilizado por muchos sistemas UNIX y Windows.

G. Un ejemplo: el Directorio Activo de Microsoft

El **Directorio Activo,** como su nombre indica, es un servicio de directorio propietario de Microsoft que consiste en una gran base de datos jerárquica (véase Figura 7.6) que organiza todos los objetos necesarios para administrar un sistema Windows en red: usuarios, equipos, datos, aplicaciones, etcétera.

Las principales características del Directorio Activo (DA) son:

- El DA proporciona toda la información necesaria sobre directivas de seguridad y las cuentas de acceso al sistema de cada usuario o grupos de ellos.
- Permite la delegación de la administración, es decir, el administrador puede delegar parte de su trabajo en otras cuentas en las que confía.

- Gestiona un sistema de nombres articulado y jerarquizado en múltiples niveles agrupando todas las cuentas en **unidades organizativas,** que se convertirán en unidades específicas de administración.
- Las relaciones de confianza establecidas entre dos dominios cualesquiera del DA son transitivas.
- Todos los servidores que son controladores de dominio en la misma red de un DA están permanentemente sincronizados, por lo que es fácil la confección de configuraciones de seguridad.

Figura   *Modelos* 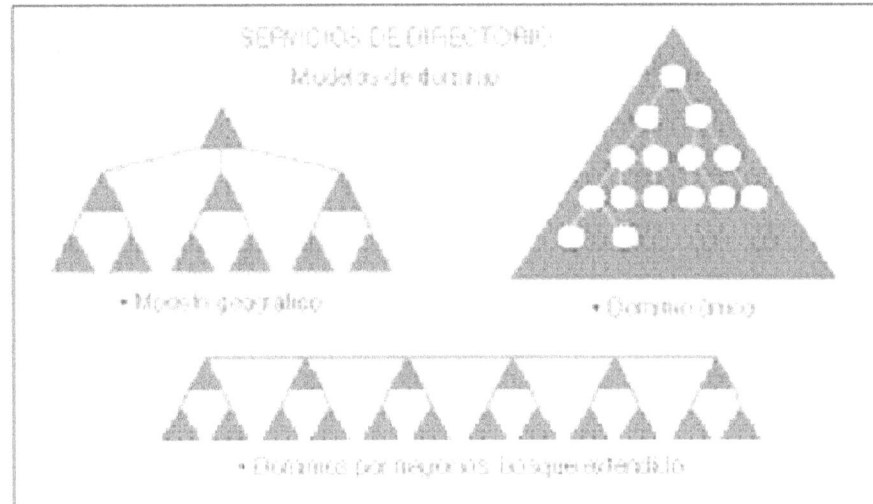 **8.6.** *de*

estructuras de dominios en un Directorio Activo de Microsoft.

- El esquema de objetos utilizados por el DA es extensible, es decir, se puede personalizar para que incluya cualquier tipo de información útil al administrador del sistema.
- Lleva un servidor DDNS *(Dynamic DNS)* integrado en el propio DA, lo que le convierte en un servicio extraordinariamente flexible.
- Todas las tareas del DA se pueden automatizar a través de *scripts* o mediante aplicaciones con lenguajes de programación tradicionales orientados a objetos.
- Se permite una gestión basada en políticas o directivas aplicables a las unidades organizativas accesibles mediante consolas de administración (Figura 8.7).

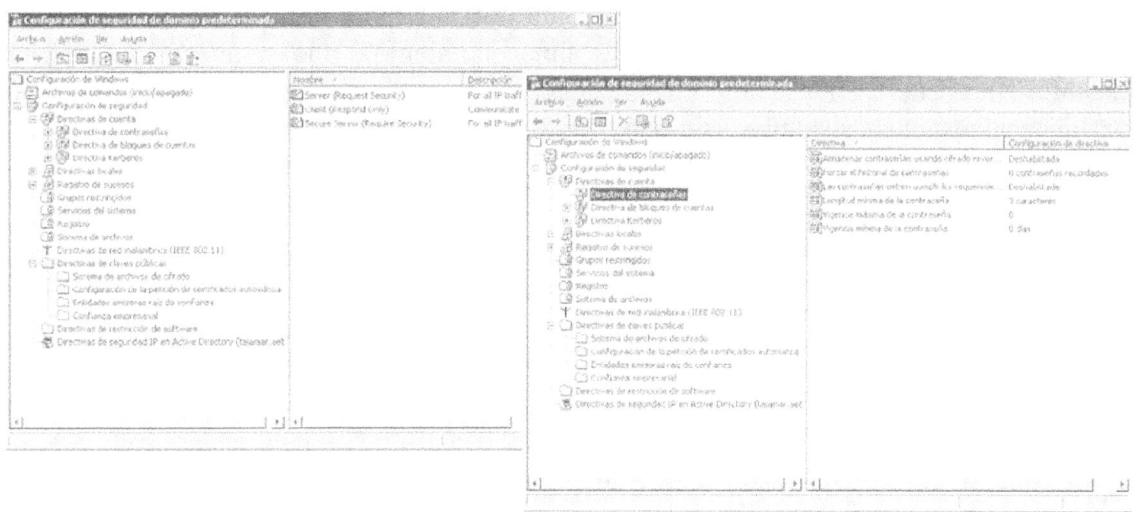

Figura 8.7. *Consola de administración de directivas para un dominio de un Directorio Activo Windows.*

8.4. Gestión de los servicios

Una vez cubierta la fase de acceso a la red, cada usuario podrá utilizar los servicios a los que tenga derecho de acceso. Sin embargo, una consideración previa del administrador debe ser el modo de disponer los servicios. Una buena elección en el diseño de estos servicios proporcionará un mayor rendimiento de la red.

A continuación estudiaremos los parámetros que hay que tener en cuenta para conseguir mayor eficacia en los servicios de red.

Para la utilización pública de los servicios de red, el administrador debe publicarlos en un servicio de directorio. El servicio más básico es NetBIOS, pero se pueden sofisticar con la tecnología de servicios de directorio más complejos, como NDS o Directorio Activo.

A. Gestión de los discos

En el caso de los servidores de ficheros es importante la configuración de los discos duros; en ellos reside la información centralizada, tanto del NOS como de los datos de los usuarios. Por tanto, la correcta elección del sistema de discos influirá positivamente en la velocidad y en la seguridad del sistema.

En el caso de servidores interesan interfaces rápidos, por ejemplo, discos SCSI, especialmente las últimas versiones de esta tecnología (Ultra/Wide SCSI). En las estaciones de trabajo basta con interfaces IDE o similares. Otros sistemas de red tienen interfaces propietarios para conectar sus discos. Especial importancia cobra la conexión *Fibre Channel* para la conexión de discos con unas especificaciones de velocidad extremas.

Fibre Channel es la tecnología tradicionalmente utilizada para la creación de redes **SAN** (*Storage Area Network* , red de área de almacenamiento), que serán estudiadas más adelante. No obstante, por la importancia que reviste este estándar en la arquitectura de comunicaciones de los sistemas, asimilaremos aquí algunas de sus características.

La tendencia actual de los sistemas de almacenamiento se dirige a hacer transparente a los usuarios el lugar y modo en que residen los datos en el sistema, por ello se puede hablar de una auténtica **virtualización del almacenamiento,** que no es más que un sistema que permite generar y administrar volúmenes virtuales (lógicamente simulados) a partir de volúmenes físicos en disco. A través de este mecanismo se logran eliminar las rígidas características de los volúmenes, dado que los objetos o volúmenes virtuales (lógicos) son más flexibles y manejables. Un volumen virtual puede crecer o disminuir su tamaño sin afectar la información que contiene. Tanto para el usuario como para las aplicaciones, un disco virtual tiene el mismo aspecto que un disco físico. Para el administrador del sistema, los discos virtuales pueden reasignarse sin esfuerzo y sin realizar modificaciones físicas en el hardware ni interrumpir las aplicaciones en ejecución. Adicionalmente, un sistema de vitalización significa una sencillez en la administración del almacenamiento.

Estándar Fibre Channel

Fibre Channel nació en 1988 como una tecnología de interconexión de banda ancha, aunque los primeros productos comerciales no aparecieron hasta 1994. Este estándar consta de un conjunto de normas desarrolladas por ANSI que definen nuevos protocolos para alcanzar transferencias de datos de gran volumen y de muy alto rendimiento.

Su ámbito de utilización es muy variado, pero fundamentalmente se está utilizando en las comunicaciones de alta velocidad por red y en el acceso a los medios masivos de almacenamiento. Se puede aplicar, por tanto, a redes locales, redes de campus, conjuntos asociados de ordenadores (clusters), etc. La distancia máxima permitida por esta tecnología es de 10 Km.

El estándar Fibre Channel es capaz de transportar los protocolos SCSI, IP, IPI (Intelligent Peripheral Interface), HIPPI (High Performance Parallel Interface), los protocolos IEEE 802 e incluso ATM. Actualmente se encuentran en el mercado suficiente número de productos como para poder construir sistemas de comunicación completos: hubs, switches, sistemas, adaptadores y sistemas de almacenamiento.

Originalmente, Fibre Channel se implementó sobre fibra óptica, por eso inicialmente se llamó Fiber Channel. Posteriormente se introdujo también el cable de cobre y cambió su terminología inglesa «Fiber» por la francesa «Fibre», en un intento de desligar la tecnología a la fibra óptica con exclusividad. En las instalaciones reales, se suelen utilizar típicamente distancias de 20 m para segmentos de cobre y hasta 500 m para segmentos sobre fibra.

Con Fibre Channel son posibles tres topologías de red distintas:

• **Punto a punto.** Se utiliza para conectar dos dispositivos, típicamente un ordenador a un periférico o dos ordenadores entre sí.

• **Bucle o *Arbitrated Loop*.** Permite la conexión de hasta 126 dispositivos en bucle cerrado.

• *Fabric.* Permite la interconexión de los dispositivos con un comportamiento orientado a la conexión, similar al de una red telefónica convencional.

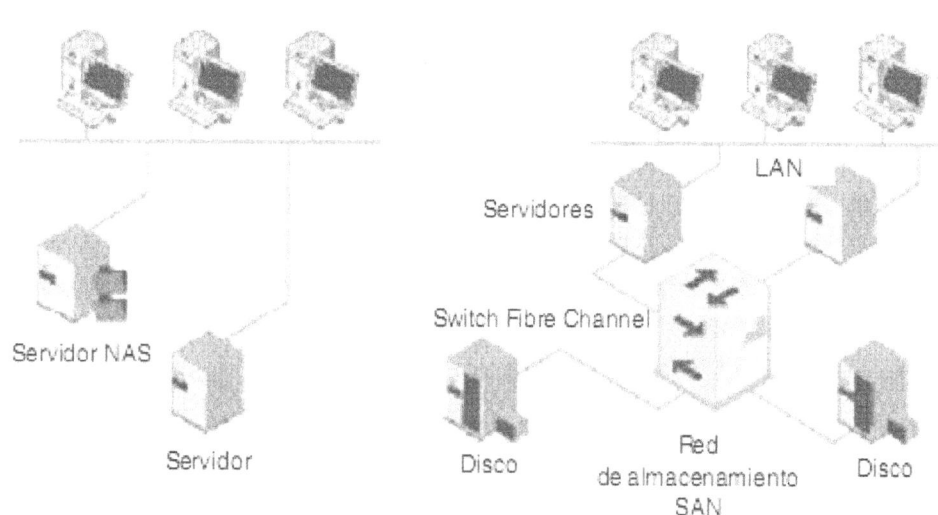

Figura 8.8. Modelo de almacenamiento NAS (a la izquierda) y SAN (a la derecha).

La red de comunicaciones y la red de datos

Es frecuente que el volumen de datos a los que se tenga que acceder por una red sea inmenso. En estas situaciones, mover los datos por la red origina fuertes cuellos de botella que hacen que se tengan que modificar las arquitecturas de red para dar respuesta a estas especificaciones tan exigentes, por encima de tecnologías como Gigabit Ethernet o ATM.

Tradicionalmente, el mercado de tecnologías de almacenamiento ha dado varias soluciones que se relacionan a su vez con sendas arquitecturas:

• **Almacenamiento de conexión directa** (*Direct Attached Storage,* **DAS**). Cada estación de red tiene sus discos y los sirve a la red a través de su interfaz de red. DAS es la solución de almacenamiento natural de cualquier ordenador.

• **Almacenamiento centralizado** (*Centralized storage*). Varios servidores o estaciones pueden compartir discos físicamente ligados entre sí.

• **Almacenamiento de conexión a red** (*Network attached storage* , **NAS**). Los discos están conectados a la red y las estaciones o servidores utilizan la red para acceder a ellos. Con servidores NAS la red de área local hace crecer su capacidad de almacenamiento de una forma fácil y rápida sin necesidad de interrumpir su funcionamiento y a un menor coste que si se adquiere un servidor de archivos tradicional DAS (véase Figura 7.8).

• **Redes de área de almacenamiento** (*Storage area network,* **SAN**). SAN es una arquitectura de almacenamiento en red de alta velocidad y gran ancho de banda, creada para aliviar los problemas surgidos por el crecimiento del número de los servidores y los datos que contienen en las redes modernas. SAN sigue una arquitectura en la que se diferencian y separan dos redes: la red de área local tradicional y la red de acceso a datos. Hay, por tanto, dos redes: un *backbone* de transmisión de mensajes entre nodos y una estructura de switches de canal de fibra (duplicados por seguridad) y de muy alto rendimiento que conecta todos los medios de almacenamiento. Los entornos en que está indicada una solución SAN son aquéllos en que los backups son críticos, en los clusters de alta disponibilidad, en las aplicaciones con bases de datos de gran volumen, etc. Los equipos SAN más modernos pueden alcanzar velocidades de transmisión de datos desde los discos de varios Gbps (véase Figura 8.8).

Los switches de una red SAN suelen utilizar la tecnología Fibre Channel y frecuentemente están duplicados para garantizar el servicio. Como veíamos, están apareciendo otras tecnologías que no siguen este estándar, por ejemplo, la tecnología iSCSI, que utiliza protocolos TCP/IP para transportar por la red comandos propios de la tecnología SCSI.

No todos los usuarios de una red tienen a su disposición dispositivos de impresión en sus ordenadores locales. Las redes ofrecen la posibilidad de compartir estos dispositivos, de modo que las inversiones sean más asequibles. Las redes de área local permiten a los clientes la conexión a las impresoras disponibles en toda la red y a las que tengan derecho de acceso. Incluso es posible la conexión a impresoras que estén conectadas a redes de otros fabricantes. Por ejemplo, desde una estación Windows se puede imprimir en una impresora conectada al puerto paralelo de un servidor NetWare.

La labor del administrador de red se simplifica cuando el sistema de impresoras está centralizado en los servidores, ya que tendrá un mayor control sobre los recursos de impresión. El administrador puede controlar los servidores de impresión, las impresoras remotas, las colas de impresoras, etcétera.

Existen servidores de impresión expresamente dedicados a este tipo de tareas, gestionando todas las tareas de impresión con arreglo a unos parámetros concretos: velocidad de impresión, calidad de impresión, privilegios, prioridades, costes, etc. Otras configuraciones, más comunes, para los servidores no dedicados se limitan a servir las impresoras que se les conectan a sus puertos de comunicaciones.

• **Controlador de impresora.** Es un programa que convierte el documento electrónico de su formato original a un formato legible por el dispositivo de impresión. Existen varios lenguajes descriptores de páginas (PDL) legibles por los dispositivos de impresión como PCL de Hewlett-Packard, PostScript de Adobe, Interpress de Xerox, etcétera.

• **Cola de impresora.** Es un sistema gestor de los documentos que permanecen a la espera para ser impresos. En algunos sistemas operativos de red, las colas de impresora coinciden con las impresoras lógicas, siendo aquéllas una característica técnica más de éstas.

• **Administrador de trabajos en espera o *spooler*.** Es un sistema que gestiona las colas de impresora, es decir, es el encargado de recibir trabajos, distribuirlos entre las impresoras, descargarlos de la cola una vez impresos, avisar de la finalización de la impresión, informar de posibles errores, etcétera.

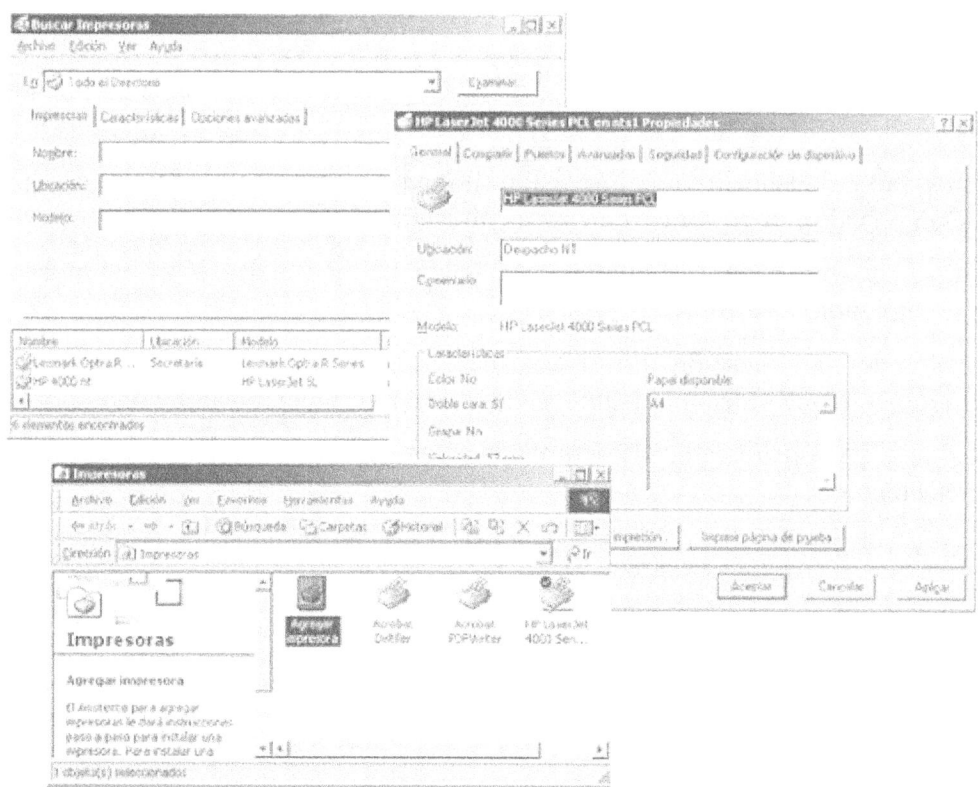

Figura 8.9. Entorno de impresoras en Windows: arriba, conexión a una impresora de red; abajo, administrador de impresoras desde donde se dispara el asistente de conexión; a la derecha, ficha de propiedades de la impresora.

Para conseguir un rendimiento elevado y equilibrado de los dispositivos de impresión, estos parámetros deben estar correctamente configurados en el NOS (Figura 8.9). Como con cualquier otro recurso de red, también aquí son aplicables los permisos de uso y su administración remota. Para ello, es recomendable la utilización de los documentos de ayuda que proporciona el fabricante del NOS.

Diseño del sistema de impresión

Un buen diseño del sistema de impresión redunda en una mayor eficacia del sistema, así como en un abaratamiento de los costes de instalación, al poder reducir el número de impresoras sin perder funcionalidad. Articularemos el diseño del sistema de impresión en diversas fases:

a) **Elección de los dispositivos de impresión.** Deben ser elegidos de acuerdo con las necesidades de los usuarios. Es útil considerar los siguientes elementos antes de tomar las decisiones de instalación:

— Pocos dispositivos de impresión de alto rendimiento frente a muchos dispositivos de rendimiento moderado.

— Número de páginas totales que se van a imprimir y velocidad de impresión de las mismas.

— Calidad de impresión, elección de color o blanco y negro, tamaño de la página impresa, etcétera.

— Conectividad del dispositivo de impresión. Impresoras conectadas a un puerto paralelo o USB de un servidor, impresoras conectadas directamente a la red, etcétera.

— Tecnología de impresión. Las impresoras pueden ser matriciales, láser, de inyección de tinta, de sublimación, etcétera.

— Protocolos de comunicación. En el caso de las impresoras de red, hay que tener en cuenta el protocolo que utiliza para que los clientes realicen la conexión con la impresora.

— Costes de los equipamientos de impresión y de sus consumibles, costes por página impresa, etcétera.

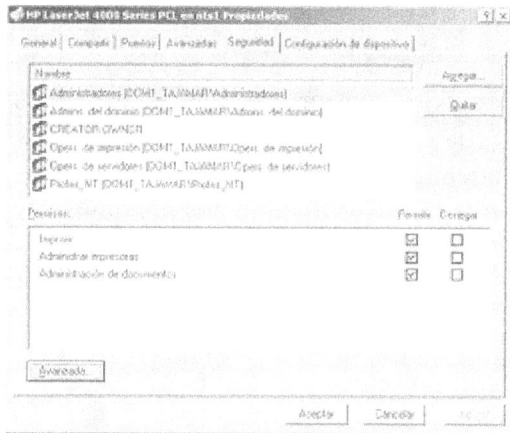

Figura 8.10. Asignación de permisos para un recurso de impresión.

b) **Asignación de las impresoras a los equipos.** Seguidamente, hemos de distribuir las impresoras por toda la red teniendo en cuenta las características de los equipos. Se puede considerar lo siguiente:

— El proceso de impresión consume muchos recursos de CPU; por tanto, las impresoras servidas a la red deben residir en máquinas con suficiente potencia si se prevé que la impresión va a ser frecuente.

— Además, normalmente, cada trabajo por imprimir debe almacenarse en el disco duro del servidor de la impresora, con lo que debemos asegurarnos que tendrá suficiente espacio libre.

— Las impresoras deben estar geográficamente distribuidas por toda la organización de acuerdo con unos criterios. Hay empresas que prefieren centralizar todas las impresoras con el fin de evitar ruidos, especialmente en el caso de impresoras matriciales o de línea, mientras que otras prefieren una distribución por departamentos o, incluso, la asignación de una impresora por cada usuario.

c) **Acceso a las impresoras.** Para definir el acceso a las impresoras, hemos de considerar dos partes bien diferenciadas:

— La asignación de impresoras lógicas a dispositivos de impresión. Pueden darse los casos de una a uno, una a varios y varias a uno. Todos los sistemas admiten la asignación uno a uno. El resto de asignaciones son posibles en función de los sistemas operativos: frecuentemente es necesario instalar software de terceras partes.

— La asignación de los derechos de acceso para cada usuario o para cada grupo (Figura 8.10).

Algunos NOS disponen de herramientas de administración para lograr que las impresoras disparen trabajos en determinadas circunstancias. Por ejemplo, a partir de cierta hora nocturna, una impresora matricial inicia la impresión de unos recibos que han sido confeccionados y enviados a la impresora durante el día.

Del mismo modo, se pueden asignar prioridades a los diferentes trabajos, de modo que se altere el orden en que los trabajos serán seleccionados por el *spooler* para ser impresos. Además, cuando una cola atiende a varios dispositivos de impresión, el primero que quede libre recibirá el siguiente de entre todos los trabajos pendientes en esa cola.

Creación de una impresora lógica

El proceso de creación de una impresora lógica suele ser un procedimiento asistido por el NOS, que facilita la tarea del administrador (Figuras 7.9 y 7.10). En general se puede dividir en tres fases:

• **Selección de la impresora y del software controlador.** En esta primera fase se le indica al NOS qué tipo de impresora queremos instalar, así como cuál será el controlador que debe utilizar para la gestión de la impresora. Cada NOS admite una amplia variedad de impresoras, que además se actualizan frecuentemente.

No obstante, si la impresora es posterior a la fecha de fabricación del NOS, es posible que el fabricante de la impresora tenga que suministrarnos un disquete o CD-ROM con el software controlador propio del sistema operativo sobre el que pretendemos realizar la instalación.

Conviene pasarse periódicamente por las sedes web de los fabricantes del hardware de que disponemos por si han liberado nuevas versiones de los *drivers* con errores corregidos, mejores prestaciones o mayor funcionalidad.

• **Establecimiento del nombre de la impresora.** Consiste en la asignación de un nombre que identificará unívocamente a la impresora. En algunos NOS, también se proporcionan otros datos informativos como la situación geográfica en donde se ubicará el dispositivo impresor, el nombre del propietario, etcétera.

• **Elección de los parámetros por defecto de la impresora** (Figura 8.11). Aquí se especifica el tamaño del papel, la resolución, la conversión de color a gris, etcétera.

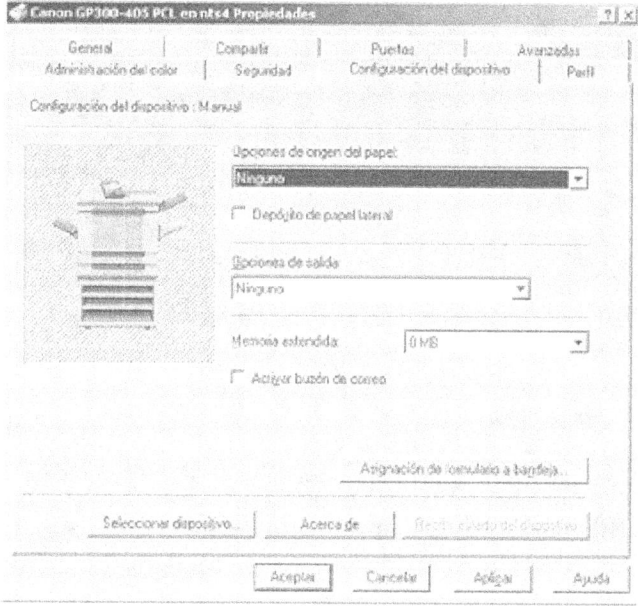

Figura 8.11. Configuración del puerto de una impresora IPP y página de administración.

Impresoras IPP

IPP o *Internet Printing Protocol* (Protocolo de Impresión Internet) es el modo de utilizar tecnología web para transmitir los ficheros que se quiere imprimir a una impresora compatible con esta tecnología.

IPP utiliza HTTP para realizar estas transmisiones, lo que la hace muy interesante ya que puede atravesar los cortafuegos con los que las organizaciones se protegen sin necesidad de abrir nuevos puertos de comunicación que aumenten la superficie de exposición a riesgos innecesarios.

En la parte izquierda de la Figura 8.12 pueden verse las propiedades del puerto de una impresora conectada a la red y compatible con IPP; en la parte derecha aparece una página web con la administración de la impresora.

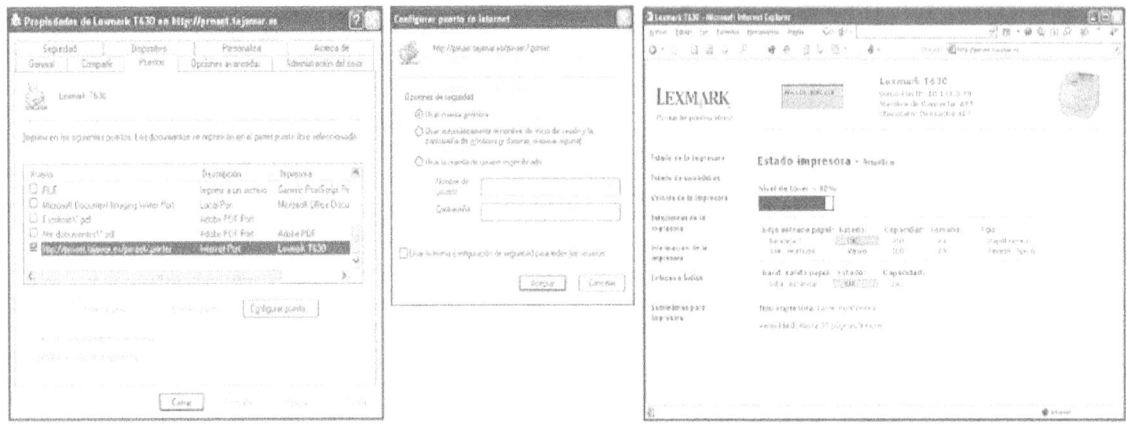

Figura 8.12. Configuración de una impresora de red instalada en un entorno Windows.

Windows incorpora IPP para que las impresoras definidas en sus servidores puedan ser gestionadas a través de IPP. Como el protocolo de transporte de información se basa en HTTP, es indispensable que el servidor tenga instalado IIS, el servidor web de Windows. Se puede acceder a las impresoras una vez instalados el componente IPP y el servidor web a través de la dirección h ttp://nombre_servidor/printers (véase Figura 8.13).

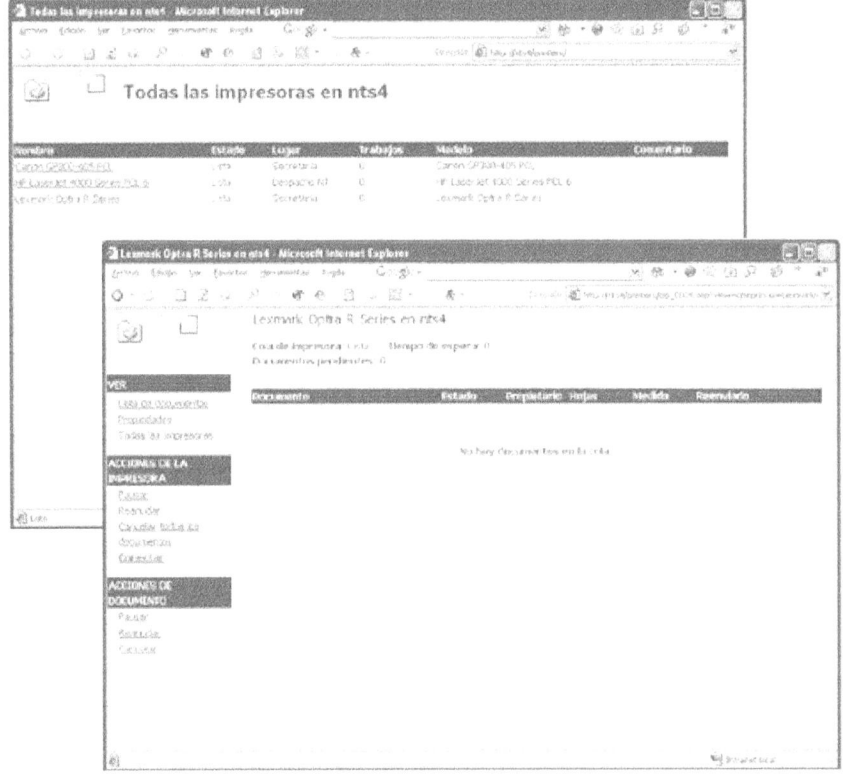

Figura 8.13. Configuración desde Windows de una impresora gestionada vía web.

C. Configuración del correo electrónico

El correo electrónico es una de las aplicaciones de red más utilizadas en las redes de área local corporativas. Proporciona un medio de comunicación eficaz y libre de errores entre los usuarios de la red y puede dejar constancia escrita de los mensajes intercambiados.

Una aplicación completa de correo electrónico consta de un cliente y un servidor. El servidor gestiona los mensajes de modo que lleguen a sus destinatarios. Para ello, a veces ha de pasar los mensajes a los sistemas de correo de otras redes (*relay* o retransmisión de mensajes). Por ejemplo, si una corporación tiene dos delegaciones situadas en distintas ciudades y quieren conectar sus sistemas de mensajería electrónica, necesitarán un servidor de correo que se encargue de traspasar los mensajes en una y otra dirección, de modo que todos alcancen su destino. Además, los servidores de correo contienen los buzones de sus usuarios, que almacenan sus mensajes en espera de ser leídos.

El cliente de correo electrónico es el interfaz que permite a los usuarios la edición, visualización y la impresión de mensajes, así como otras funciones propias de los sistemas de correo.

El administrador de red debe encargarse de la gestión de cuentas de correo, de situar la oficina de correos en un lugar accesible a todos los usuarios con derecho a correo y de velar por el correcto funcionamiento del servicio de correos.

La operativa que permite enviar un mensaje de correo electrónico tiene los siguientes pasos:

a) Se ejecuta la aplicación cliente de correo electrónico, presentándose en el sistema a través de su nombre de usuario y su clave de acceso.

b) Si en el momento de la presentación hay correo en el buzón del usuario, el sistema le informa de la existencia de nuevos mensajes por si desea leerlos.

c) Seguidamente, se redacta el mensaje que deseamos enviar. Algunos sistemas de correo permiten editar el texto utilizando procesadores de texto comunes en el mercado ofimático. También se permite la incorporación de ficheros externos al mensaje en cualquier formato (ficheros adjuntos).

d) A continuación, se rellenan los parámetros de envío: nombre del destinatario, dirección del destinatario (si se encuentra en otra red), solicitud de acuse de recibo, prioridad del mensaje, etcétera.

e) En la fase final se procede al envío del mensaje, dejando al sistema la responsabilidad de la entrega a su destinatario una vez lo haya convertido a un formato de envío adecuado.

Además, el sistema de correo permite otras operaciones básicas sobre los mensajes recibidos: hacer copias en forma de ficheros independientes, responder al remitente, responder a todos los miembros de la oficina de correos, eliminar un mensaje, imprimirlo, almacenarlo en alguna carpeta pública o privada, encriptarlo, certificarlo, etc. En el caso de que se disponga de un servidor de correo, la configuración es más compleja, pero mucho más versátil.

D. Configuración del servicio de fax

Algunos sistemas operativos permiten la conexión de un módem/fax interno o externo que habilitan las conexiones de fax tanto en envío como en recepción. La configuración de un fax exige tres pasos:

a) **Preparación del módem/fax con los parámetros adecuados.** Se debe configurar el módem para adecuar la velocidad de transmisión y recepción, el puerto serie o USB al que se conectará, etc. Normalmente, esta configuración se realiza a través de **comandos Hayes.** En la actualidad casi todos los módems analógicos (y también gran parte de los digitales a partir de la implantación de RDSI) incorporan las normas fax, por lo que se les llama **fax-módem.**

b) **Configuración del software en el NOS.** La mayor parte de las aplicaciones de fax configuran el software como si se tratara de una impresora más que, en vez de imprimir en un papel, envía los datos através de una línea de teléfono. En recepción, el fax recoge la información en un fichero gráfico, que seremos capaces de visualizar por un monitor o de imprimir por una impresora. El software suele incorporar utilidades para rotar la imagen, cortarla, añadir notas, etc. Para el usuario, el fax no es más que una cola de impresora y su gestión es similar a la descrita para la gestión de estas colas.

c) En una tercera fase, **el sistema de fax se puede integrar dentro del sistema de mensajería electrónica de la red,** por ejemplo, en un servidor de mail. Esta opción se utiliza, sobre todo, para la recepción centralizada de faxes, con el servidor como encargado de su distribución a los destinatarios apropiados. De este modo, los mensajes se reparten eficazmente entre los usuarios de la red, independientemente de que provengan de correo electrónico interno, correo de Internet o mensajes gráficos en formato facsímil.

Se empiezan a instalar sistemas en los que se integra la voz (teléfono), el fax y el correo electrónico en un único sistema de mensajería electrónico que contiene todas las pasarelas necesarias para que pueda haber intercomunicación entre sistemas tan distintos: nos referimos a la convergencia de tecnologías de mensajería.

8.5. Protección del sistema

La protección de la red comienza inmediatamente después de la instalación. Un sistema que cubra muchas necesidades, antes de pasar al régimen de explotación debe ser muy seguro, ya que es una herramienta de la que depende el trabajo de muchas personas.

La seguridad ocupa gran parte del tiempo y esfuerzo de los administradores. Lo habitual es que antes de hacer una instalación de red, el administrador ya haya pensado en su seguridad.

Hay que establecer unos mecanismos de seguridad contra los distintos riesgos que pudieran atacar al sistema de red. Analizaremos aquí los riesgos más comunes.

A. Protección eléctrica

Todos los dispositivos electrónicos de una red necesitan corriente eléctrica para su funcionamiento. Los ordenadores son dispositivos especialmente sensibles a perturbaciones en la corriente eléctrica. Cualquier estación de trabajo puede sufrir estas perturbaciones y perjudicar al usuario conectado en ese momento en la estación. Sin embargo, si el problema se produce en un servidor, el daño es mucho mayor, ya que está en juego el trabajo de toda o gran parte de una organización. Por tanto, los servidores deberán estar especialmente protegidos de la problemática generada por fallos en el suministro del fluido eléctrico.

Algunos factores eléctricos que influyen en el funcionamiento del sistema de red son los siguientes:

• **Potencia eléctrica en cada nodo,** especialmente en los servidores, que son los que soportan más dispositivos, por ejemplo, discos. A un servidor que posea una fuente de alimentación de 200 vatios no le podemos conectar discos y tarjetas que superen este consumo, o incluso que estén en el límite. Hay que guardar un cierto margen de seguridad si no queremos que cualquier pequeña fluctuación de corriente afecte al sistema. Los grandes servidores corporativos suelen tener fuentes de alimentación de mayor potencia con objeto de poder alimentar más hardware y, además, redundantes para evitar problemas en caso de fallos en la fuente.

• **La corriente eléctrica debe ser estable.** Si la instalación eléctrica es defectuosa, deberemos instalar unos estabilizadores de corriente que aseguren los parámetros básicos de la entrada de corriente en las fuentes de alimentación de los equipos. Por ejemplo, garantizando tensiones de 220 voltios y 50 Hz de frecuencia. El estabilizador evita los picos de corriente, especialmente los producidos en los arranques de la maquinaria.

Algunos factores eléctricos que influyen en el funcionamiento del sistema de red son los siguientes:

• **Potencia eléctrica en cada nodo,** especialmente en los servidores, que son los que soportan más dispositivos, por ejemplo, discos. A un servidor que posea una fuente de alimentación de 200 vatios no le podemos conectar discos y tarjetas que superen este consumo, o incluso que estén en el límite. Hay que guardar un cierto margen de seguridad si no queremos que cualquier pequeña fluctuación de corriente afecte al sistema. Los grandes servidores corporativos suelen tener fuentes de alimentación de mayor potencia con objeto de poder alimentar más hardware y, además, redundantes para evitar problemas en caso de fallos en la fuente.

• **La corriente eléctrica debe ser estable.** Si la instalación eléctrica es defectuosa, deberemos instalar unos estabilizadores de corriente que aseguren los parámetros básicos de la entrada de corriente en las fuentes de alimentación de los equipos. Por ejemplo, garantizando tensiones de 220 voltios y 50 Hz de frecuencia. El estabilizador evita los picos de corriente, especialmente los producidos en los arranques de la maquinaria.

• **Correcta distribución del fluido eléctrico y equilibrio entre las fases de corriente.** En primer lugar, no podemos conectar a un enchufe de corriente más equipos de los que puede soportar. Encadenar ladrones de corriente en cascada no es una buena solución. Además, las tomas de tierra (referencia común en toda comunicación) deben ser lo mejores posibles.

Si la instalación es mediana o grande, deben instalarse picas de tierra en varios lugares y asegurarse de que todas las tierras de la instalación tienen valores similares. Una toma de tierra defectuosa es una gran fuente de problemas intermitentes para toda la red, además de un importante riesgo para los equipos.

• **Garantizar la continuidad de la corriente.** Esto se consigue con un **SAI** (Sistema de Alimentación Ininterrumpida) o UPS.

Normalmente, los sistemas de alimentación ininterrumpida corrigen todas las deficiencias de la corriente eléctrica: actúan de estabilizadores, garantizan el fluido frente a cortes de corriente, proporcionan el flujo eléctrico adecuado, etcétera.

El SAI contiene en su interior unos acumuladores que se cargan en el régimen normal de funcionamiento. En caso de corte de corriente, los acumuladores producen la energía eléctrica que permite cerrar el sistema de red adecuadamente, guardar los datos que tuvieran abiertos las aplicaciones de los usuarios y cerrar ordenadamente los sistemas operativos.

Si además no queremos vernos obligados a parar nuestra actividad, hay que instalar grupos electrógenos u otros generadores de corriente conectados a nuestra red eléctrica. Básicamente hay dos tipos de SAI:

• **SAI de modo directo.** La corriente eléctrica alimenta al SAI y éste suministra energía constantemente al ordenador. Estos dispositivos realizan también la función de estabilización de corriente.

• **SAI de modo reserva.** La corriente se suministra al ordenador directamente. El SAI sólo actúa en caso de corte de corriente.

Los servidores pueden comunicarse con un SAI a través de alguno de sus puertos de comunicaciones, de modo que el SAI informa al servidor de las incidencias que observa en la corriente eléctrica.

En la Figura 8.14 se pueden observar algunos de los parámetros que se pueden configurar en un ordenador para el gobierno del SAI.

Windows, por ejemplo, lleva ya preconfigurada una lista de SAI de los principales fabricantes con objeto de facilitar lo más posible la utilización de estos útiles dispositivos.

Figura 8.14. Parámetros configurables en una estación para el gobierno de un SAI.

B. Protección contra virus

Los virus informáticos son programas o segmentos de código maligno que se extienden (infección) por los ficheros, memoria y discos de los ordenadores produciendo efectos no deseables y, en ocasiones, altamente dañinos.

Algunas empresas de software, especializadas en seguridad, han creado programas (antivirus) que detectan y limpian las infecciones virulentas.

Si ya es importante que una estación de trabajo aislada no se infecte con virus, mucho más importante es evitar las infecciones en un servidor o en cualquier puesto de red, ya que al ser nodos de intercambio de datos, propagarían extraordinariamente la infección por todos los puestos de la red.

Es posible la instalación de aplicaciones antivirus en los servidores, corriendo en **background,** que analizan cualquier fichero que se deposita en el servidor.

Esto ralentiza el servidor, puesto que consume parte de los recursos de procesamiento, pero eleva la seguridad.

El auge de Internet y las aplicaciones instaladas en ella o que se pueden descargar desde servidores web ha provocado una explosión de virus transmitidos a su través: los virus más comunes en la actualidad se transmiten dentro de los mismos mensajes de correo electrónico.

Las compañías fabricantes de software antivirus han tenido que idear utilidades antivíricas que chequean estos correos electrónicos y vigilar intensivamente cualquier software que entre por las líneas de conexión a Internet.

Los más modernos antivirus pueden llegar a centralizar sus operaciones sobre una consola que vigila atentamente toda la red (Figura 8.15).

Corresponde al administrador advertir de estos riesgos a los usuarios de la red, limitar los accesos a las aplicaciones y a los datos que puedan portar virus e impedir la entrada de datos indeseados, por ejemplo, a través de disquetes, CD-ROM o Internet.

Debe planificar las copias de seguridad con la debida frecuencia para restituir el sistema en caso de desastre.

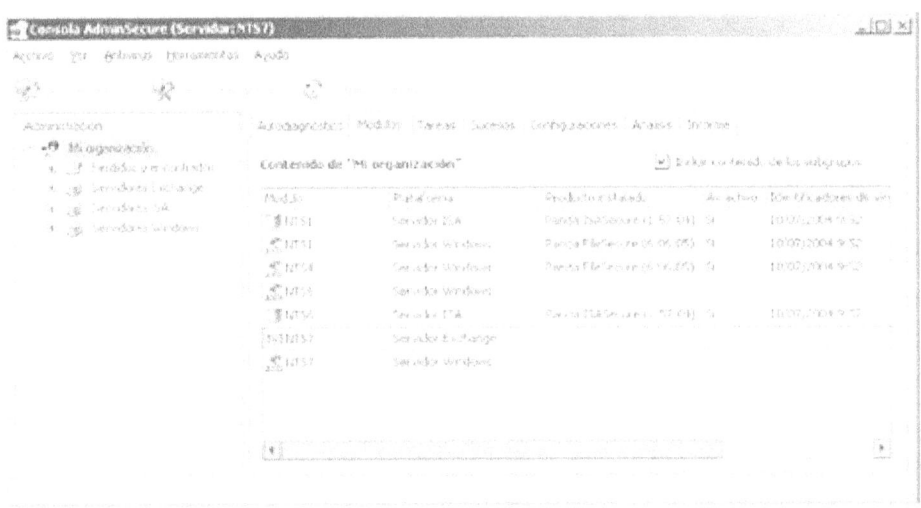

Figura 8.15. Consola de administración centralizada para toda una red de un conocido antivirus sobre Windows.

C. Protección contra accesos indebidos

Además de las cuentas personalizadas de usuario, los NOS disponen de herramientas para limitar, impedir o frustrar conexiones indebidas a los recursos de la red.

Para ello, se pueden realizar auditorías de los recursos y llevar un registro de los accesos a cada uno de ellos.

Si un usuario utilizara algún recurso al que no tiene derecho, seríamos capaces de detectarlo o, al menos, de registrar el evento.

Conviene realizar un plan de auditorías en que se diseñen los sucesos que serán auditados. Las auditorías se pueden realizar sobre conexiones, accesos, utilización de dispositivos de impresión, uso de ficheros o aplicaciones concretas, etcétera. El auditor genera un registro de accesos que puede ser consultado por el administrador de red en cualquier momento.

Además, es posible definir el disparo de alarmas que avisen de que ciertos eventos han ocurrido en la red, utilizando el sistema de mensajería electrónica del NOS (Figura 8.16).

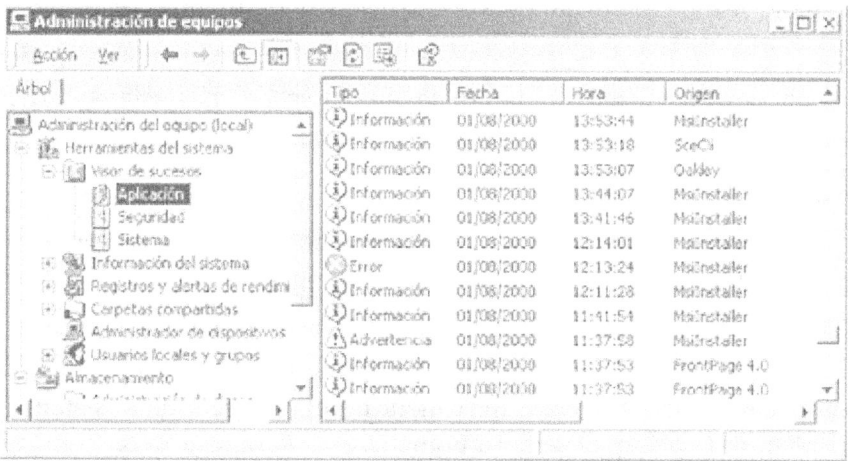

Figura 8.16. Visor de sucesos de Windows.

También es posible visualizar el estado de las conexiones y accesos al servidor: observar la corrección de su utilización, detener conexiones, estadísticas de utilización, etcétera.

Cada conexión al servidor consume recursos del servidor, normalmente CPU y memoria. Por tanto, es aconsejable limitar el número máximo de conexiones que se permitirán en cada recurso, teniendo en cuenta las necesidades de los usuarios y el rendimiento del sistema.

Hay programas cuyo propósito es la captura del nombre y la contraseña de los usuarios de la red o hacerse con información privilegiada para su posterior uso ilegal. Estos programas pertenecen al grupo de los denominados **caballos de Troya.** Los sistemas deben estar protegidos contra estos programas.

Ante la abundancia de redes de organizaciones que se conectan a otras redes WAN, se deben instalar unos dispositivos denominados **cortafuegos,** que limitan los accesos de usuarios externos a la propia LAN. En la Unidad 9 se estudiarán con mayor profundidad estos dispositivos de red.

D. Protección de los datos

El software más importante en las estaciones de trabajo de cualquier organización está representado por los datos de usuario, ya que cualquier aplicación puede ser reinstalada de nuevo en caso de problemas; los datos, no.

La duplicación de los datos

El modo más seguro de proteger los datos ante cualquier tipo de problemas es duplicarlos. Se puede tener un doble sistema de almacenamiento en disco, pero esto genera nuevos problemas, entre los que destacamos:

• Cuando se tiene información duplicada es difícil determinar cuál de las copias es la correcta.

• La duplicación de información requiere la inversión de más recursos económicos, al ocupar más espacio en los dispositivos de almacenamiento.

Copias de seguridad

La **copia de seguridad** o *backup* es una duplicación controlada de los datos o aplicaciones de los usuarios. Se realiza a través de utilidades propias de los sistemas operativos y del hardware apropiado.

Cabe la posibilidad de que las unidades de backup estén centralizadas en los servidores, de modo que con pocas unidades se puedan realizar las copias de todo el sistema. El software de las utilidades de backup puede automatizarse para que las copias se realicen automáticamente en periodos apropiados, por ejemplo, por la noche, salvando los datos que hayan sido modificados durante el día. Los medios físicos más comunes para realizar este tipo de volcado son la cinta magnética y el CD o DVD regrabables. La relación capacidad/coste es mayor que en el caso de discos duplicados. Las desventajas residen en que la lectura de los datos de un backup no es directa por las aplicaciones y requieren un volcado inverso (de cinta a disco) previo.

Ejemplos de cintas utilizadas para backup son las DLT, QIC, DAT, *streamers*, etc. Algunas de ellas pueden alcanzar una gran capacidad utilizando sofisticadas técnicas de compresión de datos, por encima de los 100 Gbytes. En la operación de *backup* también se pueden utilizar discos, normalmente removibles, e incluso CD o DVD grabables. En cualquier caso, siempre hay que exigir que el dispositivo de *backup* tenga capacidad para almacenar los datos que haya que guardar, lo que normalmente exigirá que el sistema pueda generar múltiples volúmenes en un único *backup*.

Se pueden establecer distintos tipos de copias de seguridad, destacamos aquí dos de ellas:
• *Backup* **normal.** Es una copia de los archivos seleccionados sin ninguna restricción, posiblemente directorios completos y sus subdirectorios.
• *Backup* **progresivo, diferencial o incremental.** En este caso, la copia sólo se realiza sobre los ficheros seleccionados que hayan sido modificados o creados después del anterior backup.

Las copias de seguridad realizadas sobre cualquier sistema deben estar perfectamente etiquetadas y documentadas con el fin de garantizar que la recuperación de ficheros, en caso de problemas, sea de la copia correcta (Figura 8.17).

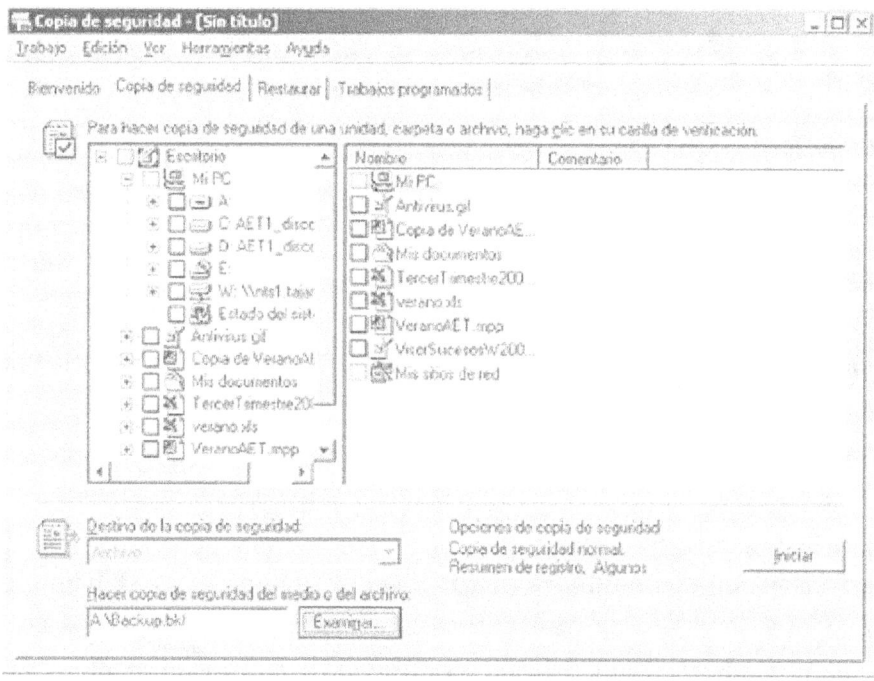

Figura 8.17. Utilidad para la copia de seguridad en Windows.

Sistemas tolerantes a errores

Un sistema tolerante a errores es aquél que está capacitado para seguir operando aunque se presenten fallos en alguno de sus componentes.

La tolerancia a fallos está diseñada para combatir fallos en periféricos, en el software de sistema operativo, en la alimentación eléctrica de los equipos, etcétera.

La tolerancia a fallos más común es la que consiste en duplicar los elementos del sistema, por ejemplo, que cada equipo posea dos fuentes de alimentación: cuando falla una de ellas, automáticamente se pone en funcionamiento la segunda.

En el caso de discos, el método de redundancia más sencillo es la configuración de discos espejo *(mirror)*. Para ello, se duplican los discos, de modo que cualquier operación de escritura sobre uno de los discos se duplica en el otro.

En la lectura, cualquier disco puede proporcionar los datos solicitados, puesto que son iguales.

Los sistemas operativos de red avanzados poseen software para la automatización de los procesos de tolerancia a errores.

En los sistemas actuales se proporcionan un conjunto de tecnologías que, en conjunto, contribuyen a crear sistemas seguros, escalables y de alta disponibilidad. La exigencia de muchos sistemas es 24 x 7, es decir, 24 horas diarias y 7 días por semana.

Se considera que un sistema es seguro si tiene una disponibilidad superior al 99,99 %, es decir, un día de paro de sistema por cada 10 000 de utilización.

Tecnología RAID

La tecnología más extendida para la duplicación de discos es la RAID (*Redundant Array of Inexpensive Disks*, serie redundante de discos económicos), que ofrece una serie de niveles de seguridad o crecimiento de prestaciones catalogados de 0 a 5, aunque algunos no se utilizan:

• **RAID de nivel 0.** Los datos se reparten entre varios discos mejorando las prestaciones del acceso a disco, aunque no se ofrece ningún tipo de redundancia.

• **RAID de nivel 1.** La redundancia de datos se obtiene almacenando copias exactas cada dos discos, es decir, es el sistema de espejos al que nos hemos referido anteriormente.

• **RAID de nivel 2.** No ha sido implementado comercialmente, pero se basa en la redundancia conseguida con múltiples discos una vez que los datos se han dividido en el nivel de bit.

• **RAID de nivel 3.** Los datos se dividen en el nivel de byte. En una unidad separada se almacena la información de paridad.

• **RAID de nivel 4.** Es similar al nivel 3, pero dividiendo los datos en bloques.

• **RAID de nivel 5.** Los datos se dividen en bloques repartiéndose la información de paridad de modo rotativo entre todos los discos.

Por ejemplo, Windows NT, Windows 2000 y Windows 2003 soportan RAID 1 y RAID 5 en cualquiera de sus versiones servidoras. Microsoft denomina **espejos** o *mirrors* a RAID

1 y **sistemas de bandas con paridad** a RAID 5. En la Figura 7.18 hay un ejemplo de gestor de discos con RAID 1 en un sistema servidor Windows.

Para establecer discos espejo (RAID 1) sólo son necesarios dos discos, mientras que para la utilización de las bandas con paridad, el mínimo de discos es de tres.

Todas las operaciones de gestión de discos se realizan desde el administrador de discos que se halla integrado en la consola de administración local del equipo en el caso de Windows (Figura 8.18).

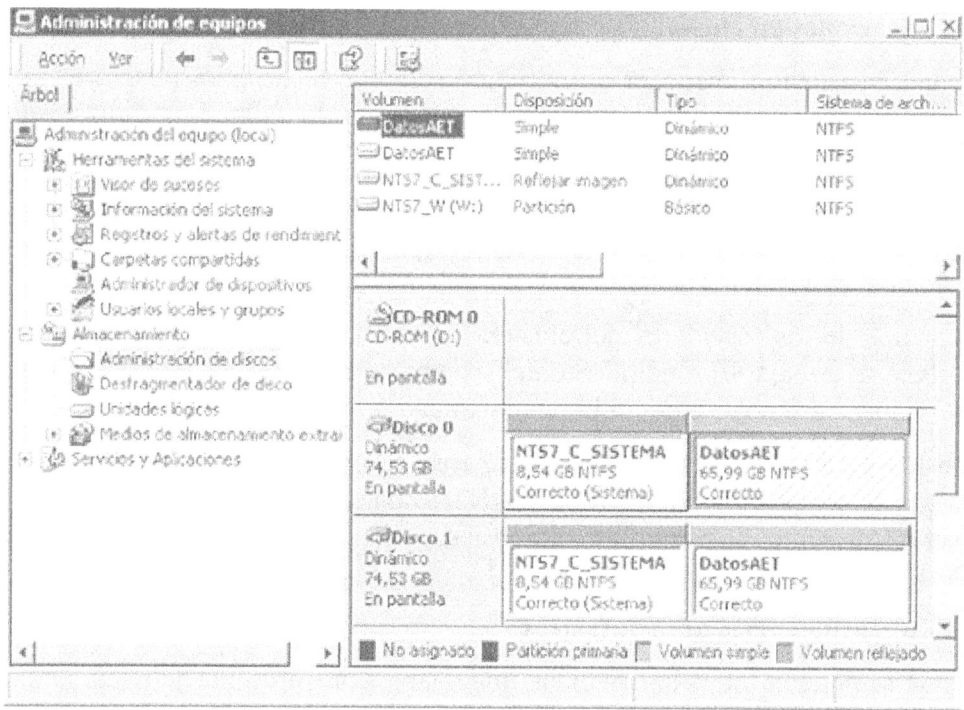

Figura 8.18. Gestor de discos en Windows Server con un volumen RAID 1.

Dispositivos extraíbles en caliente

Llegar a estos niveles de disponibilidad en los sistemas no es nada sencillo; los ordenadores no son más que máquinas electrónicas y, por tanto, están expuestos a todo tipo de catástrofes.

Algunas compañías han diseñado componentes de ordenadores que son intercambiables en caliente, es decir, sin apagar el ordenador.

Esta característica está muy extendida en los discos duros de un cierto nivel. De hecho, en general, los discos en configuración RAID suelen residir en torres de discos conectadas al procesador central o a la red a través de buses de comunicaciones muy rápidos, y suelen ser intercambiables en caliente.

Últimamente, en servidores muy especializados, están apareciendo tarjetas que también se pueden cambiar en caliente.

El desarrollo de las técnicas *Plug & Play* en los sistemas operativos, por ejemplo en Windows, hace que el sistema reconozca inmediatamente la nueva tarjeta y prosiga su funcionamiento en pocos segundos.

Configuraciones en cluster

Para una instalación, disponer de un único servidor es un gran riesgo: el trabajo de una empresa se puede paralizar si su servidor corporativo falla. Los *clusters* de servidores vienen a solucionar, entre otros, este problema.

Un **cluster** es una asociación de ordenadores que comparten periféricos de almacenamiento y entre los que se establecen unas fuertes relaciones de cooperación en el trabajo que realizan.

Así, si uno de los servidores del cluster deja de funcionar, otro miembro de ese cluster absorberá su trabajo. El rendimiento del sistema se resentirá de algún modo (se ha perdido un servidor), pero no se perderá la funcionalidad total del sistema.

Entre los sistemas operativos de red capaces de organizarse en forma de clusters están algunas versiones de UNIX, Windows NT Advanced Sever, Windows 2000 Advanced Server y Datacenter Server, y las versiones superiores de Windows 2003 Server.

Plan de contingencias ante desastres

Aunque se pongan todas las medidas imaginables, siempre puede darse una situación no prevista en la que el sistema deje de funcionar.

El tiempo de parada será menor si está previsto (e incluso probado) con antelación cómo hacer frente a cada avería concreta.

El documento que recoge qué hacer en cada momento se denomina **plan de contingencias.** Es uno de los documentos más importantes que debe preparar el administrador de red.

El plan de contingencias es la mayor garantía de que no se dejará llevar por la precipitación ante una situación de desastre.

E. La seguridad en la red

Teniendo en cuenta que muchas redes se conectan a Internet a través de dispositivos que las ocultan, la cifra de ordenadores que pueden volcar datos a Internet es gigantesca.

Lo que a nosotros nos interesa ahora es que la inseguridad de nuestro sistema puede venir, entre otros factores, por cualquiera de esos nodos de la red.

Pretendemos aquí dar, a modo de ejemplo, unos cuantos consejos tomados de publicaciones del sector que se deben tener en cuenta cuando se planifica la seguridad de la red de una corporación:

• La seguridad y la complejidad suelen guardar una relación de proporcionalidad inversa, es decir, a mayor seguridad, se simplifican los procedimientos, ya que la seguridad es limitadora de las posibilidades.

• Además, la educación de los usuarios de la red debe ser lo más intensa posible.

• La seguridad y la facilidad de uso suelen guardar frecuentemente una relación de proporcionalidad inversa; por tanto, resulta conveniente concentrarse en reducir el riesgo, pero sin desperdiciar recursos intentando eliminarlo por completo, lo que es imposible.

• Un buen nivel de seguridad ahora es mejor que un nivel perfecto de seguridad nunca.

• Por ejemplo, se pueden detectar diez acciones por hacer; si de ellas lleva a cabo cuatro, el sistema será más seguro que si se espera a poder resolver las diez.

• Es mejor conocer los propios puntos débiles y evitar riesgos imposibles de cuantificar.

• La seguridad es tan potente como su punto más débil, por lo que interesa centrarse en estos últimos puntos.

• Lo mejor es concentrase en amenazas probables y conocidas.

• La seguridad no es un gasto para la empresa, sino que debe ser considerada como una inversión.

Al plantearse el diseño de la seguridad de la red a la luz de los consejos anteriores, hay que seguir una serie de pasos, entre los que destacan los siguientes:

• Evaluar los riesgos que corremos.

• Definir la política fundamental de seguridad de la red.

• Elegir el diseño de las tácticas de seguridad.

• Tener previstos unos procedimientos de incidencias respuesta, etcétera.

8.6. Autenticación y certificación

El avance de la etapa comercial en el desarrollo de Internet y la integración de la venta electrónica de productos o transacciones financieras electrónicas ha generado unas expectativas en el volumen de negocio en las que el principal problema reside en la seguridad. Analizaremos en este epígrafe los conceptos básicos utilizados en Internet, y por extensión en el resto de las redes, sobre tecnologías y protocolos de seguridad.

A. La criptografía

Encriptar un mensaje no es más que codificarlo de nuevo de acuerdo con un código que sólo el destinatario de la información conoce, haciendo por tanto ilegible el mensaje al resto de los posibles receptores. En Internet, es típico codificar la información económica sensible, como los datos de la tarjeta de crédito. Entre las funciones básicas del cifrado podemos citar las siguientes:

• **Confidencialidad.** Los datos sólo deben ser legibles por los destinatarios autorizados.

• **Integridad.** Los datos deben ser genuinos. El sistema debe detectar si los datos originales han sido cambiados.

• **Autenticación.** Se trata de asegurarse de que la información fue originada por quien se dice en el mensaje. Más adelante estudiaremos este asunto con más profundidad.

El principal problema de la criptografía es cómo custodiar la información de codificación, ya que quien la posea será capaz de restituir el mensaje original, perdiéndose, por tanto, su privacidad. Muchos algoritmos de encriptación utilizan una clave que modifica particularmente el comportamiento del algoritmo, de modo que sólo quien conozca esa clave podrá desencriptar el mensaje.

Se pueden utilizar muchos algoritmos para encriptar mensajes:

• **DES, *Data Encription Standard*.** Es el sistema de encriptación oficial americano. Emplea un algoritmo con clave secreta de 56 bits, lo que significa que oculta la clave entre más de 72 000 billones de posibles combinaciones. Para hacernos una idea, un algoritmo de este tipo utilizado habitualmente en Internet utiliza una clave de 1 024 bits.

• **RSA, *Rivest, Shamir, Adleman*.** Este algoritmo lleva por nombre las iniciales de los apellidos de sus creadores, investigadores del MIT *(Massachussets Institute of Technology)* y que crearon este algoritmo en 1997. Se basa en dos claves, una pública y otra privada, que son complementarias entre sí, pero que no son deducibles una a partir de la otra. El mensaje encriptado con una clave pública sólo puede ser desencriptado con la clave privada complementaria y viceversa. RSA es el pionero en la tecnología **PKI** *(Public Key Infrastructure)*.

Por la importancia que reviste el algoritmo RSA, merece la pena dedicarle algo más de atención. Veamos brevemente cómo funciona el algoritmo. Cuando un emisor quiere enviar un mensaje a un receptor, el emisor encripta el mensaje utilizando la clave pública (de todos conocida) del receptor. El receptor es el único que conoce y posee su propia clave privada. El mensaje encriptado sólo puede ser desencriptado por quien conozca la clave privada del receptor, es decir, sólo podrá ser leído por el receptor a quien el emisor designó. Por tanto, cualquier persona puede enviar mensajes encriptados a cualquier receptor, ya que las claves públicas son eso, públicas. Sin embargo, sólo un receptor, el que posea la clave privada del destinatario del mensaje, podrá leerlo.

No son estos los únicos sistemas de encriptación utilizados en Internet; basta con pasearse por las opciones o preferencias de cualquier navegador de Internet para observar la inclusión dentro del navegador de muchos otros algoritmos.

B. Certificados digitales

El certificado digital es una credencial que proporciona una Autoridad de Certificación que confirma la identidad del poseedor del certificado, es decir, garantiza que es quien dice ser.

La Autoridad de Certificación actúa de modo semejante a un notario digital y es quien expide los certificados electrónicos que se guardan en los ordenadores de los usuarios, normalmente accesibles desde su navegador de Internet. El ámbito de utilización de las firmas electrónicas es muy amplio; aquí destacamos algunas aplicaciones más comunes:

• **Justificación ante las administraciones.** La firma electrónica sirve como documento de identidad electrónico y válido, por ejemplo, se pueden pagar los impuestos a través de Internet con seguridad.

• **Comercio electrónico.** Con la firma digital se puede evitar que los compradores repudien operaciones de compra realmente realizadas o bien asegurarse de que el web de comercio electrónico es auténtico: no es la suplantación de un tercero.

• **Transacciones financieras.** Un ejemplo claro es el de los monederos electrónicos seguros. La firma digital puede ir asociada al monedero garantizando la transacción.

• **Software legal.** Cualquier software instalado en un equipo debe ir correctamente firmado como garantía del fabricante.

• **Correo electrónico.** Con la firma digital se asegura la autenticación del remitente del mensaje.

Formalmente, un certificado digital es un documento electrónico emitido por una entidad de certificación autorizada para una persona física o jurídica, con el fin de almacenar la información y las claves necesarias para prevenir la suplantación de su identidad. Dependiendo de la política de certificación propuesta por la Autoridad de Certificación, cambiarán los requisitos para la obtención de un certificado, llegándose incluso al caso de tener que presentarse físicamente el interesado para acreditar su identidad.

Por ejemplo, la ACE (Agencia de Certificación Electrónica en España) emite tres tipos de certificados: el de clase 1 no exige contrastar ninguna información especial, basta con el nombre del usuario y una dirección de correo a donde se le enviará el certificado. Para la clase 2, el usuario debe presentar documentación que acredite su identidad, pero no requiere su presencia. Sin embargo, para los de clase 3 sí se requiere la presencia física del usuario que solicita el certificado. Este certificado ACE de clase 3 es equivalente en cuanto a seguridad a los de clase 2 emitidos por la Fábrica Nacional de Moneda y Timbre en España para la Agencia Tributaria.

El certificado está protegido por un identificador que sólo conoce el propietario del mismo, aunque es posible su almacenamiento en dispositivos más seguros como tarjetas inteligentes *(smartcards)* o llaves USB.

C. Autenticación

Cuando el usuario de una red se presenta en su sistema, lo que realmente está haciendo es informando a la red de quién es para que el sistema le proporcione los derechos, permisos y recursos que tenga asignados personalmente. ¿Cómo sabe la red que el usuario que se intenta presentar es quien dice ser? Éste es el problema que resuelven los sistemas de autenticación.

El certificado digital proporciona un mecanismo seguro para producir una correcta autenticación, ya que la Autoridad de Certificación asegura la veracidad de la información. En los sistemas de red, los certificados digitales residen en un servicio de directorio al que accede el sistema para contrastar la información procedente de la Autoridad de Certificación.

Windows Server y muchas versiones de UNIX son ejemplos típicos de este sistema de autenticación. El sistema operativo lleva incorporado un generador y servidor de certificados para ser utilizados internamente en la red si no se desean utilizar los servicios de una compañía certificadora externa a la red. Kerberos es la tecnología de autenticación mediante firma electrónica más extendida actualmente.

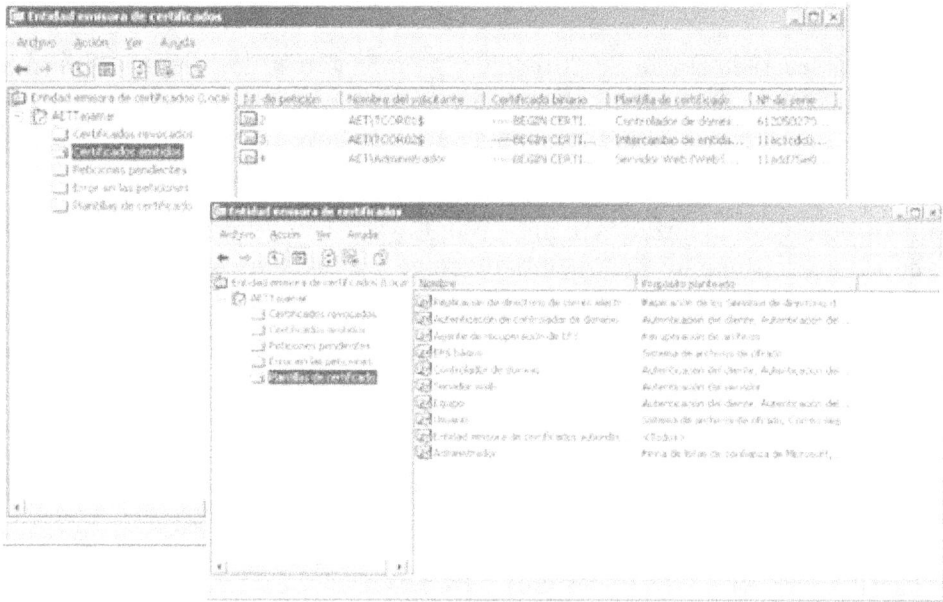

Figura 8.19. Consola de administración de una entidad emisora de certificados integrante de una PKI en Windows Server 2003.

D. Componentes de una PKI

Una **PKI** (*Public Key Infrastructure*, infraestructura de clave pública) es un conjunto de elementos de infraestructura necesarios para la gestión de forma segura de todos los componentes de una o varios Autoridades de Certificación.

Por tanto, una PKI incluye los elementos de red, servidores, aplicaciones, etc. Ahora vamos a identificar algunos de los componentes lógicos básicos de una infraestructura de clave pública.

• **Autoridad de certificación CA.** Una autoridad de certificación es el componente responsable de establecer las identidades y de crear los certificados que forman una asociación entre la identidad y una pareja de claves pública y privada.

• **Autoridad de registro RA.** Una autoridad de registro es la responsable del registro y la autenticación inicial de los usuarios a quienes se les expedirá un certificado posteriormente si cumplen todos los requisitos.

• **Servidor de certificados.** Es el componente encargado de expedir los certificados aprobados por la autoridad de registro. La clave pública generada para el usuario se combina con otros datos de identificación y todo ello se firma digitalmente con la clave privada de la autoridad de certificación.

• **Repositorio de certificados.** Es el componente encargado de hacer disponibles las claves públicas de las identidades registradas antes de que puedan utilizar sus certificados. Suelen ser repositorios X.500 o LDAP. Cuando el usuario necesita validar un certificado debe consultar el repositorio de certificados para verificar la firma del firmante del certificado, garantizar la vigencia del certificado comprobando su periodo de validez y que no ha sido revocado por la CA y que además cumple con los requisitos para los que se expidió el certificado; por ejemplo, que el certificado sirve para firmar correo electrónico.

Los sistemas operativos avanzados como Windows Server suelen incorporar software suficiente para construir una infraestructura de clave pública completa (Figura 8.19).

En el cifrado de la información pueden emplearse muchos métodos, pero fundamentalmente se utilizan dos: sistemas de una sola clave y sistemas de dos claves, una privada y otra pública.

En el caso de utilizar una única clave, tanto el emisor como el receptor deben compartir esa única clave, pues es necesaria para desencriptar la información.

Hasta aquí no hay ningún problema; sin embargo, el procedimiento de envío de esta clave al receptor que debe descifrar el mensaje puede ser atacado permitiendo que un intruso se apodere de esa clave.

Mucho más seguros son los procedimientos de doble clave. Consisten en confeccionar un par de claves complementarias, una de las cuales será pública, y que por tanto puede transmitirse libremente, y otra privada que sólo debe estar en posesión del propietario del certificado y que no necesitará viajar. El algoritmo hace que un mensaje cifrado con la clave pública sólo pueda descifrarse con la clave privada que le complementa y viceversa.

Cuando el emisor quiere enviar un mensaje a un receptor, cifra la información con su clave privada que sólo él posee. El receptor, una vez que le haya llegado el mensaje cifrado, procederá a descifrarlo con la clave pública del emisor.

E. Firma electrónica

La firma electrónica sirve para garantizar la integridad de un mensaje firmado, es decir, asegura que la información no fue manipulada por el camino. La firma normalmente es un resumen del propio mensaje firmado. Este resumen se obtiene mediante algoritmos de resumen y cifrado como SHA-1 o MD5, que comprimen el mensaje de forma que el receptor, aplicando el mismo algoritmo al mensaje recibido, debe obtener un resumen idéntico al que ha recibido adjuntado al mensaje por el emisor y que ha obtenido por el mismo procedimiento. Cualquier manipulación del mensaje generaría en el destino un resumen distinto del elaborado por el emisor, y se detectaría así la intrusión.

F. Protocolos seguros

Haremos aquí una descripción de los protocolos y tecnologías que se utilizan en la actualidad para dotar a los sistemas en red de mecanismos de comunicación seguros.

Protocolo SSL

Desde hace algunos años, el protocolo más utilizado para encriptar comunicaciones por Internet es **SSL** *(Secure Sockets Layer),* desarrollado por Netscape. Se trata de un protocolo que encripta una comunicación punto a punto seleccionando un método de encriptación y generando las claves necesarias para toda la sesión. En la arquitectura de red se sitúa inmediatamente por encima de la capa de transporte; por ejemplo, en una transmisión de páginas web seguras desde un servidor web hasta un navegador, SSL estaría entre la capa del protocolo http y la capa de transporte propia de TCP o UDP.

Aunque las claves generadas por SSL son débiles, es difícil romperlas en el tiempo que dura una transacción, por lo que, sin ser el mejor protocolo de seguridad, es muy válido. SSL es uno de los protocolos más utilizados en la creación de redes privadas virtuales (VPN, *Virtual Private Networks*).

SSL, sin embargo, no resuelve el problema de la autenticación. Además, el receptor de la información puede acceder a toda la información, lo que en el caso del comercio electrónico es un problema: el vendedor no sólo tendría acceso al pedido (datos a los que tiene derecho), sino también la información bancaria del comprador, datos que son propios de las entidades bancarias.

Cuando desde el navegador se pretende realizar una compra por Internet, SSL suele activarse en el momento de realizar el pago, de modo que la información de la tarjeta de crédito viaja encriptada. Esta activación se produce en la web del comerciante utilizando el protocolo https, una variante de http que incorpora las técnicas de encriptación.

Veamos algo más detenidamente cómo funciona SSL desde un navegador de Internet a través de las fases que atraviesa:

a) En la primera fase, el navegador solicita una página a un servidor seguro. La petición queda identificada por el protocolo https en vez de http, utilizado en páginas no seguras. A continuación, navegador y servidor negocian las capacidades de seguridad que utilizarán a partir de ese momento.

b) Seguidamente, se ponen de acuerdo en los algoritmos que garanticen la confidencialidad, integridad y autenticidad.

c) En una tercera fase, el servidor envía al navegador su certificado de norma X.509 que contiene su clave pública y, si la aplicación lo requiere, solicita a su vez el certificado del cliente.

d) A continuación, el navegador envía al servidor una clave maestra a partir de la cual se generará la clave de sesión para cifrar los datos que se hayan de intercambiar como seguros. El envío de esta clave se hace cifrándola con la clave pública del servidor que extrajo previamente de su certificado.

e) Finalmente, se comprueba la autenticidad de las partes implicadas y, si el canal ha sido establecido con seguridad, comenzarán las transferencias de datos.

Los certificados X.509 se utilizan para garantizar que una clave pública pertenece realmente a quien se atribuye. Son documentos firmados digitalmente por una autoridad de certificación, que asegura que los datos son ciertos tras demostrárselo el solicitante del certificado documentalmente.

Contienen la clave pública los datos que identifican al propietario, los datos de la autoridad de certificación y la firma digital generada al encriptar con la clave privada de la autoridad de certificación.

SSL aporta muchas ventajas a las comunicaciones seguras. En primer lugar, goza de gran popularidad y se encuentra ampliamente extendido en Internet, además de estar soportado por la mayor parte de los navegadores actuales.

También asegura cualquier comunicación punto a punto, no necesariamente de transmisión de páginas web, aunque ésta es la aplicación de mayor uso. Por último, el usuario no necesita realizar ninguna operación especial para activar el protocolo: basta con sustituir en el navegador la secuencia http por https.

SET

Los problemas de SSL están solucionados en **SET** (*Secure Electronic Transaction* , Transacción electrónica segura). En 1995, Visa y MasterCard, ayudados por otras compañías como Microsoft, IBM, Netscape, RSA o VeriSign, desarrollaron SET ante el retraimiento tanto de las compañías comerciantes como de los posibles compradores hacia el comercio electrónico o financiero.

SET es muy complicado, así que resumiremos aquí brevemente su funcionamiento. Cuando A quiere efectuar una compra en B, genera un pedido para B y decide el medio de pago. Entonces B genera un identificador de proceso para la compra y lo envía a A con su clave pública y la de una pasarela de pago C que se utilizará en la transacción. El comprador envía a B dos informaciones: la primera es el pedido, que estará encriptado con la clave pública de B, de manera que sólo el vendedor pueda leer el pedido.

La segunda información es el modo de pago, que A encriptará con la clave pública de la pasarela de pagos C. De este modo, aunque la información sea recibida inicialmente por B, sólo C podrá leer los datos bancarios. El banco, sin embargo, no puede leer el pedido realizado, que sólo puede ser desencriptado por B, su destinatario; por tanto, el banco no puede realizar un estudio del perfil del comprador.

A partir de aquí, la pasarela de pagos C consultará con los bancos emisor y receptor de la transacción para que se autorice. Si se cumplen todos los requisitos, se produce la transacción, informando al vendedor y comprador de que la operación de compra-venta ha sido realizada correctamente.

Protocolos seguros para correo y el acceso a redes

Además de SSL y SET existen otros protocolos que ayudan a mantener comunicaciones seguras. Las técnicas criptográficas no dejan de avanzar porque de las garantías de seguridad en las comunicaciones depende en gran medida el avance en el comercio electrónico, las oficinas electrónicas de la administración pública, etcétera.

Encriptación PGP

PGP son las siglas de *Pretty Good Privacy*. Se trata de un sistema de encriptación gratuito de cualquier tipo de información, aunque se ha extendido sobre todo por su capacidad de cifrar mensajes de correo electrónico basado en el modelo de firma digital, de modo que se garantiza la autenticación del remitente.

Está ampliamente extendido en la comunidad Internet y se integra en la mayoría de los clientes de correo electrónico. También se puede encontrar como una suite de aplicaciones separadas.

Es posible descargar el software necesario para gran parte de los sistemas operativos de muchos servidores en Internet de la dirección www .pgpi. com/download.

Protocolo PPTP

PPTP son las siglas de *Point to Point Tunneling Protocol* o protocolo de túnel punto a punto. Es un protocolo definido en el RFC 2637 que pretende mantener un servicio punto a punto cifrado protegiendo la comunicación del exterior.

Frecuentemente, PPTP se combina con otros protocolos como L2TP, que estudiaremos más adelante.

PPTP es bastante popular en redes privadas virtuales, ya que Microsoft incorporó un servidor y un cliente PPTP gratuitos a partir de Windows NT. En la Unidad 9 hablaremos más extensamente de VPN y PPTP.

Protocolo IPSec

Se trata de un conjunto de extensiones del TCP/IP que añade autenticación y encriptación en la transmisión de paquetes.

IPSec consta de tres elementos diferenciados: cabeceras de autenticación, bloques de seguridad y un protocolo de negociación e intercambio de claves. Con estos elementos se pueden producir fenómenos de transporte tradicionales o bien en forma de túneles, seguros en cualquiera de los casos. Microsoft incorpora IPSec a partir de Windows 2000.

8.7. Optimización de la red

Una vez instalada la red, y en pleno funcionamiento, se debe pasar al periodo de observación y medida con el fin de asegurarnos que se obtiene el mayor rendimiento posible.

Esta tarea se compone de una fase de análisis de la red con la elaboración de unas estadísticas sencillas que sirvan de apoyo para la proposición de medidas correctoras en los cuellos de botella que se produzcan o en la incorporación de mejoras.

En el mercado, existen paquetes de software capaces de hacer estos análisis de red, aunque siempre exigen la decisión globalizadora del responsable de la red.

A. Análisis de problemas y medidas correctoras

Los parámetros en los que hay que detenerse a la hora de analizar una red varían de unas redes a otras; sin embargo aquí expondremos los más comunes.

Una vez detectado el problema se propondrán diversos tipos de soluciones posibles.

Rendimiento de la CPU de los servidores

Los servidores de red son máquinas altamente consumidoras de recursos de procesamiento. Si el servidor tiene que brindar muchos servicios distintos o a muchos usuarios, es posible que el cuello de botella se sitúe en la velocidad de proceso de la CPU, ralentizando todo el trabajo de la red (Figura 8.20).

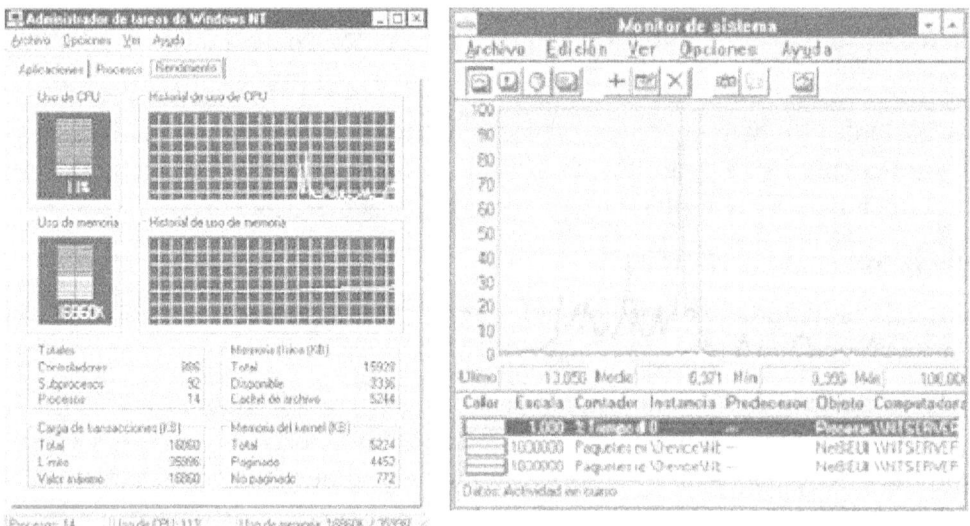

Figura 8.20. Ejemplos de monitorización de algunos parámetros en un servidor Windows.

El bajo rendimiento se manifiesta notablemente cuando el servidor no es capaz de suministrar información a los dispositivos de impresión que tiene conectados en los puertos o si tiene que gestionar entradas/salidas en tiempo real.

Éste es el caso, por ejemplo, de la recepción o envío de datos a través del módem que tiene conectado por un puerto serie.

Las soluciones a este problema de escalabilidad se pueden enfocar desde distintos puntos de vista:

• **Sustitución del procesador por otro más rápido.** Esto no siempre es posible, puesto que los procesadores más modernos llevan diferentes encapsulados y patillajes de conexión a la placa madre.

• Además, no todas las placas son compatibles con todos los procesadores, aunque el zócalo del procesador sí sea compatible. Por ejemplo, no todas las placas soportan las mismas velocidades de reloj.

• **Incorporar más procesadores al servidor.** Si el hardware y el software lo permiten, esta solución mejora sensiblemente el problema, especialmente si los buses de comunicaciones de los procesadores con memoria son rápidos. En la actualidad, muchos servidores incorporan ya de serie más de un procesador.

• **Incrementar el número de servidores.** Esta solución fracciona la red de modo que se reparte la carga entre todos los servidores. En su aspecto más avanzado, se puede llegar a una configuración de proceso distribuido, transparente al usuario, con lo que se consiguen buenos equilibrios de carga.

Algunas de las soluciones comentadas requieren sistemas operativos escalables como UNIX, o sistemas Windows a partir de su versión 2000. En general, interesa que las CPU de servidores sean procesadores aventajados de 32 o 64 bits, que incorporen características avanzadas con el fin de obtener altos rendimientos. Además, conviene que estén construidas de acuerdo con arquitecturas escalares, es decir, que permitan el crecimiento de la tecnología en el sistema y que permitan que el mismo software pueda correr en procesadores de distintas prestaciones.

Paginación

Cuando un servidor está escaso de memoria central genera un cuello de botella en el sistema de paginación. Los sistemas operativos utilizados en la actualidad necesitan una gran cantidad de recursos de memoria para ejecutar las aplicaciones.

Como la memoria central es un bien escaso en cualquier equipo informático, el sistema se las ingenia volcando a disco (memoria virtual paginada) los datos residentes en memoria que prevé no utilizar de momento. El proceso de intercambio de datos entre memoria y disco recibe el nombre de **paginación.**

El tiempo de acceso medio a memoria central es de unas decenas de nanosegundos, mientras que el de acceso a disco es de una decena de milisegundos. Por tanto, si un sistema pagina demasiado, se ralentizarán todas las operaciones. Si el nivel de paginación es elevado, interesa incorporar más memoria central al sistema. Es bastante común obtener fuertes incrementos en el rendimiento del sistema sin más que ampliar su memoria RAM, ya que decrecerá el nivel de paginación.

Niveles de transferencia de entrada y de salida

A veces, el cuello de botella se sitúa en los discos: demasiados usuarios realizando operaciones de entrada o salida de los discos, la paginación del sistema, el disparo de aplicaciones remotas desde el servidor, etcétera.

Aunque el sistema disponga de una CPU muy rápida y de grandes cantidades de memoria, si hay demasiadas operaciones de entrada y salida de los discos, la CPU estará casi siempre en estado de espera y el rendimiento decaerá notablemente.

En estos casos se pueden tomar las siguientes medidas de mejora:

• **Mejorar el rendimiento de los controladores de disco o del bus de comunicaciones.** Por ejemplo, si tenemos un bus IDE, se podría incorporar un bus SCSI de alta velocidad o tecnologías de Fibre Channel.

Además los controladores disponen de varios modos de funcionamiento, de manera que podremos seleccionar aquél que más convenga al tipo de discos de que dispongamos.

• **Incrementar el número de discos.** Al tener un mayor número de discos, la carga de entrada y salida se repartirá entre todos ellos, mejorando el rendimiento global del sistema.

• **Repartir los accesos a discos entre varios volúmenes,** que pertenezcan a distintos discos o incluso a distintos sistemas.

Tráfico de red

Como ya hemos estudiado, algunas redes como Token Ring gestionan perfectamente las situaciones de tráfico intenso en la red. Sin embargo, otras como Ethernet se comportan mal cuando están sobrecargadas.

Esto hace importante la observación periódica del tráfico de red, así como de los parámetros por los que se regula; por ejemplo, en Ethernet, se podría medir el nivel de colisiones habidas frente al volumen de datos transferidos con éxito.

En el mercado existen aplicaciones que analizan el tráfico de red. A veces, incluso vienen incorporadas con el propio sistema operativo de red (Figura 7.24).

Los parámetros que suelen analizar son muy variados y dependen del tipo de protocolo utilizado y del tipo de red, así como de la topología de la misma.

Algunos analizadores de red tienen mecanismos que generan tráfico controlado para observar la respuesta de la red en situaciones concretas a través de un proceso de simulación de situaciones reales.

Posibles soluciones de mejora para estos problemas podrían ser la asignación de máscaras de red más ajustadas a las necesidades de la propia red, modificaciones en la topología de red, concentrar los nodos que generan mucho tráfico en segmentos de red rápidos, asegurarse de que se cumplen las especificaciones de los fabricantes en cuanto a longitudes de cables y parámetros eléctricos, etc.

También es posible segmentar la red con la utilización de switches y encaminadores.

Si el tráfico de red es muy intenso, no habrá más remedio que dar un salto tecnológico en la composición de la red.

Por ejemplo, la evolución natural de una red Ethernet es pasar a Fast Ethernet y de ésta a Gigabit Ethernet. También se pueden construir segmentos de fibra óptica o configurar la red con ATM, tecnología que será estudiada en la Unidad 8.

Monitorización de los protocolos de red

La mayor parte de los analizadores de red son capaces de elaborar estadísticas sobre el tipo de tráfico que observan en la red, determinando qué tramas han sido generadas por cada protocolo que convive en la red.

Esto es especialmente importante cuando los paquetes generados por algunos protocolos deben ser transportados a otra red a través de encaminadores, ya que estas máquinas trabajan con paquetes de protocolos previamente seleccionados. Estos dispositivos serán estudiados con profundidad en la Unidad 9.

Cuando se dan situaciones de este tipo, es necesario observar frecuentemente el estado de puentes, encaminadores y pasarelas, puesto que un cuello de botella en alguno de estos elementos puede perjudicar la marcha global de la red, aunque en ella no haya un tráfico intenso.

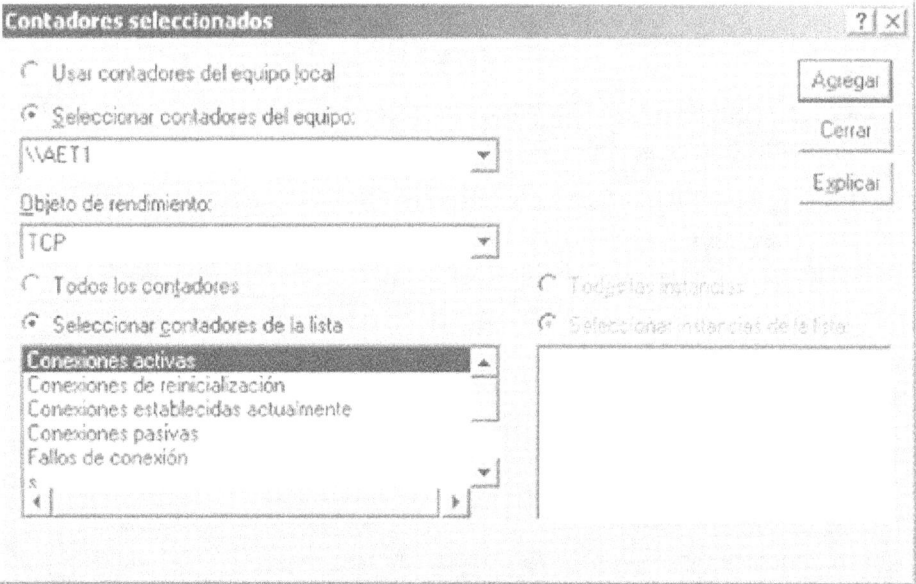

Figura 8.21. Parametrización de un analizador de red básico incorporado en Windows y accesible desde el administrador de sistema.

B. Protocolos para la gestión de redes

El crecimiento experimentado por las redes de área local y, sobre todo, la aparición de sistemas distribuidos, ha generado la aparición de técnicas y protocolos especializados en la gestión de redes.

La idea de partida es conseguir que desde un único puesto de la red (el del administrador) denominado **consola,** se pueda monitorizar toda la red.

Estas tecnologías recogen información de cada uno de los nodos, observando el tráfico en cada uno de los segmentos de la red, avisando en el caso de que se llegue a situaciones que el administrador de la red defina como alarmantes.

En muchos sistemas también se permite la reconfiguración de la red y la simulación de situaciones comprometidas para la red.

Los dispositivos gestionados en una red disponen de un agente que envía alarmas si detecta problemas o situaciones anómalas en la red.

Por otra parte, se instalan en la red otros programas denominados entidades de gestión, que recogen e interpretan estas alarmas disparando los mecanismos oportunos para informar al administrador de red o corregir los problemas.

Además, las entidades de gestión interrogan periódicamente a los agentes de red sobre su estado. De este modo, la entidad de gestión se hace una composición de lugar sobre el estado de la red en cada instante.

Este sistema de pregunta/respuesta *(polling)* se realiza mediante protocolos especializados como SNMP (Simple *Network Management Protocol* , protocolo básico de gestión de red).

La información recogida se almacena en una base de datos denominada MIB (Management *Information Base*, base de datos de información de gestión).

A partir de los MIB, las aplicaciones de gestión elaboran estadísticas y otros informes que permiten al administrador tomar decisiones estratégicas sobre la funcionalidad y la seguridad de la red en cada uno de sus puntos.

La ISO ha sugerido cinco áreas de control para las aplicaciones de gestión de redes, aunque después los productos comerciales de los distintos fabricantes añaden otros parámetros.

Los parámetros sugeridos por la ISO son los siguientes:

• Rendimiento de la red.

• Configuración de los dispositivos de red.

• Tarifa y contabilidad de los costes de comunicaciones en la red.

• Control de fallos.

• Seguridad de la red.

SNMP es un protocolo de gestión de redes que recoge y registra información desde los dispositivos de una red que siguen su estándar a través de un sistema de preguntas y respuestas.

Esta información es almacenada en un gestor centralizado desde donde se procesará.

Pero SNMP tiene algunos problemas. En primer lugar no es demasiado escalable, es decir, el crecimiento de la red hace que se genere mucho tráfico si se quiere hacer una buena gestión.

En segundo lugar, no permite la monitorización de muchos segmentos, lo que lo hace inapropiado para grandes redes.

RMON (*Remote MONitoring*, monitorización remota) es un sistema de gestión de red que viene a resolver en parte estos problemas del SNMP.

RMON provee entre otras las siguientes informaciones en su MIB, llamado **MIB2** y definido en la RFC 1213:

• Estadísticas. Tráfico de red y errores, así como estadísticas en el nivel de tramas MAC.

• Historia, recogida a intervalos periódicos para su posterior análisis.

• Alarmas y eventos. Definiendo un umbral por encima del cual se disparan.

• Conversaciones entre dos dispositivos cualesquiera.

• Filtrado de paquetes.

RMON sólo es capaz de monitorizar un segmento de red en el nivel de direcciones MAC, lo que frecuentemente es una limitación importante.

Un progreso se produce en la iniciativa RMON2 de la IETF (RFC 2021), que da el salto hasta el nivel 3 de OSI, atacando la gestión de la red a través de direcciones IP.

Sin embargo, la solución aún no es completa. La solución más avanzada es la utilización de **SMON** (*Switched MONitoring* , monitorización conmutada), definida en la RFC 2613, que con su nuevo MIB es capaz de gestionar los dispositivos de red y las redes privadas virtuales, no sólo los puertos de comunicaciones, como ocurría en el caso de RMON.

La mayor parte de los sistemas operativos de red ponen los protocolos adecuados para realizar una gestión de red.

Son escasos los sistemas que proporcionan una consola de análisis de lo que está ocurriendo en la red; normalmente, este software suele ser suministrado por terceras compañías (véase Figura 8.22).

Empieza a ser habitual que la gestión de dispositivos de red se realice a través del navegador de Internet.

Bastantes dispositivos que se conectan a la red incorporan, además de su funcionalidad propia, un pequeño servidor web que sirve para configurarlo y administrarlo.

En la actualidad, los protocolos de gestión de red se encuentran en plena evolución. Los estándares de facto en evolución más importantes son los siguientes:

• **SNMPv2** (versión 2 del SNMP).

• **RMON.**

• **DMI** (*Desktop Management Interface*, interfaz de gestión de escritorio), propuesto por el DMTF (Desktop *Management Task Force* , grupo de trabajo de gestión de escritorio).

• **CMIP**, que es la solución OSI.

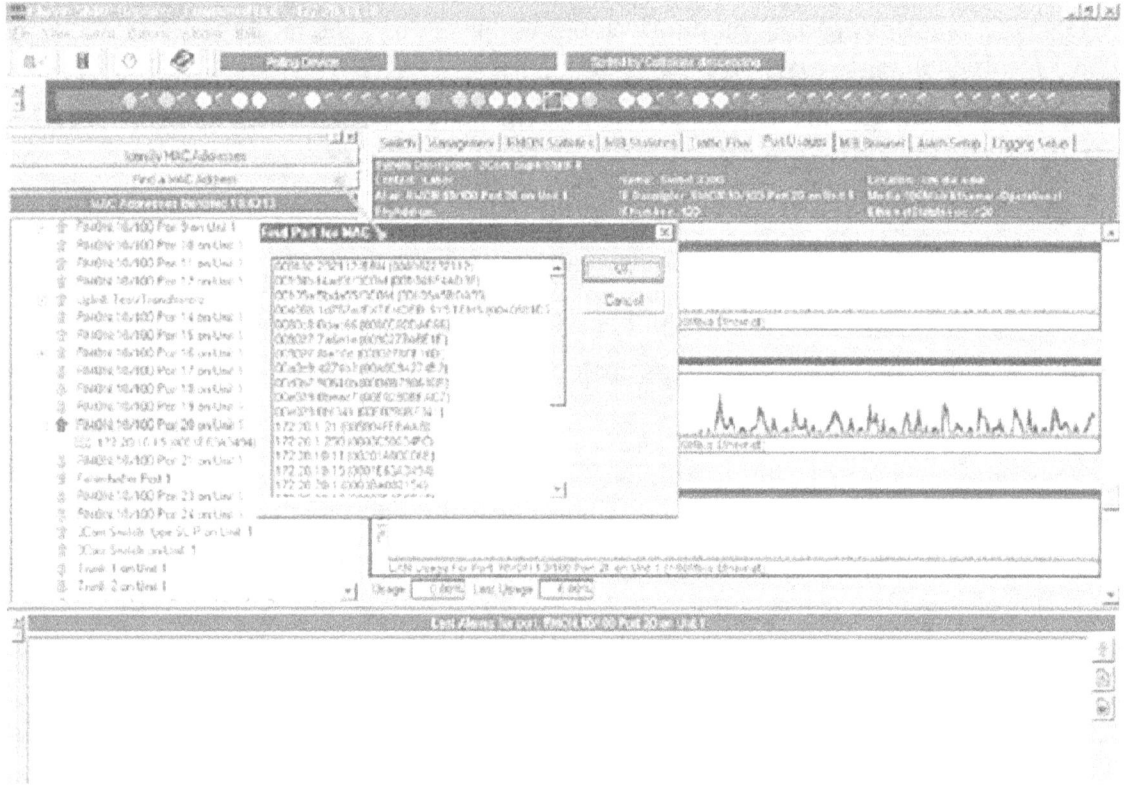

Figura 8.22. Ejemplo de aplicación que gestiona tanto SNMP como RMON.

Conceptos básicos

- **Administrador de la red.** Es la persona encargada de las tareas de administración, gestión y seguridad en los equipos conectados a la red y de la red en su conjunto, tomada como una unidad global. Este conjunto abarca tanto a servidores como a las estaciones clientes, el hardware y el software de la red, los servicios de red, las cuentas de usuario, las relaciones de la red con el exterior, etcétera.

- **Elementos del sistema de acceso a la red.** Básicamente son los siguientes: cuentas de usuario, contraseñas, grupos de cuentas, dominios y Directorio Activo o servicios de directorio, permisos y derechos, perfiles de usuario, sistemas y métodos de autenticación, etcétera.

- **Virtualización del almacenamiento.** Es un sistema que permite generar y administrar volúmenes virtuales (lógicamente simulados) a partir de volúmenes físicos en disco. Para el administrador del sistema, los discos virtuales pueden reasignarse sin esfuerzo y sin realizar modificaciones físicas en el hardware ni interrumpir las aplicaciones en ejecución. Adicionalmente, un sistema de virtualización significa una sencillez en la administración del almacenamiento.

- **Estándar Fibre Channel.** Este estándar es capaz de transportar los protocolos SCSI, IP, IPI (Intelligent Peripheral Interface), HIPPI (High Performance Parallel Interface), los protocolos IEEE 802, e incluso, ATM. Se puede aplicar, por tanto, a redes locales, redes de campus, conjuntos asociados de ordenadores (clusters), etc. La distancia máxima permitida por esta tecnología es de 10 Km.

- **Subsistemas para las redes de almacenamiento de datos.** El primer sistema es el tradicional de almacenamiento de conexión directa (Direct Attached Storage, DAS), en el que cada estación de red tiene sus discos y los sirve a la red a través de su interfaz de red. Un segundo modo es el de almacenamiento centralizado (Centralized storage), en el que varios servidores o estaciones pueden compartir discos físicamente ligados entre sí.

Los dos modos restantes son auténticos subsistemas. Se trata del almacenamiento de conexión a red (Network Attached Storage, NAS), en el que los discos están conectados a la red y las estaciones o servidores utilizan la red para acceder a ellos. Mucho más avanzado se encuentra el subsistema de redes de área de almacenamiento (Storage Area Network, SAN), que es una arquitectura de almacenamiento en red de alta velocidad y gran ancho de banda creada para aliviar los problemas surgidos por el crecimiento del número de los servidores y los datos que contienen en las redes modernas. SAN sigue una arquitectura en la que se diferencian y separan dos redes: la red de área local tradicional y la red de acceso a datos.

- **Protocolo IPP** (Internet Printing Protocol). El protocolo de impresión internet es el modo de utilizar tecnología web para transmitir ficheros para imprimir a una impresora compatible con esta tecnología. IPP utiliza HTTP para realizar estas transmisiones, lo que le hace muy interesante ya que puede atravesar los cortafuegos con los que las organizaciones se protegen sin necesidad de abrir nuevos puertos de comunicación que aumenten la superficie de exposición a riesgos innecesarios.

- **Sistemas tolerantes a errores.** Es aquél que está capacitado para seguir operando aunque se presenten fallos en alguno de sus componentes. La tolerancia a fallos está diseñada para combatir fallos en periféricos, en el software de sistema operativo, en la alimentación eléctrica de los equipos, etcétera.

- **Funciones básicas del cifrado.** Son tres funciones: confidencialidad por la que los datos sólo son legibles por quienes son autorizados, integridad para asegurar que los datos son genuinos y autenticación para garantizar la identidad de los interlocutores.

- **Certificado digital.** Es una credencial que proporciona una Autoridad de Certificación que confirma la identidad del poseedor del certificado, es decir, garantiza que es quien dice ser. Se trata de un documento electrónico emitido por una entidad de certificación autorizada para una persona física o jurídica con el fin de almacenar la información y las claves necesarias para prevenir la suplantación de su identidad.

- **Infraestructura de clave pública.** Una PKI (Public Key Infrastructure), infraestructura de clave pública) es un conjunto de elementos de infraestructura necesarios para la gestión de forma segura de todos los componentes de una o varios Autoridades de Certificación. Por tanto, una PKI incluye los elementos de red, servidores, aplicaciones, etcétera.

- **Información que documenta la red.** Mapas de red, de nodos y de protocolos; mapas de grupos, usuarios, recursos y servicios; calendario de averías; informe de costes y planes de contingencia

CAPITULO 9
Tecnología WiMax (Worldwide Interoperability for Microwave Access)

El sistema WiFi, el cual permite la creación de redes de trabajo sin cables, se estima que será reemplazado por el WiMax logrando con esto, grandes avances técnicos en velocidad, alcance e interoperabilidad.

Mientras el alcance de una señal WiFi es de unos 30 a 100 metros, la tecnología WiMax puede llegar a los 50 kilómetros. Además, su rendimiento, ha sido planificado para varios miles de usuarios conectados simultáneamente, lo que es especialmente elevado.
La tecnología WiMax fue concebida, desde el principio, para convertirse en la red estándar a nivel internacional logrando una compatibilidad total. Por esta razón, se estima que las redes WiMax deberían ser compatibles con aquellas desplegadas tanto en Estados Unidos como en Europa.

Cabe señalar, que inicialmente las aplicaciones de redes WiFi no fueron compatibles entre ellas, como ha sido esta planificación con WiMax. Esta compatibilidad permitirá que en el futuro, los usuarios que cuenten con este tipo de conexión WiMax puedan seguir utilizando su terminal.

Por otro lado, los fabricantes de productos electrónicos, tal como Intel, podrán crear chips para un mercado global. Este criterio es determinante para las industrias, ya que permitirá que los precios bajen rápidamente. En un primer momento, las redes WiMax funcionarán con terminales conectados a la red de Internet, debido a que inicialmente están siendo desarrollados para esta funcionalidad.

Cada uno de estos terminales tendrá capacidad para varios cientos de usuarios, que funcionarán como puntos de acceso a las redes de las empresas o de los mismos terminales WiFi.

9.1. Introducción a WiMax

WiMax (Worldwide Interoperability for Microwave Access) es el nombre generalizado con el que se conoce el estándar IEEE-802.16, un estándar inalámbrico aprobado en enero del año 2003 en el WiMax Forum, formado inicialmente por un grupo de 67 compañías. **WiMax** es un estándar que define una red metropolitana de banda ancha inalámbrica (WMAN), que es una especie de gigantesco "Hot Spot" que permite la conexión sin línea de vista, presentándose así como una alternativa de conexión "fija" al cable y al ADSL para los usuarios residenciales, siendo una posible red de transporte para los "Hot Spot" Wi-Fi y una solución para implementar plataformas empresariales de banda ancha.

La tecnología WiMax, que en general integra dos estándares del mercado en todas sus versiones y nuevos desarrollos, estos son: IEEE 802.16a y el europeo ETSI HyperMan, promete satisfacer la creciente demanda de banda ancha e integrar servicios de datos, tanto comerciales como residenciales, asegurando calidad de servicio.

Por otra parte, las grandes empresas de telecomunicaciones podrían usarla para la creación de una plataforma común para sus distintos clientes, definiendo perfiles para las grandes empresas, los usuarios hogar, pymes, entre otros potenciales usuarios, dejando de depender de las líneas telefónicas o redes de TV cable, actualmente en manos de un par de compañías.

Otra característica inicial de esta plataforma será la posibilidad de auto instalación donde sólo habrá que conectar los computadores a un módem, e ingresar una password para la facturación por el uso, para conectarse a través de las antenas que llevarán el servicio al área. Esta alternativa tecnológica ofrece un mayor ancho de banda y alcance que la familia de estándares WiFi, compuesta básicamente por los estándares 802.11a, 802.11b y 802.11g.

De esta manera, **WiMax** está llamado a ser el nuevo paso hacia un mundo sin cables. Igual que ha ocurrido con **WiFi** en los dos últimos años, y será probablemente el centro de atención para los próximos años y negocios emergentes.

La diferencia principal entre estas dos tecnologías inalámbricas son su **alcance y ancho de banda**. Por una parte, WiFi está pensado para dar servicio en oficinas o dar cobertura a zonas relativamente pequeñas con una tasa de transferencia de 11 Mbps con una cobertura hasta de 350 metros en zonas abiertas, mientras que **WiMax ofrece tasas de transferencia de 70 Mbps a distancias de hasta 50 kilómetros de una estación base.**

Además, no menos importantes son las características técnicas que diferencian WiFi de WiMax, tales como: **Escalabilidad, Cobertura, y Calidad de Servicio** (QoS), como se indica en las Tablas A.1.1 y A.1.2 siguientes:

Tabla 9.1.

Características	Estándar 802.11	Estándar 802.16	Observación
Alcance	Optimizado para usuarios alrededor de 100 metros de radio. Agrega puntos de acceso o antenas de alta ganancia para una mayor cobertura.	Optimizado para celdas típicas de 7 a 10 km. No existen los problemas de los "nodos ocultos" o desconocidos que puedan hacer uso de la red.	La Capa Física del 802.16 tolera retardos de multicaminos, 10 veces más que el 802.11
Cobertura	Optimizado para medio ambiente de interior (indoor).	Optimizado para medio ambiente de exterior (outdoor). Estándar soporta técnicas avanzadas de antenas y topologías de enmallamiento.	**802.16**: 256 OFDM **802.16**:Modulación adaptativa
Escalabilidad	Ancho de banda del canal para 20 MHz es fijo.	Ancho de banda del canal es flexible desde 1.5 a 20 MHz para bandas licenciadas y no licenciadas. Reutilización de frecuencias. Habilitado para planificación de celdas para proveedores de servicios comerciales.	Canales no traslapados: 02.11a: 5 canales 802.11b: 3 canales 802.16: está limitado solo por la disponibilidad en la asignación del espectro.

Tabla 9.1 Diferencias de Alcance, Cobertura y Escalabilidad entre estándares 802.11 y 802.16 (Fuente: IEEE).

Tabla 9.2.

Características	Estándar 802.11	Estándar 802.16	Observación
Ancho de Banda (BW)	2.7 bps/Hz tasa peak de datos, hasta 54 Mbps con un BW del canal de 20 MHz.	3.8 bps/Hz tasa peak de datos, hasta 75 Mbps con un BW del canal de 20 MHz. 5 bps/Hz tasa peak de datos, hasta 100 Mbps con un BW del canal de 20 MHz.	802.16: 256 OFDM (vs 64 OFDM)
QoS	Hoy no soporta QoS (el estándar 802.11e, está trabajando para estandarizar)	QoS es diseñado para servicios diferenciados de voz y video	802.11: Basado en contención MAC (CSMA). 802.16: Gran demanda MAC. Nota: MAC está explicado en el apartado de las especificaciones del estándar 802.16).

Tabla 9.2 Diferencias de Ancho de Banda y Calidad de Servicio (QoS) entre estándares 802.11 y 802.16 (Fuente: IEEE).

De acuerdo con las características anteriores, WiMax está considerado que podría llegar a ser una alternativa más barata a las líneas de suscripción digital y a los accesos de cable de banda ancha, ya que los costos de instalación de una infraestructura inalámbrica son mínimos si se comparan con las versiones cableadas.

No obstante, WiMax como estándar certificado todavía no es una realidad, considerando que incluso los chips basados en esta tecnología ni siquiera están disponibles. Sin embargo está atrayendo inversionistas y las compañías se están preparando para fomentar su demanda. Tal es así que **Intel** espera comenzar a lanzar chips al mercado con WiMax, en la segunda mitad de este año 2004 o principios del 2005.

9.2. Principio de Funcionamiento de la Tecnología WiMax

Este análisis y especificaciones técnicas del WiMax está basado en los estudios conducidos por el Grupo de Trabajo del IEEE, el cual decidió que se podría requerir un nuevo, más complejo y completo desarrollo del estándar para direccionar las necesidades requeridas por la Capa Física (transmisiones de RF en exterior versus interior) y la Calidad de Servicio (QoS) en los sistemas Broadband Wireless Access (BWA) y su acceso al mercado de la "última milla". WiMax es un típico sistema BWA punto a multipunto compuesto de dos elementos clave:

Estación Base

Equipo de abonado   La estación base se interconecta al backbone de la red y usa una antena exterior para transmitir y/o recibir voz y datos de alta velocidad hacia el equipo subscriptor, eliminando la necesidad de extensión y una costosa infraestructura alámbrica, para proporcionar una alta flexibilidad y soluciones costo-efectivas en la **"última milla"**.

El estándar 802.16 define como el tráfico inalámbrico que se moverá entre las redes centrales y los abonados, llegando al siguiente funcionamiento, de acuerdo con las Fases relacionadas con la Figura 9.1:

Fase 1: El abonado envía su tráfico inalámbrico hasta velocidades de 70 Mbps desde una antena fija sobre un edificio.

Fase 2: La estación base recibe transmisiones desde múltiples sitios y envía el tráfico sobre un sistema inalámbrico o enlaces de cable a un Centro de Conmutación usando el protocolo 802.16.

Fase 3: El Centro de Conmutación envía el tráfico a un ISP o a la PSTN.

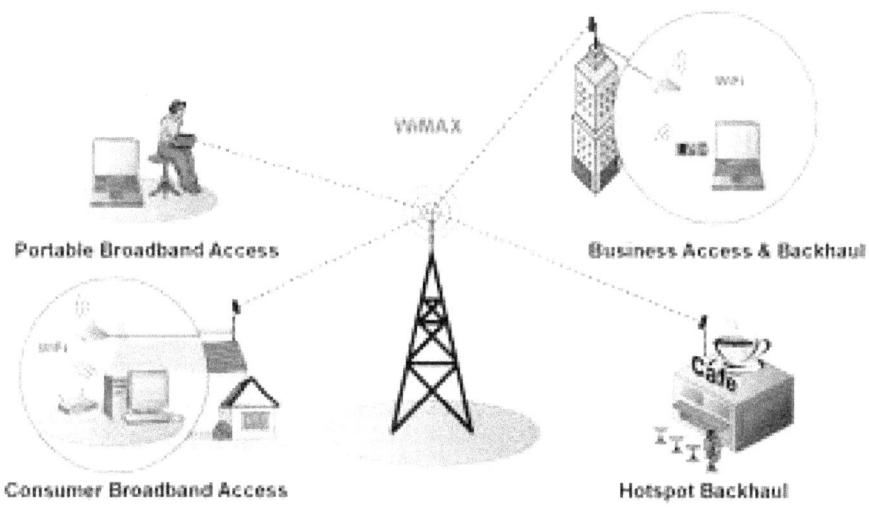

Figura 9.3. Funcionamiento del WiMax (Fuente: IEEE)

9.3. Especificaciones del estándar IEEE 802.16

De acuerdo con los estudios realizados en el IEEE, en la Capa Física (PHY layer), el estándar 802.16a soporta canales de RF con anchos de banda flexibles y reutiliza aquellos canales (reutilización de frecuencias), como una manera de aumentar la capacidad de las celdas a medida que la red va creciendo. Este estándar también especifica el soporte para la transmisión automática del control de potencia y mediciones de la calidad del canal como una herramienta adicional de Capa Física para soportar la planificación, despliegue y uso eficiente del espectro.

Los operadores pueden **reubicar las frecuencias en el espectro** mediante la sectorización y fraccionamiento de celdas a medida que aumenta el número de abonados.

También, soporta anchos de banda para múltiples canales posibilitando que los fabricantes de equipos proporcionen un medio para que el Gobierno administre el uso del espectro y regule las ubicaciones de frecuencias enfrente de los operadores en diversos mercados internacionales.

El estándar 802.16a del IEEE especifica el tamaño de los canales en el rango de **1.5MHz hasta 20MHz** con muchas opciones en dicho rango. Por su parte, a diferencia del estándar anterior, los productos basados en WiFi requieren al menos 20MHz por cada canal (22MHz en la banda 2.4GHz para el 802.11b), y han especificado solamente las bandas no licenciadas, 2.4GHz ISM, 5GHz ISM y 5GHz UNII para su operación.

En la Capa MAC (Medium Access Control), la base del 802.11 es el protocolo CSMA/CA (Carrier Sense Multiple Access / Collision Avoidance), que es básicamente un protocolo inalámbrico Ethernet, que hace de balance para conocer que tan bien trabaja la red Ethernet. Esto es para decir, que trabaja pobremente, dado que en una red LAN Ethernet, actúan muchos usuarios en una reducción geométrica del "throughput" o rendimiento total, esto es el CSMA/CA MAC para WLANs (o LAN inalámbrica).

En el estándar **802.16a**, la Capa MAC ha sido diseñada para administrar entre **1 y 100 usuarios en un canal de RF**, en cambio el 802.11 MAC nunca fue diseñado para esto y es incapaz de soportar esta operación.

9.3.1 Cobertura

El estándar 802.16a para Acceso Inalámbrico de Banda Ancha (BWA o Broadband Wireless Access) es diseñado para obtener un óptimo comportamiento en todos los tipos de propagación, incluyendo las condiciones de LOS (línea de vista), LOS cercano y NLOS (No línea de vista), y entregar resultados confiables aún en casos de enlaces difíciles.

La robustez de la señal **OFDM** (Orthogonal Frequency Division Multiplexing) soporta una alta eficiencia espectral (bits por segundo por Hertz) sobre rangos entre 2 y 50 kilómetros con una tasa de bits hasta de 70 Mbps sobre un único canal de RF.

Algunas topologías avanzadas de red tales como la de enmallamiento o mesh, y técnicas de antenas (beam-forming, STC, o antenas en diversidad) pueden ser usadas para mejorar aún más la cobertura. Estas técnicas avanzadas pueden ser también utilizadas para **aumentar la eficiencia espectral, capacidad, reutilización, y el rendimiento peak y promedio por canal de RF**.

Cabe señalar que no todos los sistemas con OFDM actúan igual. El diseño de OFDM para BWA tiene la habilidad de soportar largos rangos de transmisión y las multitrayectorias o reflexiones de la señal.

Por otra parte, los sistemas WLANs y 802.11 tienen en su núcleo de operación una aproximación básica de CDMA (Code Division Multiple Access) o usan OFDM con diferentes diseños, y tienen un rango bajo de requerimiento de consumo de potencia. OFDM en las WLAN fue creado con la visión de los sistemas de cobertura entre 10 hasta unos pocos cientos de metros, en cambio el **estándar 802.16** es diseñado para **alta potencia** y una aproximación OFDM que soporta despliegues en el rango de las **decenas de kilómetros**.

Esta mayor cobertura de WiMax permitirá que los proveedores de servicios sean capaces de ofrecer acceso a Internet de banda ancha directamente a las casas, sin tener que tender un cable físico hasta el final, lo que se conoce como la "última milla", que conecta a cada uno de los hogares con la red principal de cada proveedor.

9.3.2 Calidad de Servicio (QoS)

El estándar 802.16a MAC confía en un protocolo de Cesión/Requerimiento para acceso al medio y éste soporta niveles de servicios diferenciados. (Por ejemplo, líneas dedicadas T1/E1 para negocios y el mejor esfuerzo para abonados residenciales).

El protocolo emplea flujos de datos TDM sobre el DL (downlink) y TDMA sobre el UL (uplink), y el proceso de la información es realizado por un programa centralizado para apoyar los servicios sensibles al retardo tal como la voz y el video. Suponiendo un acceso de datos al canal libre de colisiones, el 802.16a MAC mejora el rendimiento total del sistema y la eficiencia del ancho de banda, en comparación con las técnicas de acceso basadas en contención tal como el protocolo CSMA/CA usado en WLANs.

El 802.16a MAC también asegura la limitación del retardo sobre los datos (CSMA/CA, en cambio, no ofrece garantías sobre el retardo).

Las técnicas de acceso TDM/TDMA también aseguran un soporte más fácil para los servicios de multidifusión y difusión o emisión única de la señal.

Con una aproximación CSMA/CA para su operación, WLANs en su actual implementación nunca será capaz de entregar el QoS de un BWA como el sistema del estándar 802.16.

El IEEE ha realizado el esfuerzo por algunos años para desarrollar este nuevo estándar 802.16a, culminando en una aprobación final de las especificaciones de la interfaz aire en Enero 2003. Este estándar ha sido bien recibido por toda la industria que apoya y lidera la fabricación de equipos inalámbricos.

Cabe señalar que muchas compañías que son miembro del grupo WiMax están también activas simultáneamente en el estándar IEEE 802.16 y en el estándar IEEE 802.11 para Wireless LAN, con la visión de combinar el 802.16a y 802.11 creando una solución inalámbrica completa para entregar acceso a Internet de alta velocidad para negocios, hogares, y coberturas pincel o spot para WiFi.

El estándar 802.16a entrega un comportamiento "carrier-class" en términos de robustez y QoS, y ha sido diseñado para entregar un abanico de servicios con características escalables, largo alcance y alta capacidad para la **"última milla** en comunicaciones inalámbricas, para portadores y proveedores de servicio alrededor del mundo.

9.4. WiMAX, la Capa Física del estándar IEEE 802.16a

La primera versión del estándar 802.16 se refirió a los medios donde existía Line-of-Sight (LOS) o línea de vista para bandas de alta frecuencia operando en el rango de **10 a 66 GHz**, mientras que en los recientes desarrollos adoptados, el estándar 802.16a, es diseñado para operar sistemas en bandas en el rango de **2 a 11 GHz**.

La diferencia entre aquellos dos rangos de frecuencia está en la habilidad para soportar operaciones sin línea de vista (NLOS) en las frecuencias bajas, o algo que no sea posible en bandas más altas.

Consecuentemente, las enmiendas a la 802.16a conducen a un estándar abierto y la oportunidad para mayores cambios a las especificaciones de la capa física orientadas a administrar las necesidades de las bandas entre 2 y 11 GHz.

Esto es logrado mediante la introducción de tres nuevas especificaciones a la Capa Física (una nueva portadora única para la PHY, una Transformada Rápida de Fourier de 256 puntos o FFT OFDM PHY, y una FFT OFDMA PHY de 2048 puntos); mayores cambios a las especificaciones de la capa PHY son comparadas a las frecuencias altas, así como los mejoramientos significativos de la capa MAC.

El formato de OFDM ha sido seleccionado en preferencia sobre el CDMA debido a su habilidad para soportar los comportamientos NLOS y mantener un alto nivel de eficiencia espectral al usar la disponibilidad de espectro. En el caso de CDMA (donde prevalece para los estándares 2G y 3G), el ancho de banda de RF debe ser mucho más grande que el rendimiento de la señal de datos, para mantener una adecuada ganancia de procesamiento y prevenir la interferencia.

Esto es claramente impracticable para inalámbricos de banda ancha bajo los 11 GHz, por ejemplo, tasas de datos hasta 70 Mbps podrían requerir anchos de banda de RF sobre los 200 MHz para entregar ganancias de procesamiento comparables comportamiento de NLOS adecuados.

9.4.1 OFDM PHY en el estándar 802.16a

El diseño típico de un modulador y demodulador **OFDM para el 802.16a** que fue desarrollado en Noviembre 2002, con la aprobación del estándar en Enero 2003, se espera que se mantenga hasta tener el estándar oficial, si es que no existen mayores cambios. Algunas especificaciones relevantes son las siguientes:

- **Tamaño del FFT:** 200 portadoras usadas desde un FFT de 256 puntos
- **Tonos pilotos:** 8 ubicaciones fijas, portadora continua no utilizada
- **Intervalo de Guardia (prefijo cíclico):** 1/4, 1/8, 1/16 o 1/32
- **Modulación:** QPSK, 16QAM y 64QAM
- **Tasa de Símbolos:** Hasta en canales de 28 MHz
- **FEC:** Código Reed-Solomon concatenado y código Convolucional
- **RS:** basado en N=255, K=239, T=8 código sobre GF(256) – acortado y explorado para las variables K y T
- **Viterbi:** Tasa nativa del código 1/2, Longitud (constraint length) 7, explorado a las tasas 2/3, 3/4 y 5/6
- **Interleaver:** Dos pasos de permutación
- **Modo Dúplex:** TDD o FDD
- **Preámbulo:** Generación / Adquisición de los preámbulos para Uplink y Downlink

9.4.2. Diagrama en Bloque del demodulador OFDM

En la Figura 9.4, las señales **I** (In phase) y **Q** (Quadrature) ingresan al control automático de señales digitales **ADC,** en banda base con un muestreo a 10 bit como recomendación de operación, hasta completar el flujo del proceso obteniendo finalmente el **MAC** (Medium Access Control).

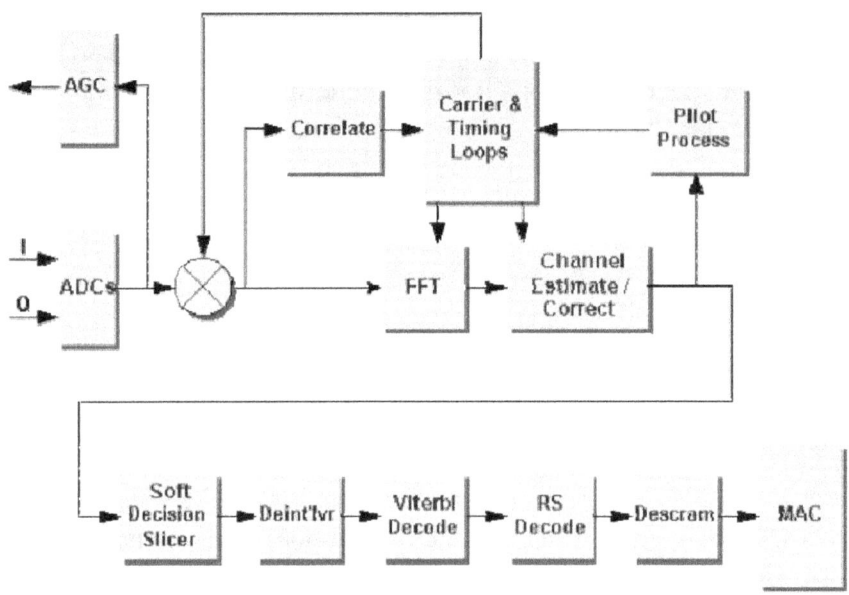

La Figura 9.4. Muestra las etapas de un demodulador OFDM para WiMax.

El significado de los principales bloques es el siguiente:

AGC: Control Automático de Ganancia

Carrier and Timing Loops: Es el control del loop para rastrear la portadora y determinar los errores de temporización.

Channel Estimation and Correction: Estima la frecuencia del canal y la respuesta de fase desde la secuencia conocida del preámbulo y aplica los siguientes símbolos OFDM para corregirlos.

OFDM FFT Core: El núcleo de la FFT (Transformada Rápida de Fourier) implementa FFT de 64 o 256 puntos y la FFT inversa es adecuada para uso en el Demodulador o Modulador de los sistemas OFDM (COFDM) tal como en los estándares 802.11a y 802.16a. Esto usa un rápido y eficiente motor denominado radix-4, para calcular la FFT. Toda la lógica es totalmente conectada a un reloj a una velocidad simple de 4x.

Las características principales de esta etapa son:

- Control de Síntesis para FFT de 64, 256 puntos u otro tamaño igual a 2
- Control de Síntesis de la precisión de la señal (ancho variable).
- Ejecuta proceso directo (FFT) e inverso (IFFT).
- Incorpora una unidad buffer de entrada por retardos el cual puede ser usado como temporizador de símbolos.

- Las entradas son disparadas en tiempo a una tasa simple.
- Las salidas son producidas en una ráfaga a una tasa de reloj de 3x o 4x.
- Las salidas son producidas en orden aleatorio.

La Figura 9.5. Siguiente muestra un diagrama de bloques de una FFT de 64/256 puntos. 2n

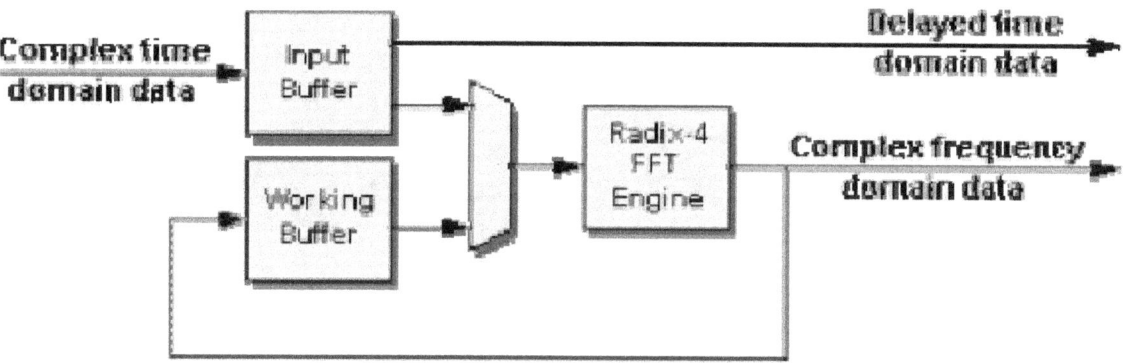

Radix-4 FFT Engine, esta etapa transforma la información desde el dominio del tiempo al dominio de la frecuencia, usando la función **W** la cual suma todas las entradas y entrega las informaciones de salida desplazadas en frecuencia, como se indica en la Figura 9.6.

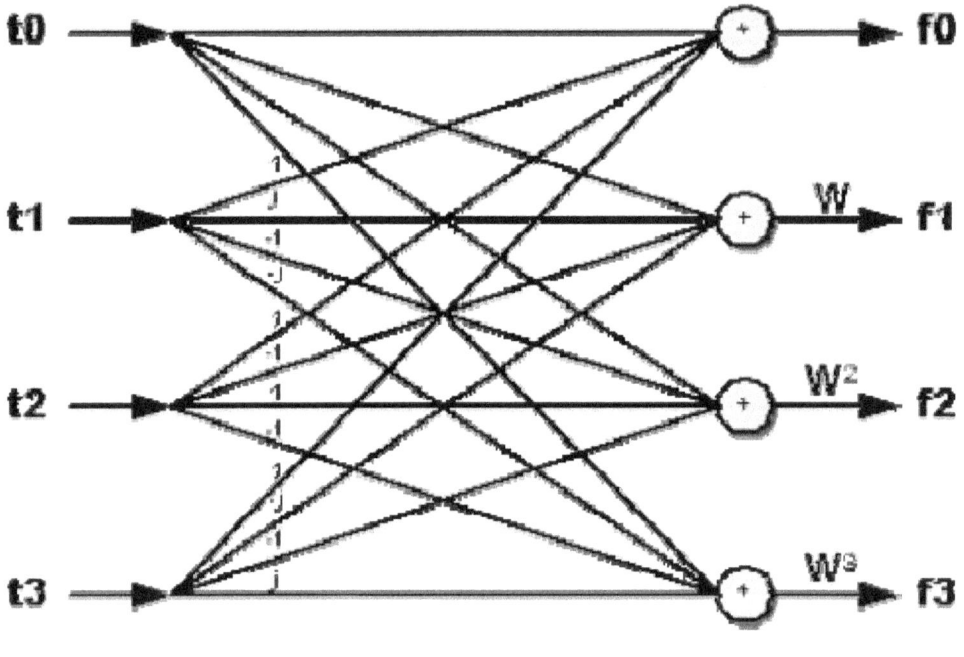

Figura 9.6.

Otros significados de los bloques de la Figura A.1.2 son:

Pilot Process. Efectúa la medición de la fase del tono piloto para estimar los errores de la portadora y temporización.

Soft Decisión. Esta etapa utiliza 3 o 4 bits de decisión con importancia en la calidad del canal para maximizar el comportamiento del código convolucional.

Deinterleaver. El Desintercalador de permutaciones de 2 etapas se usa para expandir los errores debido a las portadoras de mala calidad.

Burst-Mode Viterbi Decoder para los estándares 802.11a y 802.16. Este dispositivo es utilizado por ambos estándares, pero también es aplicable a rangos mayores de transmisión, tal como en aplicaciones DOCSIS y DVB-T.

Sus características principales son las siguientes:

- Código nativo con tasa de 1/2, con exploración definida por el usuario.
- Restricción de Longitud del código y el generador de coeficientes son programables.
- Longitud de la traza de regreso es configurable.
- Mínima latencia entre bloque de códigos.
- Tamaño del bloque es variable y arbitrario

- **RS Encoder y Decoder Core**. El Código Reed Solomon es usado en muchas aplicaciones incluyendo los estándares **802.16 y DVB-T/C/S**. Su mensaje tiene longitud **K** y la palabra codificada tiene una longitud **N**. Los símbolos para los códigos son enteros entre **0 y 2M-1**, lo que representa los elementos del campo finito **GF(2M)**. La diferencia **N - K** debe ser un número entero. Un código Reed-Solomon **(N, K)** puede corregir hasta **T = (N-K)/2** símbolos en error (no bit en error) en cada uno de las palabras codificadas.

Una aplicación típica de este núcleo es para el estándar MAN inalámbrica 802.16 donde las opciones podrían ser las siguientes:

- $N = 255, K = 239, T = 8, GF(256)$ ejemplo: $M = 8$

- $G(x) = (x-a^0)(x-a^1) \ldots (x-a^{2T-1})$

- $? = 2, J_0 = 0$

- $P(x) = x^8 + x^4 + x^3 + x^2 + 1$

Diagrama de Bloques del RS Decoder/Encoder. En la Figura 9.7., se muestra un típico diagrama en bloques de un Codificador y Decodificador Reed Solomon para aplicaciones en el estándar inalámbrico 802.16.

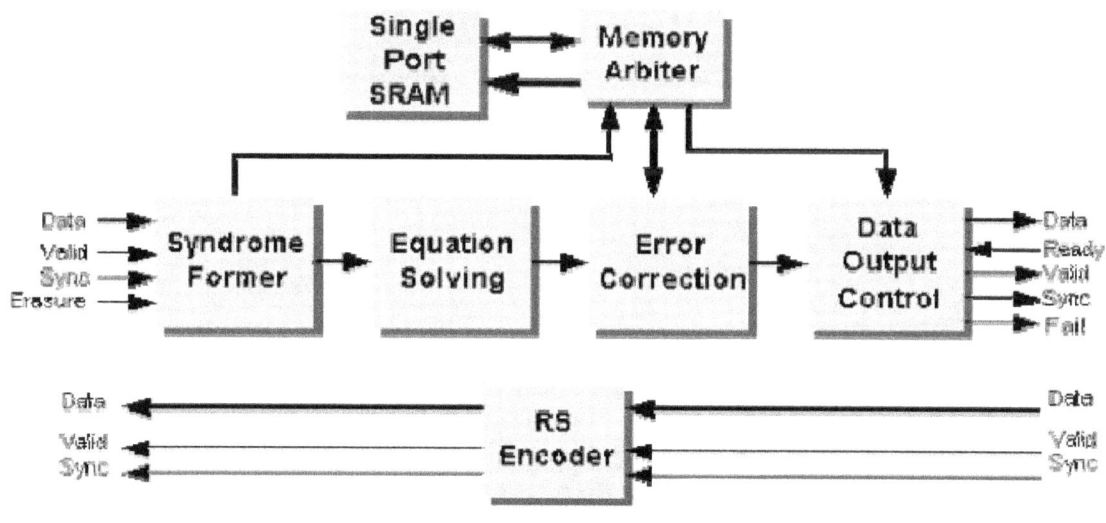

Figura 9.7.

Descrambler. El desincriptador utiliza el siguiente polinomio para su operación:

$$1 + x^{14} + X^{15}$$

MAC (Medium Access Control). Se puede lograr mediante un block IP combinando todas las funciones requeridas para implementer un Codificador de canal OFDM para una MAN inalámbrica 802.16a.

Este núcleo se ha diseñado para acelerar el desarrollo de la solución 802.16a combinando todas las funciones requeridas en la capa física en un solo paquete integrado. Este paquete hace de interfaz entre el MAC y la sección del FFT de una solución 802.16a, además de proporcionar un registro para la interfaz de configuración del procesador central.

El núcleo ejecuta todas las funciones del administrador del perfil de ráfagas que son requeridas para soportar la tasa de código dinámica y el orden QAM para conmutación entre ráfagas.

Los modos operacionales diferentes del 802.16a son totalmente soportados por el bloque con una cabecera mínima (overhead) de la CPU. En la siguiente Figura 9.8., se muestra el diagrama de bloques del Codificador del canal en el estándar 802.16a.

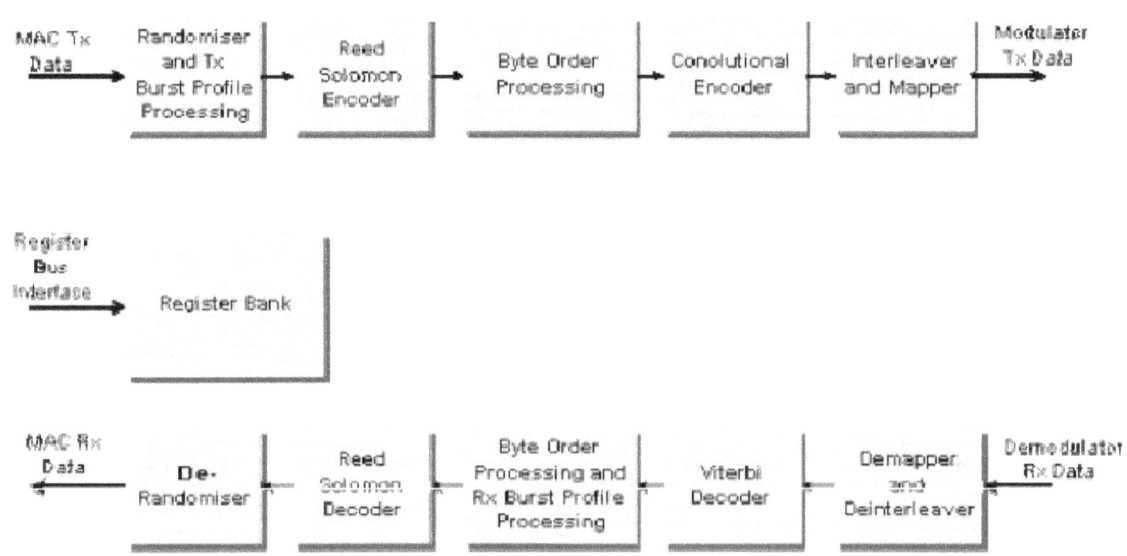

Figura.9.8. Diagrama de Bloques del Codificador del Canal del 802.16a.

(Fuente: IEEE)

Otra de las características de la capa física del 802.16a es el instrumental de potencia que está apareciendo con esta tecnología para entregar comportamientos robustos en un amplio rango de características del canal, tales como; ancho flexible del canal, perfil adaptativo de ráfagas, FEC (forward error correction) con códigos Reed-Solomon concatenados y códigos convolucionales.

Opcionalmente, se tienen AAS (advanced antenna systems) para mejorar la capacidad y alcance, DFS (dynamic frequency selection) la cual ayuda a minimizar la interferencia, y STC (space-time coding) para mejorar el comportamiento en medios ambientes con desvanecimientos a través de la diversidad de espacio.

Características	Beneficios
Forma de Onda de 256 puntos FFT OFDM	Construido como soporte para direccional multicaminos en exteriores con ambientes LOS y NLOS.
Modulación Adaptativa y codificador variable para corrección de errores mediante ráfagas de RF.	Asegura un enlace robusto en RF mientras maximiza el número de bits/segundo para cada unidad de abonado.
Soporte dúplex en TDD y FDD	Dirección variable de acuerdo a las regulaciones mundiales donde uno o ambos pueden ser elegidos.
Tamaño de canales flexible (ejemplo: 3.5 MHz, 5 MHz, 10 MHz, etc)	Proporciona la flexibilidad necesaria para operar en muchas bandas de frecuencias variando los requerimientos del canal alrededor del mundo.
Diseñado para soportar sistema de antenas Smart	Las antenas Smart están rápidamente siendo económicas y su habilidad para suprimir interferencias y aumentar la ganancia del sistema llegará a ser importante en los desarrollos de BWA.

Tabla 9.10. Características de la capa física del 802.16a (Fuente: IEEE)

Mientras todas las características mencionadas en la Tabla A.1.3 son requerimientos necesarios para una operación básica de BWA en exterior, los tamaños flexibles del canal son necesarios si un estándar está realmente desplegado alrededor del mundo.

Esto es porque las regulaciones establecen las frecuencias que deben operar en los equipos y como resultado tenemos que el tamaño de los canales utilizados, puede variar país a país. En el caso de tener **espectro licenciado**, es imperativo que el sistema desplegado use todas las ubicaciones del espectro y proporcione flexibilidad en cada celda o en despliegues adicionales.

Además, si un operador ha sido garantizado por 14 MHz, ellos no quieren un sistema que tiene canales de 6 MHz, desperdiciando 2 MHz de espectro. Los operadores quieren un sistema que pueda ser desplegado con canales de 7 MHz, 3.5 MHz o incluso con 1.5 MHz para tener una máxima adaptabilidad.

Cada red inalámbrica opera fundamentalmente en un **medio compartido** y como tal requiere un mecanismo para control de acceso de las unidades subscriptoras al medio. El estándar 802.16a usa un protocolo TDMA programado por la BTS (Base Transceiver Station) para localizar la capacidad de subscriptores en una topología de red de punto a multipunto.

Mientras esto se parece al efecto de tener una línea telefónica normal, los informes técnicos dicen que esto tiene un alto impacto sobre cómo operan los sistemas y qué servicios se pueden desplegar.

Al inicio con una aproximación de TDMA con programación inteligente, los sistemas WiMax serán capaces de entregar no solamente datos de alta velocidad con SLAs (Service Level Agreement), sino que servicios de sensitiva latencia tal como voz y video o accesos de base de datos.

El estándar entrega Calidad de Servicio (QoS) más allá de una simple priorización, una técnica que es muy limitada en efectividad cuando la carga de tráfico y el número de abonados aumenta.

La capa MAC en sistemas certificados WiMax ha sido diseñada para dirigir el severo medio ambiente de la capa física donde la interferencia, rápidos desvanecimientos y otros fenómenos prevalecen en la operación en exteriores.

Tabla 9.11.

Características	Beneficios
Programa TDM/TDMA en tramas Uplink y Downlink.	Uso eficiente del ancho de banda
Escalable desde 1 a cientos de abonados	Permite despliegues de Costo-Efectivo al soportar a los abonados para entregarles un robusto caso de negocios.
Orientado a la conexión	➢ Para conexiones con QoS. ➢ Enrutamiento y envío más rápido de paquetes.
QoS soporta variaciones continuas de tasas de bits en tiempo real y no real de acuerdo con el "Mejor Esfuerzo"	➢ Baja latencia para servicios sensitivos al retardo (Voz TDM, VoIP) ➢ Transporte óptimo para tráfico VBR (ejemplo videos). Priorización de datos.

Requerimiento Automático de Retransmisiones (ARQ)	Mejora el comportamiento end to end ocultando las capas de RF que inducen a error desde las capas superiores.
Soporte para modulación adaptativa	Habilita tasas mayores de datos por las condiciones del canal, mejorando la capacidad del sistema.
Seguridad y Encriptación	Protege la privacidad del usuario.
Control Automático de Potencia	Habilita el despliegue celular minimizando la auto interferencia.

Tabla 9.11. Características del MAC 802.16a. (Fuente: IEEE)

El establecimiento de un estándar es crítico para una tecnología, sin embargo por esto mismo un estándar no es suficiente.

El estándar WLAN 802.11b fue ratificado en 1999, sin embargo, éste no alcanzó una adopción de masa crítica hasta la introducción del WiFi Alliance, y la certificación de equipamiento interoperable estuvo disponible en el 2001.

Respecto a darle interoperabilidad al sistema Broadband Wireless Access, el WiMax Forum está orientado a establecer un único subconjunto de características base agrupadas en lo que se llama "System Profiles" o perfiles del sistema, donde todas las exigencias para los equipos deben ser satisfechas.

Aquellos perfiles y un conjunto de protocolos de test establecerán los protocolos de interoperación básicos, permitiendo equipos de múltiples proveedores para interoperar, con los consiguientes resultados para los Integradores de Sistemas y Proveedores de Servicios los cuales tendrán la opción de comprar equipos desde más de un proveedor, con las restricciones del espectro regulatorio enfrentado por los operadores en diferentes países.

Por ejemplo, un proveedor de servicios en Europa operando en la banda 3.5GHz, quién ha sido ubicado en 14 MHz del espectro, igualmente esperaríaequipos que soporten canales de 3.5 y/o 7 MHz de ancho de banda, ydependiendo de los requerimientos regulatorios, una operación en TDD (Time Division Duplex) o FDD (Frequency Division Duplex).

Similarmente, un WISP (Wireless Internet Service Provider) en los EstadosUnidos usando espectro no licenciado en la banda de los 5.8 GHz UNII puede desear equipos que soporten TDD y un ancho de banda de 10 MHz.

WiMax está estableciendo un cumplimiento de estructura basado en unametodología de Prueba especificados por la **ISO/IEC 9646.3**. El proceso seinicia con Proyectos de Prueba Estándarizados escritos en inglés, los cualesson traducidos en Paquetes de Pruebas Abstractos Estandarizados en unlenguaje llamado **TTCN.4**.

En paralelo con el Proyecto de Pruebas, estos son usados como entradas para generar Tablas dc Prueba referidos como los PICS (Protocol Implementation Conformance Statement) y se genera la Proforma.
El resultado final es un completo conjunto de herramientas de Pruebas que el WiMax tendrá disponible para los desarrolladores de equipos y así ellos podrán diseñar en conformidad con las características establecidas y operabilidad durante las fases iniciales del desarrollo del producto.
Típicamente esta actividad comenzará cuando el primer prototipo integrado esté disponible.
Ultimamente, el conjunto de Pruebas del WiMax Forum, en conjunto con las pruebas de interoperabilidad, posibilitarán a los proveedores de servicios la elección de múltiples proveedores de equipos que ofrezcan equipos de acceso inalámbrico de banda ancha según el IEEE 802.16a, el que estará optimizado para su medio ambiente de operación.

9.5. WiMax Forum

Este grupo se fundó en abril del 2001, reorganizado en febrero del 2003, formado inicialmente por las empresas **Intel, Airspan, Fujitsu, Wi-LAN, Proxim y Alvarion**. Para poder darnos cuenta, el Wi Max Forum es al 802.16a y de lo que la alianza WiFi es al 802.11b.

Este grupo está enfocado a la prueba de interoperabilidad y certificación de los estándares 802.16a (con un perfil de 256 OFDM), y 802.16d. Actualmente el WiMax Forum cuenta con 114 miembros, y sigue creciendo, como se indica en la Tabla 9.12., donde a la fecha los participantes son los que se indican a continuación.

airBand

Airespace, Inc.

Airspan Networks

Alcatel

Altitude Telecom

Alvarion

Analog Devices

Andrew Corporation

Aperto Networks

ARRIS AT&T

Labs-Research

Atheros

Axxcelera Broadband Wireless

Azimuth Systems

Azonic Systems, Inc

BeamReach Networks, Inc.

Beceem

British Telecom

CableTV

Technology Cambridge Broadband

Ceragon

CETECOM

China Motion Telecom

COM DEV

Compliance Certification Services

Comtech AHA

Covad Communications

CTSCommunications Components

Cushcraft Corporation

Daintree Networks Inc.

Dishnet Wireless Limited

Distributel

Eircom

Elcoteq

Euskaltel S.A.

Filtronic

First Avenue Networks

FON

France Telecom

Fujitsu

InfiNet Wireless Ltd.

Intel Corporation

Intracom

Invenova

Iskra Transmission

Ixia

K & L Microwave

Kaon

KarlNet, Inc.

L3 PrimeWave

LCC

 LightCore

M-Web

MiCOM

Labs mmWave Technologies

Motorola Murandi Communications Ltd.

Navini

NCIT

nex-G Systems Pte Ltd

 NextNet Wireless

NextWave Telecom

Nozema

OFDM Forum

Ontap4U

P-Com

Parks

PCCW

PicoChip

Sify Limited

SiWorks

Skyworks Solutions

SpectraSite

SR Telecom

StoneBridge Wireless, Inc.

Stratex Networks

Sumitomo Electric USA

TATA Teleservices Ltd

TDK

Pronto Networks

Proxim

Qwest

Radionet

Radwin

Redline Communications

Reliance Infocomm Limited

RF Integration

RF Magic

RFI

Sanjole

Securitas Direct

SEQUANS Communications

SGS Taiwan Ltd.

Shenzhen Powercom

Shorecliff Communications

SIAE Microelettronica

Siemens Mobile

Sierra Monolithics

Telenor

Theta Microelectronics, Inc.

Towerstream Tratec Holding

TRDA

Trillion

Unwired Australia

VCom Inc.

Vivato

Vyyo

Walbell

WaveRider Communications   WiLan

Wavesat Wireless Inc.   XO Communications

                                          ZTE Corporation

Tabla 9.12. Miembros WiMax Forum (Fuente: WiMax Forum)

9.6. Estándares Presentes en la Tecnología

Los estándares que están presentes en la familia del 802.16 son los indicados en la siguiente Tabla 9.13.

Estándar	Característica
802.16	Es un sistema Fixed Wireless Access (FWA), conocido como LMDS, en 10 a 66 GHz y con modulación QAM. Tambien es el estándar del Wireless IP con frecuencias bajo los 10 GHz.
802.16a	Comienza en Enero 2003. Es conocido como WiMAX con frecuencias bajo 10 GHz (2.4, 2.5, 3.5 y 5.8 GHz para los primeros productos. Posee una capa MAC, y 3 capas fisicas: OFDM, OFDMA y Single Carrier Agrega las frecuencias de 2 a 11 GHz
802.16 b/c	Interoperabilidad y certificación de especificaciones
802.16d	Comienza en Junio 24, 2004. Mejora el 802.16a con sub canalizaciones OFDM, formación de haces, etc Agrega las especificaciones operativas de 2 a 11 GHz
802.16e	Está en proceso para fines del 2004 o principios del 2005. Agrega movilidad al 802.16d. Proporciona Handoff y mecanismos de ahorro de potencia.
802	Grupo de Estudio de Handoff y de Roaming
802.16.2 & 2a	Coexistencia de sistemas de Banda Ancha, 10 a 66 GHz y 2 a 11 GHz

9.7. Roadmap de la Tecnología

Las próximas planificaciones para el proyecto o roadmap del producto según estimaciones de los principales fabricantes son:

• El estándar **802.16a** comenzó en el **2004** como un sistema **Pre-WiMax fijo de exterior,** aún sin certificación del Forum WiMax. La operación es en las frecuencias 5.8, 2.5, 3.5 GHz. Las aplicaciones para empresas con servicios E1/T1, como respaldo para Hotspots y acceso de banda ancha limitado para los hogares. El CPE o terminal de usuario es una caja externa conectada al PC **con antena externa.**

- En el primer trimestre del año **2005**, **Intel** planea fabricar Chips compatibles con esta tecnología.
- Para el segundo y tercer trimestre del **2005**, deberían ya salir productos **certificados por WiMax Forum.**
- Durante el **2005**, se espera tener el estándar **802.16 REVd** para uso fijo en interiores operando en las frecuencias 2.5, y 3.5 GHz. Las aplicaciones son para acceso de banda ancha en interiores para usuarios residenciales y aplicaciones fijas para Internet. El CPE es una caja externa conectada al PC **con antena incorporada**.
- En el año **2006**, se ha planificado el estándar **802.16e** el cual se piensa que será totalmente nómada. Sus frecuencias serán definidas en 2.5, 3.5, 5.8 GHz. Las aplicaciones serán de acceso a banda ancha "Portable" o móviles para los usuarios y siempre estarán conectados, además de las aplicaciones a computadores personales Laptops y Desktops. El CPE será una tarjeta PC auto instalada e incorporada con el procesador del PC en el laptop.
- En el año **2007**, se pretenden tener los primeros PDA's y teléfonos móviles compatibles, todo dependiendo de cómo avance el estándar **802.16e**.

9.8. Canalización aplicable a sistemas entre 2 y 11 GHz

La Tabla 9.14., indica las bandas de frecuencias, y sus espaciamientos de canal permitidos, donde la Capa Física del 2-11 GHz puede ser aplicable, de acuerdo con el estándar IEEE 802.16a versión 2003, titulada "Part 16: Air Interface for Fixed Broadband Wireless Access Systems Amendment 2: Medium Access Control Modifications and Additional Physical Layer Specifications for 2–11 GHz".

Frequency bands (GHz) (licensed unless noted)		Allowed channel spacing	Reference
2.305–2.320 2.345–2.360		1 or 2 x (5 + 5 MHz) or 1 x5 MHz (Can be aggregated in any combinations) Interference Protection to DARS	USA CFR 47 part 27 (WCS) See FCC Docket IB95-91 for potential (increased) interference from DARS repeaters.
2.150–2.162 2.500–2.690		125 kHZ to (n x 6) MHz Single or multiple, contiguous or non-contiguous and combinations. Interference Protection to video and ITFS users	USA CFR 47 part 21.901 (MDS) USA CFR 47 part 74.902 (ITFS, MMDS)
2.150–2.160 2.500–2.596 2.686–2.688		1 MHz – (nx6) MHz (1 or 2-way) 25 kHz–(n x 25 kHz) "return" Contiguous channels preferred	Canada SRSP-302.5 (MCS) MDS service allocated to adjacent sub-bands (incl. separate "return" channels)
2.400–2.483.5 (license-exempt)		Frequency Hopping or Direct Sequence Spread Spectrum etc	CEPT/ERC/REC 70-03 USA CFR 47 Part 15. subpart E [B19]
3.400–4.990	3.410–4.200	1.75–30 MHz paired with 1.75 MHz to 30 MHz Symmetric only. (50 MHz or 100 MHz separation)	Rec. ITU-R F.1488 Annex II ETSI EN 301 021[B18]. CEPT/ERC Rec. 14-03 E, CEPT/ERC Rec. 12-08 E
	3.400–3.700	n x 25 MHz (single or paired) (50 MHz or 100 MHz separation if paired)	Rec. ITU-R F.1488 Annex I CITEL PCC.II/REC.47 (XII-99) Canada SRSP-303.4 (BWA)
	3.650–3.700	Rulemaking in progress	USA FCC Docket WT00-32
	4.940–4.990	Rulemaking in progress	USA FCC Dockets WT00-32 and ET-98-237

Frequency bands (GHz) (licensed unless noted)		Allowed channel spacing	Reference
5.150–5.850 (license-exempt)	5.150–5.350	n x 20 MHz (HIPERLAN) Restricted to Indoor Use	CEPT/ERC/REC 70-03
	5.470–5.725	n x 20 MHz (HIPERLAN)	
	5.250–5.350	100 MHz Max. Restricted to Indoor Use	USA CFR 47 Part 15. subpart E [B19] USA CFR 47 Part 15. subpart C [B19]
	5.250–5.350	100 MHz Max	
	5.725–5.850	125 MHz Max	
10.000–10.680		3.5 to 28 MHz paired with 3.5 to 28 MHz. Symmetric only 350 MHz separation	CEPT/ERC/REC. 12-05 ETSI EN 301 021 [B18]

Tabla 9.14. Bandas de Frecuencias y la canalización en 2-11 GHz (Fuente: IEEE)

9.9.   Estándares adoptados

La evolución de las tecnologías inalámbricas desde el punto de vista del IEEE de USA y del grupo estandarizados de Europa ETSI, y con el fin de evitar confusiones en sus conceptualizaciones, el siguiente diagrama muestra el alcance de este tipo de tecnologías.

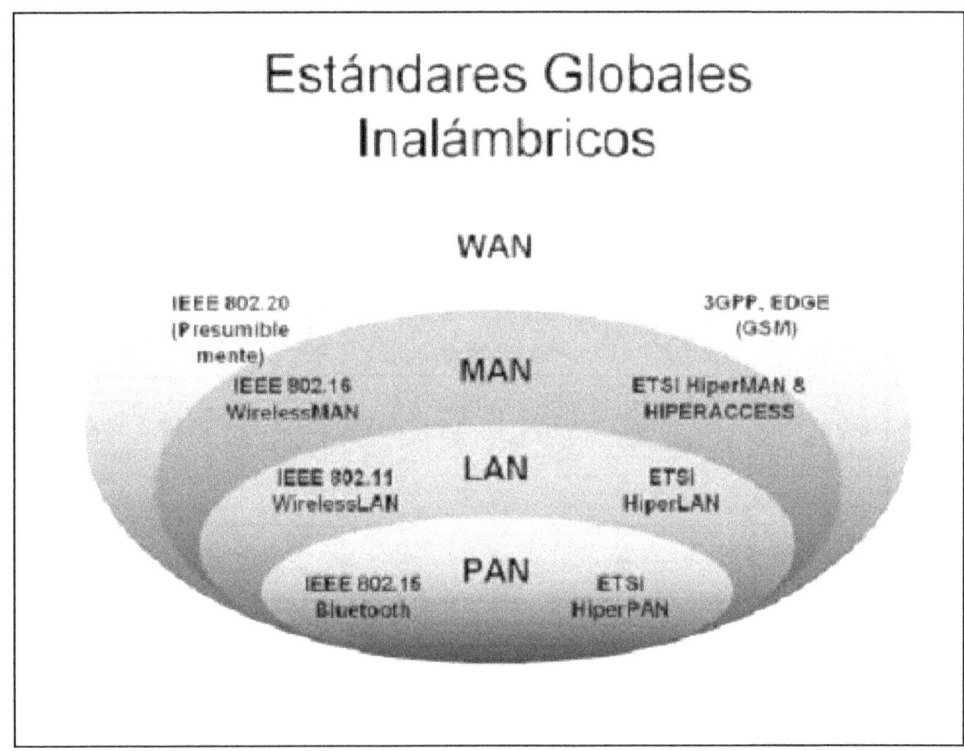

Figura 9.15 Estándares Globales Inalámbricos (Fuente: IEEE)

Las frecuencias a las cuales se prevé la operación de esta tecnología se exponen en la siguiente Figura 9.16.

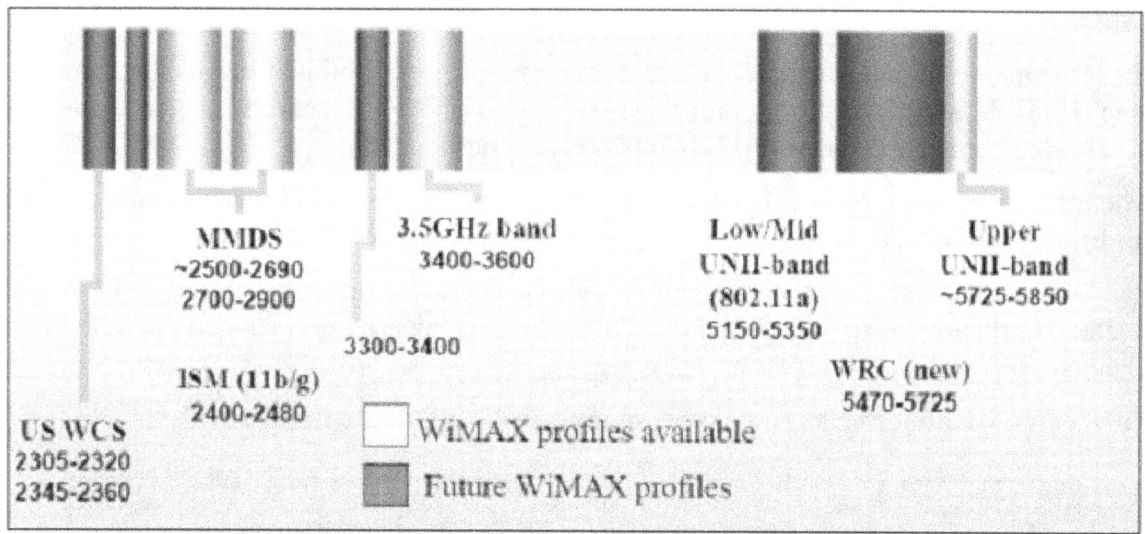

Figura 9.16. Espectros de Frecuencias (Fuente: IEEE)

De acuerdo con la Figura 9.16., las **bandas disponibles** a mediados del presente año 2004 para WiMax, serían **3400 a 3600 MHz y 5725 a 5850 MHz**, lo cual dista de existir equipos certificados por el Forum WiMax.   El resto de frecuencias indicadas en la Figura 9.16., se refieren a futuros desarrollos según los grupos de trabajo del IEEE.   Para información sobre frecuencias intermedias, ver Tabla 9.14.

9.10.   Aplicaciones y Servicios

En BWA, las aplicaciones incluyen:

• Acceso de banda ancha residencial – DSL - nivel de servicio para negocios pequeños y SOHO.
• Servicios a nivel de T1/E1 para empresas.
• Soporte para voz, datos y video.
• Respaldos inalámbricos para hot spots y respaldo para interconexión de torres celulares, entre otras.

9.10.1. Plataformas en las que puede trabajar

Con esta tecnología y dependiendo del estándar que se quiera ocupar es posible dar acceso a la transmisión de datos de tres formas muy diferentes, usando:

- **Tecnologías fijas**
- **Portátiles**
- **Móviles**

En la forma de comunicación fija, esta tecnología da la posibilidad de operar como un **BackHaul de alguna red**, tal como lo hacen una trama E1 o una T1, o bien, como un acceso de Internet, tal como un DSL para abonados particulares.

Mientras tanto, a las aplicaciones portátiles es posible dar un **acceso a Internet a medios no fijos** (Lap Tops), con capacidades más altas que un DSL actual.

Para los móviles se podrá dar **acceso a banda ancha** a dispositivos como PDA's y teléfonos celulares, pero a partir del año 2006 donde se piensa que esta tecnología tendrán el auge.

Para entender mejor estos conceptos, se muestra la siguiente Figura 9.17:

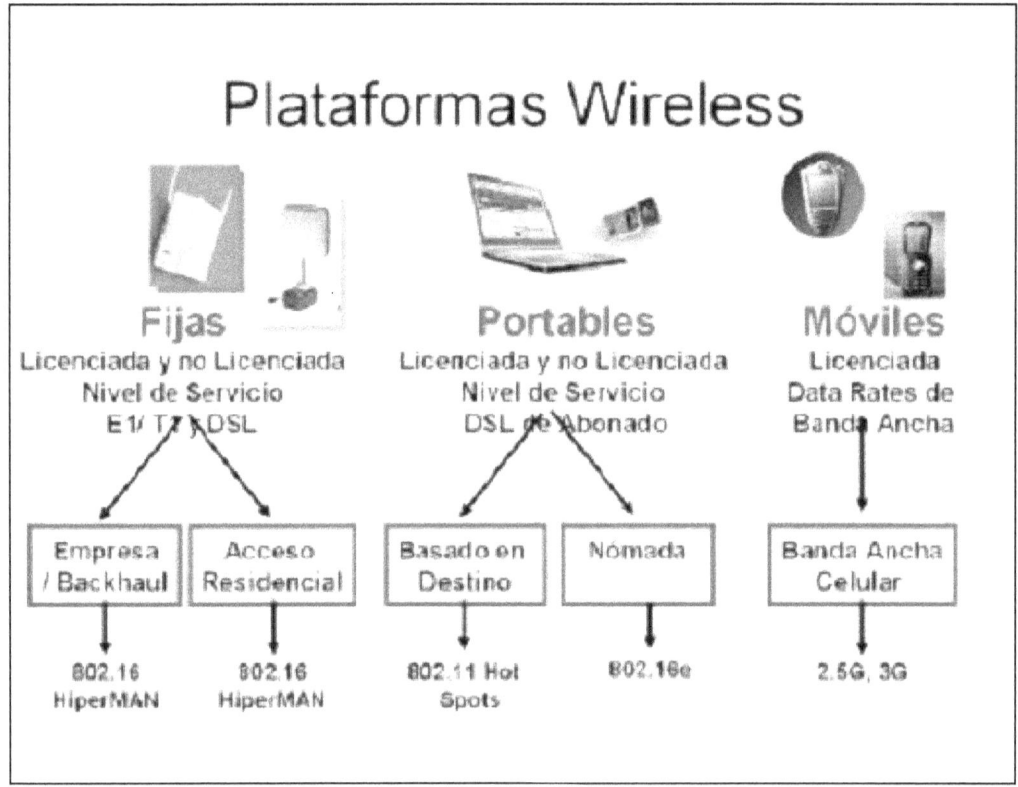

Figura 9.19 Plataformas Wireless donde se incluye la operación del estándar 802.16a como 802.16 HiperMAN (Fuente: IEEE).

En las siguientes Figuras 9.20, 9.21 y 9.22, se muestran los diagramas de aplicaciones de cada una de las plataformas en las que puede o podría trabajar esta tecnología.

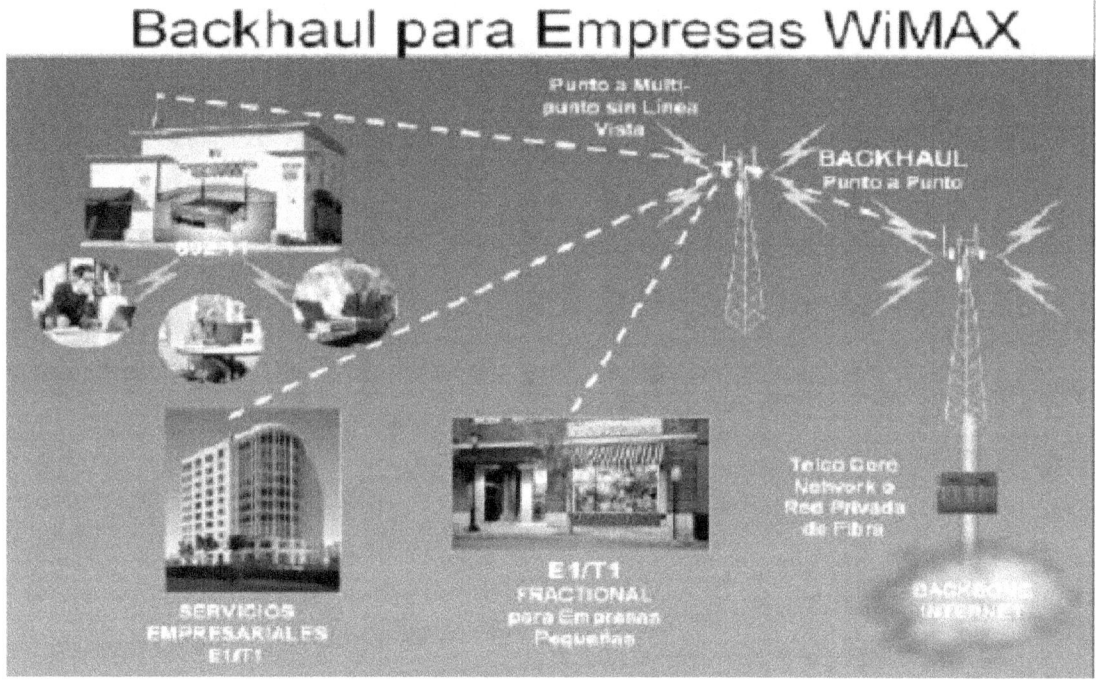

Figura 9.20 Diagrama de Bloques Backhaul para Empresas Wimax (Fuente: IEEE)

Ultima Milla de Abonado WiMAX

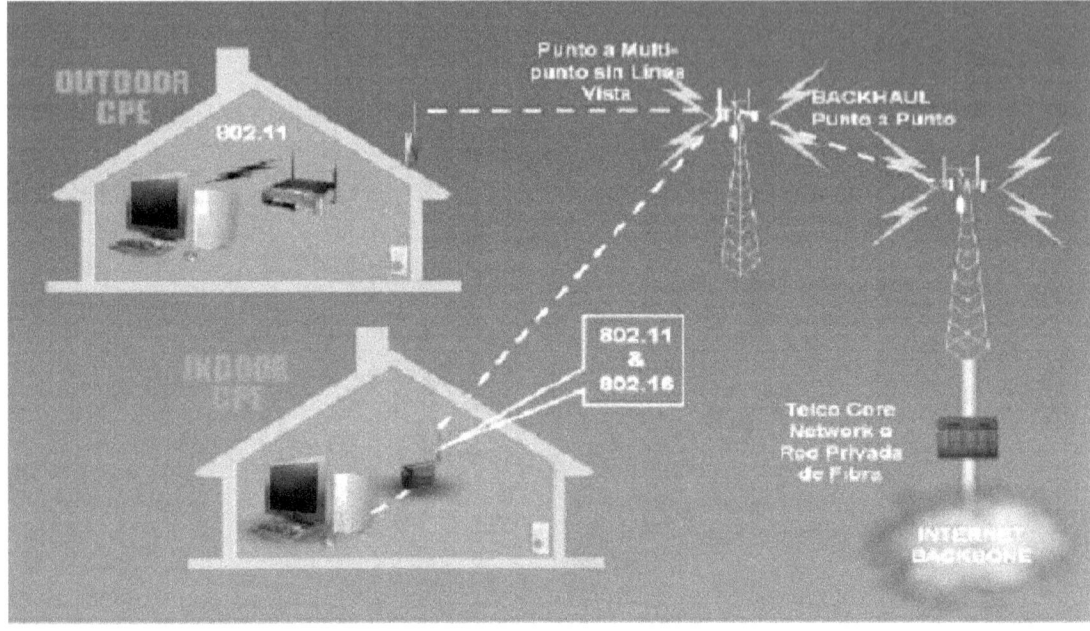

Figura 9.21. Diagrama de Bloques Última Milla Abonado WiMAX(Fuente: IEEE)

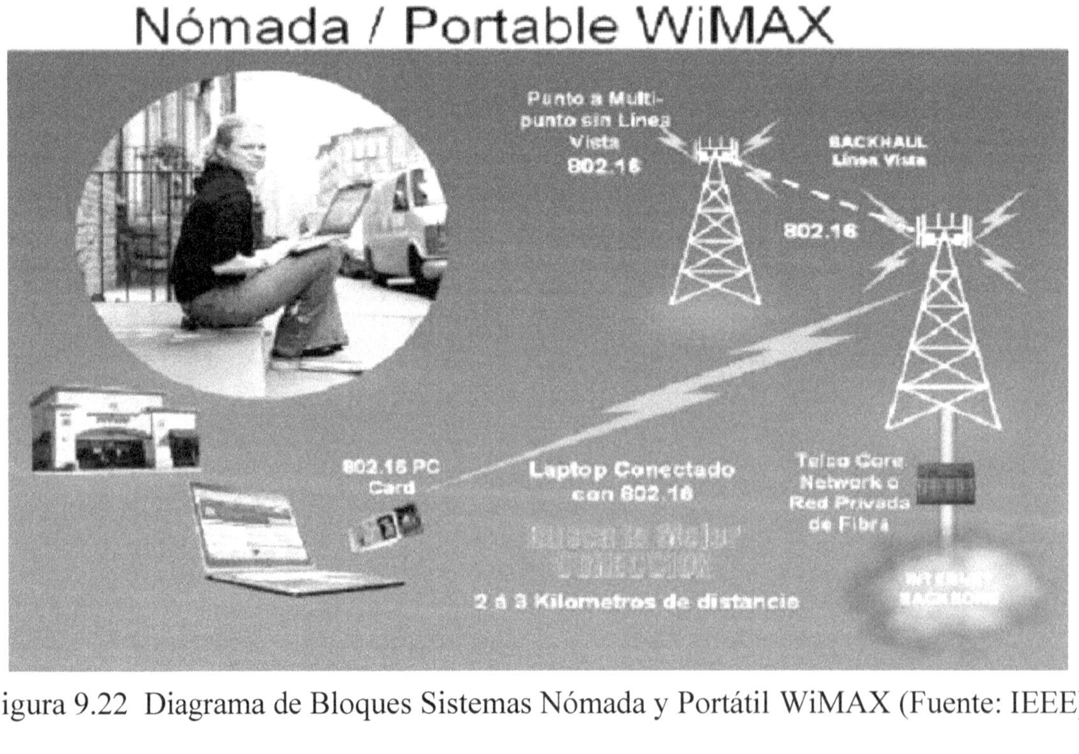

Nómada / Portable WiMAX

Figura 9.22 Diagrama de Bloques Sistemas Nómada y Portátil WiMAX (Fuente: IEEE)

9.11. Principales Fabricantes

Entre los principales fabricantes de equipos participantes en el Forum WiMax, podemos mencionar los siguientes:

Airspan Networks
Alcatel
Alvarion
Aperto Networks
Fujitsu
Intel Corporation
K & L Microwave
L3 PrimeWave
LCC
mmWave Technologies
Motorola
Navini
P-Com
Proxim
SGS Taiwan Ltd.
Shenzhen Powercom
Siemens Mobile
Wavesat Wireless Inc.
WiLan
XO Communications
ZTE Corporation

9.12. Conclusiones WiMax

WiMax es el estándar emergente más importante del IEEE en vías de ser certificado por el Forum WiMax y en vías de ser ratificado por los cuerpos reguladores internacionales. Su mayor impacto se deberá en gran parte al WiFi que ha creado el interés y aceptación en el mercado de redes inalámbricas.

Pero el efecto de esta tecnología en el mundo de los negocios, Internet del consumidor y acceso inalámbrico se estima que será mucho más profundo.

En un período de 5 años se espera que WiMax sea la tecnología dominante para redes inalámbricas. Para ese entonces será completamente móvil al igual que podrá proporcionar acceso de banda ancha de bajo costo en nuevas regiones donde el acceso a Internet no ha podido ser práctico hasta ahora.

Como los operadores celulares cambian a sistemas basados en IP de cuarta generación de móviles (4G), se apoyarán en la tecnología WiMax, tanto como lo están haciendo con la tecnología más limitada conocida como Wi-Fi.

Para países en desarrollo de tecnología como China, WiMax se convertirá en la solución dominante para el mercado potencial, considerando los millones de usuarios de banda ancha.

El desempeño de Wi-Fi y 802.11 regresará a su lugar correcto como una útil aunque limitada tecnología de área local completamente integrada con WiMax.

Intel, Nokia y los grandes fabricantes están efectuando grandes inversiones para el futuro del mundo de telecomunicaciones, dado a que reconocieron la gran importancia del WiMax que gracias a su más alta eficiencia en la transmisión de datos y su mucho menor costo de infraestructura comparado con las tecnologías actuales se convertirá en un estándar muy demandado. Esto asegurara la interacción entre los productos de diferentes marcas.

Es probablemente el primer estándar de telecomunicaciones universal, en sentido de ser aplicable a mayor cantidad de usuarios y cubriendo mayores distancias, en el cual han sido eliminadas las diferencias entre regiones e industrias.

La empresa Intel considera a este estándar como "el hecho más importante desde la aparición del mismo Internet".

Se estima que WiMax es el único estándar que permitirá realmente por primera vez banda ancha inalámbrica universal y será la tecnología más significante hasta la fecha en dar acceso inalámbrico en todas partes, mientras que se abre un espectro más libre en crear mayor movimiento en el sector de comunicaciones inalámbrico y móvil.

Un resumen de las principales características técnicas y comerciales de WiMax, son las siguientes:

- **Rendimiento mayor para grandes distancias (hasta 50 km)**
  - Mejor bits/segundos/Hz para largas distancias.
- **Sistema con capacidad escalable**
  - Fácil agregación de canales maximizando la capacidad de las celdas
  - Ancho de banda del canal es flexible para acomodar las designaciones de espectro, tanto para bandas Licenciadas como NO Licenciadas.
- **Cobertura**
  - Estándar basado en topología de enmallamiento y soporte de antenas inteligentes Smart.
  - Modulación Adaptativa habilita la negociación de ancho de banda de acuerdo con

    el alcance y cobertura.

- **Calidad de Servicio**
  - MAC Otorga/Requiere: soporte para voz y video
  - Nivel de Servicios Diferenciados: E1/T1 para negocios; y mejor esfuerzo para el sector residencial.
- **Riesgo de Costo e Inversión**
  - Interoperación de equipos permite a los operadores comprar nuevos equipos desde más de un proveedor que sea Certificado por el Forum WiMax.
  - Plataformas basadas en estándares, mejora el OpEx (Operational Expenses) por innovaciones a través del ecosistema formado por Radio, Network Management, Antenas, y Servicios.

APENDICE:
Comandos de red en Windows

Comandos más importantes de red, Windows

Todos los sistemas, Unix, Linus Ubuntu y por supuesto Windows incorporan a sus sistemas una serie de comandos, que nos pueden valer para testear, conocer parámetros de una red, que nos pueden ayudar mucho a la hora de solucionar un problema en la red.

Aquí vamos a describir los comandos más importantes que Windows incorpora en su sistema para tal finalidad. Aclaran antes que estos comandos debemos de ejecutarlos desde el símbolo del sistema, que en todos los casos, si no recordamos las opciones de un comando digitamos dicho comando seguido de un espacio y el símbolo de? y nos mostrara todas las opciones que tiene ese comando, por ejemplo si digitan Vds. " ipconfig ?" sin las comillas y digitamos enter (intro) veremos que nos salen las posibles opciones de ese comando y una breve descripción de la misma.

IPCONFIG: Con este comando si lo digitamos sin ningún parámetro nos mostrara la configuración de todos los interfaces de red, que están instalados en ese momento, nos dará Dirección IP, Mascara de red, Puerta de enlace. Este comando puede sernos útil no solo para ver la IP del equipo, sino para ver la Dirección IP del Router. (Puerta de enlace)

PING: Con este comando seguido de una dirección IP o nombre de equipo, al pulsar enter enviamos un paquete de datos a la dirección o nombre de equipo expresado, que si la red funciona nos lo devolverá, si esto sucede nos mostrara el tiempo consumido en la transmisión, igualmente al final del proceso nos dará el numero de paquetes enviados, numero de paquetes recibidos, y la media de tiempo empleado, lo que nos puede dar una idea de la carga que en ese momento tiene la red, los paquetes enviados debieran ser igual a los paquetes recibidos, si se ha perdido algún paquete, pudiera ser debido a una colisión o a la saturación de la red, si queremos hacer un estudio más profundo digitaríamos nuevamente el mismo comando seguido de un espacio y la opción –t, por ejemplo ping 192.168.1.45 –t, en este caso el comando estar ejecutándose por tiempo indefinido, y para interrumpirlo tendremos que pulsar las teclas CTRL y C simultáneamente, dejando un tiempo prudencial obtendremos una estadística más fiable.

FTP: Con este comando podremos conectarnos a otra máquina para transferir ficheros. La forma del comando seria ftp nombre de equipo.

NBTSTAT: Este comando nos muestra la estadidisticas de las conexiones actuales sobre TCP/IP.

NETSTAT: Lista todas las conexiones de red que nuestro PC ha realizado.

TRACERT: Este comando nos muestra el recorrido que sigue un paquete de datos hasta llegar a la IP especificada junto a dicho comando.

GETMAC: Con este comando podremos ver la dirección Mac de los adaptadores de red instalados en nuestro sistema.

Bibliografi y lecturas adicionales:

- *Introduccion a la tecnologia y diseño de Sistemas de Comunicaciones y Redes de Ordenadores. Freer, J. (1988).*
- *Data Comunications, Computer Networks and Open Systems. Halsall, F. (1995)*
- *Computer Networks. (Third Edition).Tanenbaum, A.S. (1996)*
- *Timo Halonen, Javier Romero, Juan Melero —GSM, GPRS and EDGE Performance: Evolution towards 3G/UMTS‖, Wiley, 2003.*
- *EEE 802.16e, —IEEE Standard for Local and Metropolitan Area Networks - Part 16: Air Interface for Fixed Broadband Wireless Access Systems, Amendment 2: Physical and Medium Access Control Layers for Combined Fixed and Mobile Operation in Licensed Bands and Corrigendum 1‖, IEEE 802.16 Task Force, December 2005.*
- *P. Tzerefos, —On the Performance and Scalability of digital upstream DOCSIS 1.0 conformant CATV channels‖, Department of Computers Science, The University Of Schiffield , Ph. D. Thesis, Oct. 1999.*
- *H. Sari, "Trends and Challenges in Broadband Wireless Access", Pacific Broadband Communications, pp. 210-214, IEEE 2000.*
- *New Wireless Band Plays For Bigger Broadband,10 June 2004*
- *5. KARANJIT, S. (1996) Internet Firewalls and Network Security. New Riders Publishing MINASU, M; ANDERSON, C; CREEGAN, E. (1996) Windows NT Server 4. Sybex.*
- *Protocols, Standards and Interfaces, Prentice.Hall(1987).*
- *Telecomunications: Protocols and Design, Reading, MA, Addison-Wesley (1991).*

www.ingramcontent.com/pod-product-compliance
Lightning Source LLC
Chambersburg PA
CBHW081437170526
45166CB00008B/2234